露天煤矿其他从业人员安全技术培训教材

钻 孔 作 业

国家电投集团内蒙古能源有限公司 编

应急管理出版社

· 北 京 ·

图书在版编目（CIP）数据

钻孔作业／国家电投集团内蒙古能源有限公司编．--北京：应急管理出版社，2024

露天煤矿其他从业人员安全技术培训教材

ISBN 978-7-5237-0063-1

Ⅰ．①钻…　Ⅱ．①国…　Ⅲ．①露天矿—钻孔—操作—安全技术—技术培训—教材　Ⅳ．①TD824

中国国家版本馆 CIP 数据核字(2023)第 224867 号

钻孔作业（露天煤矿其他从业人员安全技术培训教材）

编　　者　国家电投集团内蒙古能源有限公司
责任编辑　尹燕华
编　　辑　贾　音
责任校对　张艳蕾
封面设计　安德馨

出版发行　应急管理出版社（北京市朝阳区芍药居 35 号　100029）
电　　话　010-84657898（总编室）　010-84657880（读者服务部）
网　　址　www.cciph.com.cn
印　　刷　海森印刷（天津）有限公司
经　　销　全国新华书店

开　　本　710mm×1000mm $^{1}/_{16}$　**印张**　17 $^{1}/_{2}$　**字数**　328 千字
版　　次　2024 年 3 月第 1 版　2024 年 3 月第 1 次印刷
社内编号　20230588　　**定价**　68.00 元

编　委　会

主　　编： 袁广忠　徐长友　孟祥春

副 主 编： 冯树清　王　刚　王东旭　李春光　张　雷

编　　委： 于亚波　于海里　江新奇　赵明磊　姜仁杰　曹宝玉　刘敬玉　耿立君　刘　文　蒋济联

编写人员： 薛黎明　赵　健　刘建兵　李云峰　吴晓明　李　凯　郭　满　石　磊　赵志鹏　边荣凯　陈　利　刘金峰　刘　宁　刘亚杰　孙　亮　陈永旭　王盛江　郭海龙　房立伟　吴　达　朱　磊　荣玉文　李东旭　焦洪亮　王是达　于海风　孙宝金　耿玉宝　张　彬　杜宇飞　徐振博　裴建军　高克智　刘汉伟　刘岩岩　齐　贺　陈晓波　李明明　石天刚　武利明　郭景利　王晓宇　夏正明　高泽义　薛　健　刘晓龙　王立国　庄宏波　杨龙明　吴井双　关雪亭　吴洪权　宋华军　张春雷　邢　波　梁　兵　金　峥　乔　梁　王胜江　许志强　岳奎东　朱洲瑞　李普山　吕鸿鹏

审　　稿： 敖庆有　院鹏春　陈　闯　赵丽娜　石巴根　张永部　李　强　陈　刚　王　伟　张　超　王仁东　徐　浩　董　旭　高二虎　孙恩怀　申虎良　王瑞楠　王　震

前　　言

为深入贯彻落实习近平总书记关于安全生产重要指示批示精神，加强和规范煤矿从业人员安全生产培训工作，提高煤矿从业人员的安全生产意识和防灾自救能力，强化煤矿安全风险管控能力，减少煤矿生产安全事故的发生，特编制本教材。

本教材严格按照《煤矿安全培训规定》《露天煤矿其他从业人员安全技术培训大纲》（内能安监字〔2019〕413 号）要求编写，涵盖煤矿安全生产法律法规、安全技术基础知识、典型事故案例等知识要点，内容准确、案例丰富、实用性强，适用于煤矿其他从业人员安全技能培训，也可供露天煤矿企业学习、参考。

本套教材的出版，将提高露天煤矿其他从业人员整体安全素质，增强安全生产意识和法制观念，从根本上夯实露天煤矿安全生产基础，对露天煤矿安全生产工作起到了积极促进作用。

由于编者水平所限，书中难免有疏漏之处，敬请广大读者批评指正。

编　者

2024 年 3 月

目　录

通 用 部 分

钻机钻孔作业部分

通　用　部　分

第一章　煤矿安全生产方针及法律法规

第一节　煤矿安全生产方针和安全生产理念

我国安全生产的基本方针是“安全第一、预防为主、综合治理”。安全生产方针是对过去经验、教训的规律性总结。它高度概括了当前我国安全生产的核心理念、基本原则和方法及安全管理的综合措施，也是安全生产工作的方向和指针，对于指导安全生产工作有着十分重要的意义。

安全生产工作应当以人为本，坚持人民至上、生命至上，把保护人民生命安全摆在首位，树牢安全发展理念，坚持安全第一、预防为主、综合治理的方针，从源头上防范化解重大安全风险。

安全生产工作实行管行业必须管安全、管业务必须管安全、管生产经营必须管安全，强化和落实生产经营单位主体责任与政府监管责任，建立生产经营单位负责、职工参与、政府监管、行业自律和社会监督的机制。

作为露天煤矿从业人员，必须要认真学习、深刻领会安全生产方针的含义，并在本职工作中自觉地遵守和执行，牢固树立安全生产意识。

一、安全第一

“安全第一”是我国安全生产工作的核心理念，它要求我们在生产经营过程中应始终把安全放在第一位，真正做到“不伤害自己、不伤害他人、不被他人伤害、保护他人不受伤害”，切实保护自身和他人的生命安全与身体健康。

从业人员贯彻执行“安全第一”的方针，必须牢固树立以下四种意识：

(1)“生命至上，安全第一”意识。安全为天，生命至上，安全是首要条件、先决条件，没有安全一切都无从谈起，当安全与生产、安全与效益、安全与进度相冲突时，必须首先保证安全，即生产必须安全，先安全后生产，不安全不能生产。从业人员不仅要珍惜自己的生命，还要珍惜他人的生命，思想上从“要我安全”向“我要安全”转变，真正把安全放在首位，坚决抵制安全生产

“说起来重要、做起来次要、忙起来不要”的行为和现象。

（2）安全生产法律意识。《中华人民共和国安全生产法》规定，生产经营单位的从业人员有依法获得安全生产保障的权利，并应当依法履行安全生产方面的义务。由此可见，安全生产是法定的权利和义务。从业人员违反安全生产相关法律法规，造成重大责任事故，同样需要承担包括刑事责任在内的法律责任。所以，从业人员必须牢固树立安全生产的法律意识，了解安全生产相关法律法规、安全规程及技术标准，严格遵守相关作业规定。

（3）安全生产责任意识。安全生产，人人有责。安全责任是安全生产方针及相关法律法规要求在岗位上的落实和体现。从业人员践行安全生产方针，必须从自身做起，从岗位做起，切实履行安全职责，信守安全承诺，树立“我的安全我负责，他人安全我有责，公司安全我尽责”的责任观念，把安全生产责任落到实处。

（4）安全生产纪律意识。企业为维持正常的生产秩序，会根据安全生产相关法律法规制定劳动纪律和制度，劳动纪律和制度是保障企业安全生产的重要手段。执行制度不力、纪律松弛严重威胁正常生产和从业人员的生命安全，危害极大。从业人员要严格遵守劳动纪律及相关制度，增强劳动纪律观念、养成遵章守纪、规范作业的良好习惯。

二、预防为主

“预防为主”是做好安全生产工作的基本原则和方法，它要求我们要把安全生产的重心前移，防治结合、以防为主，从事故发生的源头入手，防患于未然，杜绝违章，把事故隐患消灭在萌芽状态。

从业人员贯彻“预防为主”的方针，需要做好以下工作：

（1）确立“一切事故皆可预防，皆可避免”的安全观念。海因里希安全法则告诉我们：每 1 起严重伤害事故的背后，必有 29 起轻微伤害事故；29 起轻微伤害事故的背后，必有 300 次未遂事件先兆；300 次未遂先兆事件的背后，必有 1000 个事故隐患，即人的不安全行为和物的不安全状态。任何一起事故的发生都是有原因的，并且都有征兆。如果能够从预防着手，把不安全的因素消灭在萌芽状态，消除或者控制事故隐患，就可以有效预防或避免生产安全事故的发生，实现“零事故，零伤亡”。相反，如果对潜在事故隐患毫无觉察，对轻微事故熟视无睹、麻木不仁，必将导致无法挽回的重大伤害或损失，甚至付出生命的代价。

（2）掌握风险预知预控的方法。风险预知是指预先知道生产或作业过程中的危险性或存在的安全风险，进而采取措施，控制危险，保障安全。从业人员落实“预防为主”的方针，就要在作业前对所开展的作业项目、任务、可能会发生的风险、可能引发的事故类型、可能会造成的伤害等情况仔细预想，列出防范对策和措施，并加以落实，防患于未然，以此来提高知险、识险、排险能力和自我保护能力。

（3）认真做好日常的隐患排查治理工作。“预防为主”的方针落实到工作上便是日常的隐患排查治理。从业人员应当按照企业的规定和要求，在班前、班中和班后对作业环境、生产工艺过程、设备运行状况、安全装置、个人劳动防护用品等进行日常检查，发现问题和隐患，积极进行自主改善，或及时上报、处理。

三、综合治理

“综合治理”是安全管理工作的重要措施。从安全监管层面来讲，“综合治理”是指综合运用经济、法律、行政等手段，人管、法治、技防等防范手段多管齐下，并充分发挥社会、从业人员、舆论的监督作用，实现安全生产的齐抓共管；从企业层面来讲，则指充分调动各部门、各级人员，采取多种措施和方法，群策群力，群防群控，共同抓好安全生产工作。

对于从业人员而言，则需要做好以下几点：

（1）服从并积极配合企业开展安全管理。安全生产，人人有责，从业人员应遵守安全管理相关制度和规范，按章作业、规范作业、标准化作业，使自己成为“综合治理”的重要环节、防范事故发生的重要屏障。

（2）认真参加安全生产知识教育培训。从业人员要经常接受和参加安全生产相关的教育和培训，熟练掌握应知应会的安全知识，提高安全技能，不仅做到“我要安全”，还要做到“我懂安全”。

（3）积极参加各类安全活动。从业人员要积极参加公司、区队、班组组织的各类安全宣传教育活动。在活动中，积极参与，主动学习，从思想上筑牢安全防线，提高安全业务技能、安全综合素质和安全作业的自觉性。

第二节 煤矿安全生产相关法律法规

一、中华人民共和国刑法

2020 年 12 月 26 日，十三届全国人大常委会第二十四次会议表决通过《中华人民共和国刑法修正案（十一）》，自 2021 年 3 月 1 日起施行。

（一）修正重点

一是对应安全生产法，将安全生产法有关新增条款入刑；二是加大安全生产整治力度，将事故前的严重违法行为入刑。

（二）主要内容

【重大责任事故罪】在生产、作业中违反有关安全管理的规定，因而发生重大伤亡事故或者造成其他严重后果的，处三年以下有期徒刑或者拘役；情节特别恶劣的，处三年以上七年以下有期徒刑。

【强令、组织他人违章冒险作业罪】强令他人违章冒险作业，或者明知存在重大事故隐患而不排除，仍冒险组织作业，因而发生重大伤亡事故或者造成其他严重后果的，处五年以下有期徒刑或者拘役；情节特别恶劣的，处五年以上有期徒刑。

【危险作业罪】在生产、作业中违反有关安全管理的规定，有下列情形之一，具有发生重大伤亡事故或者其他严重后果的现实危险的，处一年以下有期徒刑、拘役或者管制：

（1）关闭、破坏直接关系生产安全的监控、报警、防护、救生设备、设施，或者篡改、隐瞒、销毁其相关数据、信息的；

（2）因存在重大事故隐患被依法责令停产停业、停止施工、停止使用有关设备、设施、场所或者立即采取排除危险的整改措施，而拒不执行的；

（3）涉及安全生产的事项未经依法批准或者许可，擅自从事矿山开采、金属冶炼、建筑施工，以及危险物品生产、经营、储存等高度危险的生产作业活动的。

【重大劳动安全事故罪】安全生产设施或者安全生产条件不符合国家规定，因而发生重大伤亡事故或者造成其他严重后果的，对直接负责的主管人员和其他直接责任人员，处三年以下有期徒刑或者拘役；情节特别恶劣的，处三年以上七年以下有期徒刑。

【危险物品肇事罪】违反爆炸性、易燃性、放射性、毒害性、腐蚀性物品的管理规定，在生产、储存、运输、使用中发生重大事故，造成严重后果的，处三年以下有期徒刑或者拘役；后果特别严重的，处三年以上七年以下有期徒刑。

【工程重大安全事故罪】建设单位、设计单位、施工单位、工程监理单位违反国家规定，降低工程质量标准，造成重大安全事故的，对直接责任人员，处五年以下有期徒刑或者拘役，并处罚金；后果特别严重的，处五年以上十年以下有期徒刑，并处罚金。

【不报、谎报安全事故罪】在安全事故发生后，负有报告职责的人员不报或者谎报事故情况，贻误事故抢救，情节严重的，处三年以下有期徒刑或者拘役；情节特别严重的，处三年以上七年以下有期徒刑。

二、中华人民共和国安全生产法

《中华人民共和国安全生产法》于 2002 年 6 月 29 日第九届全国人民代表大

会常务委员会第二十八次会议通过。根据 2021 年 6 月 10 日第十三届全国人民代表大会常务委员会第二十九次会议《关于修改〈中华人民共和国安全生产法〉的决定》第三次修正，该法自 2021 年 9 月 1 日起施行。

（一）立法目的

为了加强安全生产工作，防止和减少生产安全事故，保障人民群众生命和财产安全，促进经济社会持续健康发展。

（二）主要内容

（1）生产经营单位必须遵守本法和其他有关安全生产的法律、法规，加强安全生产管理，建立健全全员安全生产责任制和安全生产规章制度，加大对安全生产资金、物资、技术、人员的投入保障力度，改善安全生产条件，加强安全生产标准化、信息化建设，构建安全风险分级管控和隐患排查治理双重预防机制，健全风险防范化解机制，提高安全生产水平，确保安全生产。

（2）生产经营单位应当对从业人员进行安全生产教育和培训，保证从业人员具备必要的安全生产知识，熟悉有关的安全生产规章制度和安全操作规程，掌握本岗位的安全操作技能，了解事故应急处理措施，知悉自身在安全生产方面的权利和义务。未经安全生产教育和培训合格的从业人员，不得上岗作业。

（3）生产经营单位使用被派遣劳动者的，应当将被派遣劳动者纳入本单位从业人员统一管理，对被派遣劳动者进行岗位安全操作规程和安全操作技能的教育和培训。劳务派遣单位应当对被派遣劳动者进行必要的安全生产教育和培训。

（4）生产经营单位采用新工艺、新技术、新材料或者使用新设备，必须了解、掌握其安全技术特性，采取有效的安全防护措施，并对从业人员进行专门的安全生产教育和培训。

（5）生产经营单位对重大危险源应当登记建档，进行定期检测、评估、监控，并制定应急预案，告知从业人员和相关人员在紧急情况下应当采取的应急措施。

（6）生产经营单位应当关注从业人员的身体、心理状况和行为习惯，加强对从业人员的心理疏导、精神慰藉，严格落实岗位安全生产责任，防范从业人员行为异常导致事故发生。

（7）生产、经营、储存、使用危险物品的车间、商店、仓库不得与员工宿舍在同一座建筑物内，并应当与员工宿舍保持安全距离。生产经营场所和员工宿舍应当设有符合紧急疏散要求、标志明显、保持畅通的出口、疏散通道。禁止占用、锁闭、封堵生产经营场所或者员工宿舍的出口、疏散通道。

（8）生产经营单位必须为从业人员提供符合国家标准或者行业标准的劳动防护用品，并监督、教育从业人员按照使用规则佩戴、使用。

三、中华人民共和国劳动法

《中华人民共和国劳动法》于1994年7月5日第八届全国人民代表大会常务委员会第八次会议通过。根据2018年12月29日第十三届全国人民代表大会常务委员会第七次会议《关于修改〈中华人民共和国劳动法〉等七部法律的决定》第二次修正，该法自2018年12月29日起施行。

（一）立法目的

为了保护劳动者的合法权益，调整劳动关系，建立和维护适应社会主义市场经济的劳动制度，促进经济发展和社会进步。

（二）主要内容

（1）劳动者享有平等就业和选择职业的权利、取得劳动报酬的权利、休息休假的权利、获得劳动安全卫生保护的权利、接受职业技能培训的权利、享受社会保险和福利的权利、提请劳动争议处理的权利以及法律规定的其他劳动权利。

（2）劳动合同是劳动者与用人单位确立劳动关系、明确双方权利和义务的协议。建立劳动关系应当订立劳动合同。

（3）订立和变更劳动合同，应当遵循平等自愿、协商一致的原则，不得违反法律、行政法规的规定。劳动合同依法订立即具有法律约束力，当事人必须履行劳动合同规定的义务。

（4）用人单位必须建立、健全劳动安全卫生制度，严格执行国家劳动安全卫生规程和标准，对劳动者进行劳动安全卫生教育，防止劳动过程中的事故，减少职业危害。

（5）用人单位必须为劳动者提供符合国家规定的劳动安全卫生条件和必要的劳动防护用品，对从事有职业危害作业的劳动者应当定期进行健康检查。

（6）劳动者在劳动过程中必须严格遵守安全操作规程。劳动者对用人单位管理人员违章指挥、强令冒险作业，有权拒绝执行。对危害生命安全和身体健康的行为，有权提出批评、检举和控告。

（7）禁止安排女职工从事矿山井下、国家规定的第四级体力劳动强度的劳动和其他禁忌从事的劳动。

（8）不得安排未成年工从事矿山井下、有毒有害、国家规定的第四级体力劳动强度的劳动和其他禁忌从事的劳动。

（9）下列劳动合同无效：

①违反法律、行政法规的劳动合同；

②采取欺诈、威胁等手段订立的劳动合同。

无效的劳动合同，从订立的时候起，就没有法律约束力。确认劳动合同部分无效的，如果不影响其余部分的效力，其余部分仍然有效。劳动合同的无效，由劳动争议仲裁委员会或者人民法院确认。

（10）劳动合同应当以书面形式订立，并具备以下条款：

①劳动合同期限；

②工作内容；

③劳动保护和劳动条件；

④劳动报酬；

⑤劳动纪律；

⑥劳动合同终止的条件；

⑦违反劳动合同的责任。

劳动合同除前款规定的必备条款外，当事人可以协商约定其他内容。

（11）劳动合同的期限分为有固定期限、无固定期限和以完成一定的工作为期限。

劳动者在同一用人单位连续工作满十年以上，当事人双方同意续延劳动合同的，如果劳动者提出订立无固定期限的劳动合同，应当订立无固定期限的劳动合同。

（12）劳动合同可以约定试用期。试用期最长不得超过六个月。

（13）劳动合同当事人可以在劳动合同中约定保守用人单位商业秘密的有关事项。

（14）劳动合同期满或者当事人约定的劳动合同终止条件出现，劳动合同即行终止。

（15）经劳动合同当事人协商一致，劳动合同可以解除。

（16）劳动者有下列情形之一的，用人单位可以解除劳动合同：

①在试用期间被证明不符合录用条件的；

②严重违反劳动纪律或者用人单位规章制度的；

③严重失职，营私舞弊，对用人单位利益造成重大损害的；

④被依法追究刑事责任的。

（17）有下列情形之一的，用人单位可以解除劳动合同，但是应当提前三十日以书面形式通知劳动者本人：

①劳动者患病或者非因工负伤，医疗期满后，不能从事原工作也不能从事由用人单位另行安排的工作的；

②劳动者不能胜任工作，经过培训或者调整工作岗位，仍不能胜任工作的；

③劳动合同订立时所依据的客观情况发生重大变化，致使原劳动合同无法履行，经当事人协商不能就变更劳动合同达成协议的。

（18）用人单位濒临破产进行法定整顿期间或者生产经营状况发生严重困难，确需裁减人员的，应当提前三十日向工会或者全体职工说明情况，听取工会或者职工的意见，经向劳动行政部门报告后，可以裁减人员。用人单位依据本条规定裁减人员，在六个月内录用人员的，应当优先录用被裁减的人员。

（19）用人单位依据本法第二十四条、第二十六条、第二十七条的规定解除劳动合同的，应当依照国家有关规定给予经济补偿。

（20）劳动者有下列情形之一的，用人单位不得依据本法第二十六条、第二十七条的规定解除劳动合同：

①患职业病或者因工负伤并被确认丧失或者部分丧失劳动能力的；

②患病或者负伤，在规定的医疗期内的；

③女职工在孕期、产期、哺乳期内的；

④法律、行政法规规定的其他情形。

（21）用人单位解除劳动合同，工会认为不适当的，有权提出意见。如果用人单位违反法律、法规或者劳动合同，工会有权要求重新处理；劳动者申请仲裁或者提起诉讼的，工会应当依法给予支持和帮助。

（22）劳动者解除劳动合同，应当提前三十日以书面形式通知用人单位。

（23）有下列情形之一的，劳动者可以随时通知用人单位解除劳动合同：

①在试用期内的；

②用人单位以暴力、威胁或者非法限制人身自由的手段强迫劳动的；

③用人单位未按照劳动合同约定支付劳动报酬或者提供劳动条件的。

（24）企业职工一方与企业可以就劳动报酬、工作时间、休息休假、劳动安全卫生、保险福利等事项，签订集体合同。集体合同草案应当提交职工代表大会或者全体职工讨论通过。集体合同由工会代表职工与企业签订；没有建立工会的企业，由职工推举的代表与企业签订。

（25）集体合同签订后应当报送劳动行政部门；劳动行政部门自收到集体合同文本之日起十五日内未提出异议的，集体合同即行生效。

（26）依法签订的集体合同对企业和企业全体职工具有约束力。职工个人与企业订立的劳动合同中劳动条件和劳动报酬等标准不得低于集体合同的规定。

四、中华人民共和国职业病防治法

《中华人民共和国职业病防治法》于 2001 年 10 月 27 日第九届全国人民代表大会常务委员会第二十四次会议通过。根据 2018 年 12 月 29 日第十三届全国人民代表大会常务委员会第七次会议《关于修改〈中华人民共和国劳动法〉等七部法律的决定》第四次修正，该法自 2018 年 12 月 29 日起施行。

（一）立法目的

为了保护劳动者的合法权益，调整劳动关系，建立和维护适应社会主义市场经济的劳动制度，促进经济发展和社会进步。

（二）主要内容

（1）获得职业卫生教育、培训。

（2）获得职业健康检查、职业病诊疗、康复等职业病防治服务。

（3）了解工作场所产生或者可能产生的职业病危害因素、危害后果和应当采取的职业病防护措施。

（4）要求用人单位提供符合防治职业病要求的职业病防护设施和个人使用的职业病防护用品，改善工作条件。

（5）对违反职业病防治法律、法规以及危及生命健康的行为提出批评、检举和控告。

（6）拒绝违章指挥和强令进行没有职业病防护措施的作业。

（7）参与用人单位职业卫生工作的民主管理，对职业病防治工作提出意见和建议。

五、中华人民共和国矿山安全法

《中华人民共和国矿山安全法》于 1992 年 11 月 7 日第七届全国人民代表大会常务委员会第二十八次会议通过。根据 2009 年 8 月 27 日第十一届全国人民代表大会常务委员会第十次会议《关于修改部分法律的决定》修正，该法自 2009 年 8 月 27 日起施行。

（一）立法目的

为了保障矿山生产安全，防止矿山事故，保护矿山职工人身安全，促进采矿业的发展。

（二）主要内容

（1）矿山企业职工有权对危害安全的行为，提出批评、检举和控告。

（2）矿山企业工会发现企业行政方面违章指挥、强令工人冒险作业或者生产过程中发现明显重大事故隐患和职业危害，有权提出解决的建议；发现危及职工生命安全的情况时，有权向矿山企业行政方面建议组织职工撤离危险现场，矿山企业行政方面必须及时作出处理决定。

（3）矿山企业必须向职工发放保障安全生产所需的劳动防护用品。

（4）矿山企业主管人员违章指挥、强令工人冒险作业，因而发生重大伤亡事故的，依照刑法有关规定追究刑事责任。

六、国务院关于预防煤矿生产安全事故的特别规定

《国务院关于预防煤矿生产安全事故的特别规定》于2005年9月3日以国务院令第446号发布实施，经国务院2013年7月18日修订。该特别规定的制定是为了及时发现并排除煤矿安全生产隐患，落实煤矿安全生产责任，预防煤矿生产安全事故发生，保障职工的生命安全和煤矿安全生产。

（一）立法目的

为了及时发现并排除煤矿安全生产隐患，落实煤矿安全生产责任，预防煤矿生产安全事故发生，保障职工的生命安全和煤矿安全生产。

（二）主要内容

（1）煤矿的防治水、防灭火、防煤尘等安全设备、设施和条件应当符合国家标准、行业标准，并有防范生产安全事故发生的措施和完善的应急处理预案。

（2）煤矿企业应当建立健全安全生产隐患排查、治理和报告制度。煤矿企业应当对本规定第八条第二款所列情形定期组织排查，并将排查情况每季度向县级以上地方人民政府负责煤矿安全生产监督管理的部门、煤矿安全监察机构写出书面报告。报告应当经煤矿企业负责人签字。

（3）煤矿企业应当免费为每位职工发放煤矿职工安全手册。煤矿职工安全手册应当载明职工的权利、义务，煤矿重大安全生产隐患的情形和应急保护措施、方法以及安全生产隐患和违法行为的举报电话、受理部门。煤矿企业没有为每位职工发放符合要求的职工安全手册的，由县级以上地方人民政府负责煤矿安全生产监督管理的部门或者煤矿安全监察机构责令限期改正；逾期未改正的，处5万元以下的罚款。

七、生产安全事故报告和调查处理条例

《生产安全事故报告和调查处理条例》（国务院令第493号）是为了规范生产安全事故的报告和调查处理，落实生产安全事故责任追究制度，防止和减少生产安全事故而制定的，自2007年6月1日起施行。

（一）立法目的

为了规范生产安全事故的报告和调查处理，落实生产安全事故责任追究制度，防止和减少生产安全事故。

（二）主要内容

（1）根据生产安全事故造成的人员伤亡或者直接经济损失，《生产安全事故报告和调查处理条例》将事故分为以下四个等级：

①特别重大事故，是指造成30人以上死亡，或者100人以上重伤（包括急

性工业中毒，下同)，或者1亿元以上直接经济损失的事故。

②重大事故，是指造成10人以上30人以下死亡，或者50人以上100人以下重伤，或者5000万元以上1亿元以下直接经济损失的事故。

③较大事故，是指造成3人以上10人以下死亡，或者10人以上50人以下重伤，或者1000万元以上5000万元以下直接经济损失的事故。

④一般事故，是指造成3人以下死亡，或者10人以下重伤，或者1000万元以下直接经济损失的事故。

上述所称的“以上”包括本数，所称的“以下”不包括本数。

(2) 事故报告应当及时、准确、完整，任何单位和个人对事故不得迟报、漏报、谎报或者瞒报。事故发生后，事故现场有关人员应当立即向本单位负责人报告；单位负责人接到报告后，应当于1小时内向事故发生地县级以上人民政府安全生产监督管理部门和负有安全生产监督管理职责的有关部门报告。

情况紧急时，事故现场有关人员可以直接向事故发生地县级以上人民政府安全生产监督管理部门和负有安全生产监督管理职责的有关部门报告。

(3) 安全生产监督管理部门和负有安全生产监督管理职责的有关部门逐级上报事故情况，每级上报的时间不得超过2小时。

报告事故应当包括下列内容：

①事故发生单位概况；

②事故发生的时间、地点以及事故现场情况；

③事故的简要经过；

④事故已经造成或者可能造成的伤亡人数（包括下落不明的人数）和初步估计的直接经济损失；

⑤已经采取的措施；

⑥其他应当报告的情况。

事故报告后出现新情况的，应当及时补报。自事故发生之日起30日内，事故造成的伤亡人数发生变化的，应当及时补报。道路交通事故、火灾事故自发生之日起7日内，事故造成的伤亡人数发生变化的，应当及时补报。

(4) 事故发生单位负责人接到事故报告后，应当立即启动事故相应应急预案，或者采取有效措施，组织抢救，防止事故扩大，减少人员伤亡和财产损失。

八、生产安全事故应急条例

《生产安全事故应急条例》经2018年12月5日国务院第33次常务会议通过，以国务院令第708号公布，自2019年4月1日施行。

（一）立法目的

为了规范生产安全事故应急工作，保障人民群众生命和财产安全。

（二）主要内容

（1）生产经营单位应当针对本单位可能发生的生产安全事故的特点和危害，进行风险辨识和评估，制定相应的生产安全事故应急救援预案，并向本单位从业人员公布。

（2）易燃易爆物品、危险化学品等危险物品的生产、经营、储存、运输单位，矿山、金属冶炼、城市轨道交通运营、建筑施工单位，以及宾馆、商场、娱乐场所、旅游景区等人员密集场所经营单位，应当至少每半年组织1次生产安全事故应急救援预案演练，并将演练情况报送所在地县级以上地方人民政府负有安全生产监督管理职责的部门。

（3）易燃易爆物品、危险化学品等危险物品的生产、经营、储存、运输单位，矿山、金属冶炼、城市轨道交通运营、建筑施工单位，以及宾馆、商场、娱乐场所、旅游景区等人员密集场所经营单位，应当建立应急救援队伍；其中，小型企业或者微型企业等规模较小的生产经营单位，可以不建立应急救援队伍，但应当指定兼职的应急救援人员，并且可以与邻近的应急救援队伍签订应急救援协议。工业园区、开发区等产业聚集区域内的生产经营单位，可以联合建立应急救援队伍。

（4）生产经营单位应当对从业人员进行应急教育和培训，保证从业人员具备必要的应急知识，掌握风险防范技能和事故应急措施。

九、工伤保险条例

《工伤保险条例》于2003年4月27日以中华人民共和国国务院令第375号公布、根据2010年12月20日《国务院关于修改〈工伤保险条例〉的决定》修订，该法自2011年1月1日施行。

（一）立法目的

为了保障因工作遭受事故伤害或者患职业病的职工获得医疗救治和经济补偿，促进工伤预防和职业康复，分散用人单位的工伤风险。

（二）主要内容

（1）用人单位和职工应当遵守有关安全生产和职业病防治的法律法规，执行安全卫生规程和标准，预防工伤事故发生，避免和减少职业病危害。

（2）用人单位应当按时缴纳工伤保险费。职工个人不缴纳工伤保险费。

（3）职工发生事故伤害或者按照职业病防治法规定被诊断、鉴定为职业病，所在单位应当自事故伤害发生之日或者被诊断、鉴定为职业病之日起30日内，向统筹地区社会保险行政部门提出工伤认定申请。遇有特殊情况，经报社会保险行政部门同意，申请时限可以适当延长。

用人单位未按前款规定提出工伤认定申请的，工伤职工或者其近亲属、工会组织在事故伤害发生之日或者被诊断、鉴定为职业病之日起 1 年内，可以直接向用人单位所在地统筹地区社会保险行政部门提出工伤认定申请。

按照本条第一款规定应当由省级社会保险行政部门进行工伤认定的事项，根据属地原则由用人单位所在地的设区的市级社会保险行政部门办理。

用人单位未在本条第一款规定的时限内提交工伤认定申请，在此期间发生符合本条例规定的工伤待遇等有关费用由该用人单位负担。

（4）职工发生工伤，经治疗伤情相对稳定后存在残疾、影响劳动能力的，应当进行劳动能力鉴定。

（5）自劳动能力鉴定结论作出之日起 1 年后，工伤职工或者其近亲属、所在单位或者经办机构认为伤残情况发生变化的，可以申请劳动能力复查鉴定。

（6）职工因工作遭受事故伤害或者患职业病进行治疗，享受工伤医疗待遇。

（7）职工有下列情形之一的，视同工伤：

①在工作时间和工作岗位，突发疾病死亡或者在 48 小时之内经抢救无效死亡的；

②在抢险救灾等维护国家利益、公共利益活动中受到伤害的；

③职工原在军队服役，因战、因公负伤致残，已取得革命伤残军人证，到用人单位后旧伤复发的。

职工有前款第①项、第②项情形的，按照本条例的有关规定享受工伤保险待遇；职工有前款第③项情形的，按照本条例的有关规定享受除一次性伤残补助金以外的工伤保险待遇。

（8）职工符合本条例第十四条、第十五条的规定，但是有下列情形之一的，不得认定为工伤或者视同工伤：

①故意犯罪的；

②醉酒或者吸毒的；

③自残或者自杀的。

十、煤矿作业场所职业病危害防治规定

《煤矿作业场所职业病危害防治规定》于 2015 年 2 月 28 日以国家安全生产监督管理总局令第 73 号公布，自 2015 年 4 月 1 日起施行。

（一）立法目的

为加强煤矿作业场所职业病危害的防治工作，强化煤矿企业职业病危害防治主体责任，预防、控制职业病危害，保护煤矿劳动者健康。

（二）主要内容

（1）本规定所称煤矿作业场所职业病危害（以下简称职业病危害），是指由粉尘、噪声、热害、有毒有害物质等因素导致煤矿劳动者职业病的危害。

（2）煤矿应当对劳动者进行上岗前、在岗期间的定期职业病危害防治知识培训，督促劳动者遵守职业病防治法律、法规、规章、标准和操作规程，指导劳动者正确使用职业病防护设备和个体防护用品。上岗前培训时间不少于4学时，在岗期间的定期培训时间每年不少于2学时。

（3）对接触职业病危害的劳动者，煤矿应当按照国家有关规定组织上岗前、在岗期间和离岗时的职业健康检查，并将检查结果书面告知劳动者。职业健康检查费用由煤矿承担。

（4）煤矿应当为劳动者个人建立职业健康监护档案，并按照有关规定的期限妥善保存。职业健康监护档案应当包括劳动者个人基本情况、劳动者职业史和职业病危害接触史，历次职业健康检查结果及处理情况，职业病诊疗等资料。劳动者离开煤矿时，有权索取本人职业健康监护档案复印件，煤矿必须如实、无偿提供，并在所提供的复印件上签章。

十一、煤矿安全培训规定

《煤矿安全培训规定》于2018年1月11日以国家安全生产监督管理总局令第92号公布，自2018年3月1日起施行。

（一）立法目的

为了加强和规范煤矿安全培训工作，提高从业人员安全素质，防止和减少伤亡事故。

（二）主要内容

（1）煤矿其他从业人员应当具备初中及以上文化程度。本规定所称煤矿其他从业人员，是指除煤矿主要负责人、安全生产管理人员和特种从业人员以外，从事生产经营活动的其他从业人员，包括煤矿其他负责人、其他管理人员、技术人员和各岗位的工人、使用的被派遣劳动者和临时聘用人员。

（2）煤矿企业应当对其他从业人员进行安全培训，保证其具备必要的安全生产知识、技能和事故应急处理能力，知悉自身在安全生产方面的权利和义务。

（3）煤矿企业应当建立健全从业人员安全培训档案，实行一人一档。煤矿企业从业人员安全培训档案的内容包括：

①学员登记表，包括学员的文化程度、职务、职称、工作经历、技能等级晋升等情况；

②身份证复印件、学历证书复印件；

③历次接受安全培训、考核的情况；

④安全生产违规违章行为记录，以及被追究责任，受到处分、处理的情况；

⑤其他有关情况。

（4）煤矿企业或者具备安全培训条件的机构应当按照培训大纲对其他从业人员进行安全培训。其中，对从事采煤、掘进、机电、运输、通风、防治水等工作的班组长的安全培训，应当由其所在煤矿的上一级煤矿企业组织实施；没有上一级煤矿企业的，由本单位组织实施。煤矿企业其他从业人员的初次安全培训时间不得少于72学时，每年再培训的时间不得少于20学时。煤矿企业或者具备安全培训条件的机构对其他从业人员安全培训合格后，应当颁发安全培训合格证明；未经培训并取得培训合格证明的，不得上岗作业。

十二、生产安全事故应急预案管理办法

《生产安全事故应急预案管理办法》于2016年6月3日以国家安全生产监督管理总局令第88号公布，根据2019年7月11日应急管理部令第2号《应急管理部关于修改〈生产安全事故应急预案理办法〉的决定》修正，该法自2019年9月1日起施行。

（一）立法目的

为规范生产安全事故应急预案管理工作，迅速有效处置生产安全事故。

（二）主要内容

（1）生产经营单位应急预案分为综合应急预案、专项应急预案和现场处置方案。

（2）应急预案的编制应当遵循以人为本、依法依规、符合实际、注重实效的原则，以应急处置为核心，明确应急职责、规范应急程序、细化保障措施。

（3）生产经营单位应当在编制应急预案的基础上，针对工作场所、岗位的特点，编制简明、实用、有效的应急处置卡。

（4）应急处置卡应当规定重点岗位、人员的应急处置程序和措施，以及相关联络人员和联系方式，便于从业人员携带。

十三、煤矿安全规程

2022年1月6日，应急管理部令第8号公布了关于修改《煤矿安全规程》的决定，新修订的《煤矿安全规程》自2022年4月1日起施行。本次共修订18条，涉及第一编总则（第四条、第十条，共2条），第三编井工煤矿第二章开采（第九十五条、第一百一十五条、第一百一十九条，共3条）、第四章煤（岩）与瓦斯（二氧化碳）突出防治（第一百九十条、第一百九十四条、第二百零九

条，共3条）、第五章冲击地压防治（第二百二十八条、第二百三十条、第二百三十一条、第二百三十六条、第二百四十一条、第二百四十四条，共6条）、第六章防灭火（第二百五十条、第二百七十四条，共2条）、第七章防治水（第三百零三条，共1条）、第八章爆炸物品和井下爆破（第三百六十七条，共1条）。国家矿山安全监察局在组织修订过程中，坚决贯彻党中央国务院关于安全生产的决策部署和《安全生产法》规定，系统分析总结2016版《煤矿安全规程》实施5年多来的绩效与问题，深入剖析灾害事故中暴露出在安全生产和技术管理方面的漏洞和不合理因素，深刻吸取近年来煤矿灾害事故教训，充分听取各有关方面、煤矿企业、专家学者的意见建议，力求各条款修订的科学性、规范性和可操作性。

（一）立法目的

为保障煤矿安全生产和从业人员的人身安全与健康，防止煤矿事故与职业病危害。

（二）修订内容

（1）《煤矿安全规程》在煤炭行业具有很高的权威性，在煤矿安全生产领域居于主体规章地位，是安全生产法律法规和中央决策部署的具体体现，是安全监管监察执法的重要依据，是规范煤矿安全管理行为的重要准绳。

（2）新修改的《中华人民共和国安全生产法》对煤矿安全生产工作提出了更严格的规定和要求，《刑法修正案（十一）》加大了安全生产领域违法惩处力度，《煤矿防治水细则》《防治煤与瓦斯突出细则》《防治煤矿冲击地压细则》《煤矿防灭火细则》等煤矿安全规范性文件和相关标准也陆续出台。为衔接协调好新修改的《中华人民共和国安全生产法》《中华人民共和国刑法》等上位法以及相关规范性文件标准，充分发挥《煤矿安全规程》基础性、引领性作用，形成“一规程四细则”的煤矿安全规范体系，进一步完善《煤矿安全规程》相关条款尤为迫切和重要。

（3）本次修改是2016年全面修改后的第一次部分条文修改。本次修改工作认真贯彻习近平法治思想和习近平总书记关于安全生产工作的重要论述精神，坚持人民至上、生命至上，深刻汲取近年来煤矿领域重特大事故教训，进一步强化了煤与瓦斯突出、冲击地压、透水、火灾等煤矿重大灾害防治要求，提高了煤矿安全生产条件和现场管理标准，是坚决贯彻落实党中央、国务院关于安全生产工作决策部署的具体体现。

第二章　从业人员安全生产的权利和义务

《中华人民共和国安全生产法》《中华人民共和国矿山安全法》《煤矿安全规程》等法律法规，赋予了煤矿从业人员安全生产的权利，同时也规定了从业人员必须依法履行相应的安全生产义务。

第一节　从业人员安全生产的权利

煤矿企业对职工正当行使安全生产权利要给予保护。煤矿职工因行使安全生产权利而影响工作时，不得降低其工资、福利等待遇或者解除与其订立的劳动合同。

一、获得劳动保护的权利

职工有要求用人单位保障职工的劳动安全、防止职业病危害的权利。职工与用人单位建立劳动关系时，应当要求订立劳动合同，劳动合同应当载明为职工提供符合国家法律法规、标准规定的劳动安全卫生条件和必要的劳动防护用品；工作场所存在的职业病危害因素以及有效的防护措施；对从事有毒有害作业的职工定期进行健康检查；依法为职工办理工伤保险等。

二、知情权

《煤矿安全规程》第七条规定，对作业场所和工作岗位存在的危险有害因素及防范措施、事故应急措施、职业病危害及其后果、职业病危害防护措施等，煤矿企业应当履行告知义务，从业人员有权了解并提出建议。

用人单位必须向职工如实告知，不得隐瞒和欺骗。如果用人单位没有如实告知，职工有权拒绝工作，用人单位不得因此做出对从业人员不利的处分。

三、民主管理、民主监督的权利

《煤矿安全规程》第八条第一款规定，煤矿安全生产与职业病危害防治工作必须实行群众监督。煤矿企业必须支持群众组织的监督活动，发挥群众的监督作用。

从业人员有权参加本单位安全生产工作的民主管理和民主监督，对本单位的安全生产工作提出意见和建议，用人单位应重视和尊重职工的意见和建议，并及时作出答复。

四、参加安全生产教育培训的权利

《煤矿安全规程》第九条规定，煤矿企业必须对从业人员进行安全教育和培训。培训不合格的，不得上岗作业。

用人单位应依法对职工进行安全生产法律法规、规程及相关标准的教育培训，使职工掌握从事岗位工作所必须具备的安全生产知识和技能。用人单位没有依法对职工进行安全生产教育培训的，职工可拒绝上岗作业。

五、获得职业健康防治的权利

对于从事接触职业病危害因素，可能导致职业病的作业的职工，有权获得职业健康检查并了解检查结果。被诊断为患有职业病的职工有依法享受职业病待遇，接受治疗、康复和定期检查的权利。

六、合法拒绝权

《煤矿安全规程》第八条第二款规定，从业人员有权制止违章作业，拒绝违章指挥。

违章指挥是指用人单位的有关管理人员违反安全生产的法律法规和有关安全规程、规章制度的规定，指挥从业人员进行作业的行为；强令冒险作业是指用人单位的有关管理人员，明知开始或继续作业可能会有重大危险，仍然强迫职工进行作业的行为。违章指挥、强令冒险作业违背了安全生产方针，侵犯了职工的合法权益，职工有权拒绝。用人单位不得因职工拒绝违章指挥和强令冒险作业而打击报复，降低其工资、福利等待遇或解除与其订立的劳动合同。

七、紧急避险权

《煤矿安全规程》第八条第二款规定，当工作地点出现险情时，有权立即停止作业，撤到安全地点；当险情没有得到处理不能保证人身安全时，有权拒绝作业。

职工发现直接危及人身安全的紧急情况时，有权停止作业，或者在采取可能的应急措施后，撤离作业场所。用人单位不得因职工在紧急情况下停止作业或者采取紧急撤离措施而降低其工资、福利待遇或者解除与其订立的劳动合同。但职工在行使这一权利时要慎重，要尽可能正确判断险情危及人身安全的程度。

八、工伤保险和民事索赔权

用人单位应当依法为职工办理工伤保险，为职工缴纳工伤保险费。职工因安全生产事故受到伤害，除依法应当享受工伤保险外，还有权向用人单位要求民事赔偿。工伤保险和民事赔偿不能互相取代。

九、提请劳动争议处理的权利

当职工的劳动保护权益受到伤害，或者与用人单位因劳动保护问题发生纠纷时，有向有关部门提请劳动争议处理的权利。

十、批评、检举和控告权

职工有权对本单位安全生产工作中存在的问题提出批评，有权将违反安全生产法律法规的行为，向主管部门和司法机关进行检举和控告。检举可以署名，也可以不署名；可以用书面形式，也可以口头形式。但是，职工在行使这一权利时，应注意检举和控告的情况必须真实，要实事求是。用人单位不得因职工行使上述权利而对其进行打击、报复，包括不得因此而降低其工资、福利待遇或者解除与其订立的劳动合同。

十一、及时救治权

生产经营单位发生生产安全事故后，应当及时采取措施救治有关人员。

第二节　从业人员安全生产的义务

根据《中华人民共和国安全生产法》规定，从业人员在作业过程中，应当严格落实岗位安全责任，遵守本单位的安全生产规章制度和操作规程，服从管理，正确佩戴和使用劳动防护用品等义务。

一、遵守安全生产规章制度和操作规程的义务

《煤矿安全规程》第八条第三款规定，从业人员必须遵守煤矿安全生产规章制度、作业规程和操作规程，严禁违章指挥、违章作业。

职工不仅要严格遵守安全生产有关法律法规，还应当遵守用人单位的安全生产规章制度和操作规程，这是职工在安全生产方面的一项法定义务。职工必须增

强法纪观念，自觉遵章守纪，从维护国家利益、集体利益以及自身利益出发，把遵章守纪、按章操作落实到具体的工作中。

二、服从管理的义务

用人单位的安全生产管理人员一般具有较多的安全生产知识和较丰富的经验，职工服从管理，可以保持生产经营活动的良好秩序，有效地避免、减少生产安全事故的发生，因此，职工应当服从管理这也是职工在安全生产方面的一项法定义务。

三、正确佩戴和使用劳动防护用品的义务

《煤矿安全规程》第十三条规定，入井（场）人员必须戴安全帽等个体防护用品，穿带有反光标识的工作服。入井（场）前严禁饮酒。

劳动防护用品是保护职工在劳动过程中安全与健康的一种防御性装备，不同的劳动防护用品有其特定的佩戴和使用规则、方法，只有正确佩戴和使用，方能真正起到防护作用。用人单位在为职工提供符合国家或行业标准的劳动防护用品后，职工有义务正确佩戴和使用劳动防护用品。

四、发现事故隐患及时报告的义务

职工发现事故隐患和不安全因素后，应及时向现场安全生产管理员或本单位负责人报告，接到报告的人员应当及时予以处理。一般来说，职工报告得越早，接受报告的人员处理得越早，事故隐患和其他职业危险因素可能造成的危害就越小。

五、接受安全生产培训教育的义务

职工应依法接受安全生产的教育和培训，掌握所从事岗位工作所需的安全生产知识，提高安全生产技能，增强事故预防和应急处理能力。特殊性工种从业人员和有关法律法规规定须持证上岗的从业人员，必须经培训考核合格后，依法取得相应的资格证书或合格证书，方可上岗作业。

第三章　露天煤矿从业人员入矿常识

第一节　露天煤矿安全须知及常用名词术语

一、安全须知

露天煤矿的生产条件、工作环境相对特殊，工作现场环境变化大，作业环境艰苦，且存在很多不确定性，安全风险较大，易发生排土场滑坡、采场滑坡、触电伤害、运输机械伤害、检修伤害、火灾、水灾等事故。图 3-1 为露天煤矿生产作业现场。

图 3-1　露天煤矿生产作业现场

露天煤矿企业不得录用未成年人从事工作。新员工入矿之前，必须进行职业健康体检。煤矿企业必须对从业人员进行安全培训，否则不得上岗作业。从事生产作业前员工要清楚工作地点、任务和安全注意事项，充分了解作业场所的安全状况和应急措施。作业人员要正确佩戴劳保用品。

（一）入坑前安全须知

（1）非煤矿员工未经允许不准入坑。

（2）未经考试合格的新员工不准单人入坑。

（3）入坑车辆必须遵守坑内交通规则。

（4）必须穿戴好劳动保护用品，佩戴好操作工具，劳动保护用品及工具不合格严禁作业。

（二）铁路沿线行走安全须知

企业员工因工作需要沿铁道线路行走时，必须遵守“一停、二看、三通过”的原则。横跨两条以上的线路时，越过第一条线路后，要确认第二条线路无车再通过，以防列车突然行驶而来不及防范。当遇到有列车堵住通路时，严禁扒、蹬、跳列车，不准从车底下钻越强过。

（三）生产作业现场安全须知

露天煤矿严禁坑内行人，但从业人员遇特殊情况时应遵守以下规则：沿坑下道路行走时要靠道路的边缘行走；两人以上在道路上行走时不准闲谈、说笑、打闹，应有一人负责监护；因工作需要横跨道路时，必须遵守“一停、二看、三通过”的规则（图3-2）；遇有重车通过时，要避让大车，以防车上掉物伤人；在高段道路行走时，要注意台阶片帮、滚块伤人。

图3-2 一停二看三通过

（四）机电设备附近及警戒区域内行走安全须知

（1）非工作人员不准钻越用钢丝绳、木杆、草绳等材料围起来的区域。

（2）非工作人员不准触动坑内电气设备。

（3）非工作人员不准触摸折断的电缆、电线。

（4）采掘、运输、排土等机械设备作业时，严禁人员上下设备。

（5）在危及人身安全的作业范围内，禁止人员停留或通过。

（6）非工作人员不准擅自进入设有警戒标志的生产作业区域。

（7）入坑人员遇到爆破时，应听从爆破警戒人员的指挥，不准强行通过，待警戒信号解除后，方可通行。

（8）非爆破人员，不得在爆区及爆破器材存放地附近逗留，如遇图 3-3 所示的作业区域，应快速离开。

图 3-3　危险作业区域

（五）台阶行走安全须知

（1）不准在台阶根部行走，若遇有台阶滑落、片帮，要到安全地点行走。

（2）要佩戴好安全帽，不准在高段下及火区附近逗留。

（3）要时刻注意台阶变化，出现滑落、片帮、裂隙、浮块等危险迹象时，要立即撤离，不许通过或停留。

（4）要注意瞭望，时刻注意台阶上方滚块、掉块。

（5）因工作原因需要沿矿山道路行走的人员，必须时刻注意前后方向来车。躲车时，必须躲到安全地点。

（六）皮带廊道行走安全须知

（1）沿皮带廊道行走时，要时刻集中注意力，以防滑倒摔伤。

（2）横过带式输送机时，必须沿着装有栏杆的栈桥通过，不准横跨、钻越皮带。

(3) 要与正在运转中的输送带以及旋转的托辊保持一定的距离。

(4) 要注意瞭望带式输送机两侧边坡及上部情况，预防滚块滑落伤人。

(七) 其他安全须知

(1) 每一个入坑的工作人员都必须熟悉本矿规定的各种信号并爱护信号设备，听从信号指挥。熟悉并爱护矿山安全警示标志。

(2) 当发生事故时，要听从指挥，履行应急救援的义务。

二、露天煤矿常用名词术语

露天开采是在敞露的地表把有用的矿物开采出来。露天煤矿常用名词如下。

(1) 地质：位于煤层上面的岩土层为覆盖层，煤层下的岩层为底板。覆盖层及底板的岩性一般由炭质泥岩、砂质泥岩、砂岩或石灰岩等组成。

(2) 煤层：煤层的形态可分为层状、似层状和非层状三类。我国露天矿煤层大多呈层状，由于其层位有明显的连续性，厚度变化不大，是我国大中型露天煤矿主要开采对象。

露天煤矿按煤层厚度分类：薄煤层的厚度<3.5 m；中厚煤层的厚度3.5~10 m；厚煤层的厚度>10 m。

露天煤矿按煤层倾角分类：近水平煤层的倾角$<5°$；缓倾斜煤层的倾角5°~10°；倾斜煤层的倾角10°~45°；急倾斜煤层的倾角$>45°$。

三、露天煤矿开采名词术语

(1) 走向：煤层层面与水平面相交的线称走向线，走向线两端所指方向是煤层走向。

(2) 倾向：在煤层层面上与走向线垂直沿层面向下延伸的直线称为倾向线。倾斜线的水平投影所指的方向称为倾向。

(3) 倾角：煤层层面与水平面所夹的最大锐角称为倾角。煤层倾角越大，开采难度越大。

(4) 台阶：在开采过程中，按剥离、采矿或排土作业的要求，以一定高度划分的阶梯，台阶在露天矿场中的位置往往以下部平台的水平标高来表示。

(5) 开采程序：采场内土岩的剥离和采煤工程，在空间与时间上合理配合的开采发展顺序。

(6) 剥采比：剥离量和有用矿物量之比。

(7) 边帮：露天矿场四周是由台阶平台和台阶坡面组成的总体。边帮位于矿体底盘的称为底帮；位于顶盘称为顶帮；位于矿场端部的称为端帮。

（8）上部境界线：露天矿边帮与地表面相交而成的空间闭合曲线。

（9）底部境界线：露天矿边帮与矿场底相交而成的空间闭合曲线。

（10）工作帮：露天矿场内由进行着矿山工程的台阶平台及其坡面组成的边帮。

（11）非工作帮：露天矿场内由已结束矿山工程的台阶平台及其坡面组成的边帮。

（12）工作平台：宽度足以布置钻孔爆破、采装和运输设备及其他必要设备的台阶平台。

（13）最终边坡角：露天采场终了时最上台阶坡顶线和最下台阶坡底线组合而成的假想平面与水平面的夹角。

第二节　露天煤矿开采工艺

一、露天煤矿主要生产环节简介

1. 钻孔、爆破作业

钻孔、爆破作业是露天煤矿开采的首道工艺，其目的是为随后的采装、运输提供适宜的矿岩物，所以钻孔、爆破作业的质量好坏，对后续工作有着很大的影响。

（1）钻孔采用的设备：凿岩机、凿岩台车、钢丝冲击式钻机、潜孔钻机、牙轮钻机等。其中，牙轮钻机效率高，适应性强，效果好。

（2）爆破采用的工业炸药：铵梯炸药、铵油炸药、乳化炸药等。起爆方法为电起爆和非电起爆。

2. 采装作业

采装作业是使用机械将矿岩直接从地下或爆堆中挖掘出来，并装入运输机械的车厢内或直接卸到指定的地点。采装作业是露天开采过程的中心环节。

露天矿采装常用的设备是挖掘机，分为单斗和多斗两种。机械铲铲斗或勺斗装在铲杆或勺杆上，靠铲杆伸缩、推压来挖掘矿、岩，使用最广泛；索斗铲铲斗挂在钢丝绳上，靠自重和钢丝绳牵引挖掘，多用于倒堆。

3. 运输作业

在露天开采过程中，矿山运输的基本建设投资约占矿山基建总投资的60%，运输成本和劳动量分别占矿石总成本和总劳动量的一半以上，由此可见露天煤矿运输在开采中的重要地位。

露天煤矿运输方式有铁路运输、公路运输、带式输送机运输、箕斗运输及联合运输。露天煤矿大多采用自卸车运输。其优点是具有较高的机动灵活性，爬坡能力比列车大，转弯曲线半径小，建设速度快投资低；缺点是运输成本高，合理运距小。

4. 排土作业

排土是运输终端的作业，将剥离下的表土和废石运输到废石场进行排弃。

排土方式有铁路运输排岩、公路运输排岩、带式输送机运输排岩。排土场位置选择应优先考虑近距离排土，尽可能少占地或不占用农田，减少对环境污染，排弃空间要满足总剥离量排弃要求。目前全国各露天煤矿主要推土机排土，作业简单。

二、露天煤矿主要开采工艺简介

露天煤矿典型开采工艺主要有间断式开采工艺、连续式开采工艺、半连续式开采工艺、倒堆式开采工艺和联合开采工艺。

1. 间断式（或称循环式）开采工艺

间断式开采工艺中的采装、运输和排土作业是间断进行的，包括机械铲、铁道工艺和机械铲、汽车工艺。间断式开采工艺主要采掘设备和运输设备是单斗挖掘机和容器式的运输设备（如铁道机车车辆和汽车等），也可利用铲运机和前装机等设备来完成采装、运输和排土三个生产环节。

2. 连续式开采工艺

连续式开采工艺中的采装、运输和排土的物料流的输送是连续不断的，包括轮斗挖掘机、带式输送机和排土桥、悬臂排土机等工艺。主要设备有多斗挖掘机（如轮斗挖掘机、链斗挖掘机等）、带式输送机和排土机等。

3. 半连续式开采工艺

半连续式开采工艺是介于间断式和连续式之间的一种开采工艺，整个生产过程中一部分环节是间断式的，另一部分生产环节是连续式的，包括连续采掘、间断运输工艺系统（如轮斗、汽车）和间断采掘、连续运输工艺系统（如机械铲、带式输送机）。半连续式开采工艺主要设备有单斗挖掘机、破碎机、带式输送机和排土机的组合，或者是多斗挖掘机、铁道机车车辆或汽车的组合。

4. 倒堆式开采工艺

倒堆式开采工艺是指剥离物的铲挖、运输和排弃的整个生产过程由一台设备来完成，由设备将采出的剥离物直接倒至采空区，形成内排土场。倒堆式开采工艺主要设备有大型剥离机械铲或拉铲等。

5. 联合开采工艺

联合开采工艺是露天煤矿开采工艺发展方向，适用于各种赋存条件的煤矿。

第三节　露天煤矿生产现场安全警示标识

一、安全色

安全色是传递安全信息含义的颜色，提醒注意安全。我国安全色标准规定有四种颜色，如图 3-4 所示。

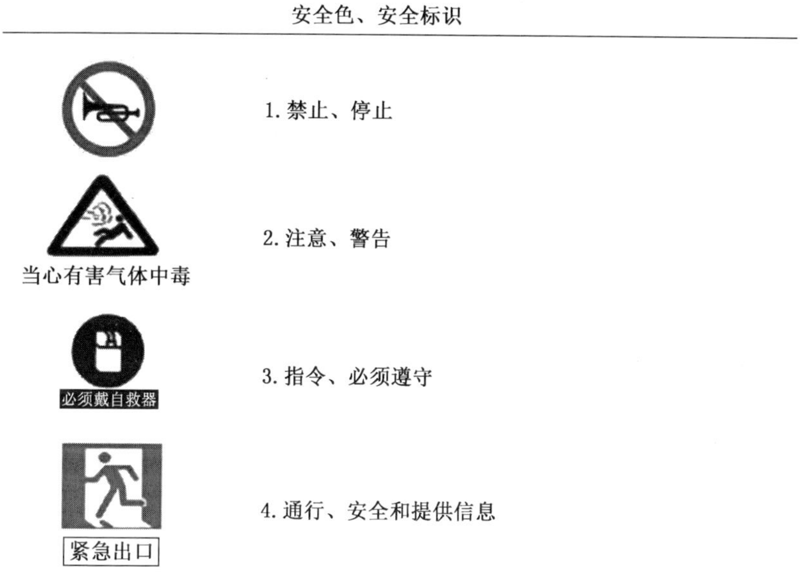

图 3-4　安全色、安全标识

（1）红色：传递的是禁止、停止、危险或提示消防设备、设施的信息。
（2）蓝色：传递必须遵守规定的指令性信息。
（3）黄色：传递注意、警告的信息。
（4）绿色：传递安全的提示性信息。如安全通道、应急通道等。

二、矿山安全标志

露天煤矿安全标志种类有禁止标志、警告标志、提示标志、指令标志四种。禁止标志用红色表示、警告标志用黄色表示、提示标志用绿色表示、指令标志用蓝色标志，如图 3-5 所示。

图3-5　内蒙古公司所属露天煤矿常用安全警示标示

（1）禁止标志含义是禁止或制止某种不当行为，禁止标志是红色带斜杠的圆形标志。

（2）警告标志含义是警告可能发生危险的标志，警告标志是黄色三角形标志。

（3）指令标志含义是指示人们必须遵守某种规定的标志，指令标志是圆形带相应图案的标志。

（4）提示标志含义是告诉人们方向、地点、目标的标志，提示标志是长方形的绿色标志。

第四节 “三违”及其危害、安全意识及习惯培养

一、“三违”的含义

“三违”是指露天煤矿从业人员在生产建设中所发生或出现的违章指挥、违章作业（操作）和违反劳动纪律的现象及行为。从业人员如果违反了其中一项，则被称为“三违”人员。

（1）违章指挥是指露天煤矿各级管理人员下达违反法律、法规、规程及有关规定的指令，并强使从业人员执行的行为。违章指挥行为往往会引导、促使从业人员的违章作业行为，其危害性很大。安全生产管理人员、班（组）长要杜绝违章指挥行为。

（2）违章作业是指违反“三大规程”，冒险蛮干的行为。违章作业主要发生在一线作业人员和直接操作的班（组）长身上，这是人为事故的主要原因之一。

（3）违反劳动纪律是指违反企业制定的有关规章制度的行为。露天煤矿企业虽然制定了严格的劳动纪律和严格的惩罚制度，但违反劳动纪律的现象还是时常发生。

二、“四不伤害”的含义

（1）不伤害自己。就是要提高自我保护意识，不能由于自己的疏忽、失误而使自己受到伤害。

（2）不伤害他人。就是自己的行为或行为后果不能给他人造成伤害。在多人同时作业时，由于自己不遵守操作规程、对作业现场周围观察不够以及自己操作失误等原因，可能对现场周围的人员造成伤害。

（3）不被他人伤害。每个人都要加强自我防范意识，工作中要避免被他人的错误操作或其他隐患对自己造成伤害。

（4）保护他人不受伤害。任何组织中的每个成员都是团队中的一分子，要担负起关心爱护他人的责任和义务，不仅自己要注意安全，还要保护团队的其他人员不受伤害。

三、安全意识及习惯培养

安全行为的养成不是一朝一夕、一蹴而就的，而是需要有一个从被动到主动、从不自觉到自觉、从不习惯到习惯成自然的过程。不端正的态度、遵章守纪意识不强、缺乏安全知识、操作不熟练、身心状况不佳等情况，再加之露天煤矿

工作面噪声大、设备多等这些因素都可能导致事故的发生。因此，安全行为的养成要从主动学习、掌握安全信息、自觉服从和自我身心调适四个方面入手。

（1）主动学习。从业人员要认真参加露天煤矿培训教育学习，积极参加各种比武、练兵、竞赛活动；在现场操作过程中，自觉苦练技能，达到岗位作业标准化水平；对主要操作动作展开要领分析、动作分析，由作业动作的规范化、标准化，逐步实现作业动作的最优化、精细化。

（2）掌握安全信息。从业人员应准时参加班前班后会，认真听，主动想；现场交接班时，详细了解作业现场的安全条件变化及设备、动力、工具、材料等安全状态；掌握现场各种危险因素及应急措施。

（3）自觉服从。从业人员应自觉接受对“三违”的处罚教育，接受各种安全监督检查和现场指导，自觉爱护、维护安全设施；用顺从、服从的态度执行规章制度；坚决避免因逆反心理和不满情绪抵触规章制度；坚决避免用各种借口理由，为违章行为辩解。

（4）自我身心调整。从业人员需高度重视休息和饮食起居，戒除不良嗜好和不利于身体健康的生活习惯，经常参加体育锻炼；妥善处理各种人际关系，解除各种烦恼的干扰冲击；当疲惫伤病、体力不支或者情绪波动、精神萎靡时，要及时告知管理人员。

第四章　安全生产规章制度

第一节　安全生产管理制度

为全面推进煤矿安全生产标准化工作，煤矿须制定安全生产管理制度。安全生产管理制度应符合相关法律、法规、规章、规程和标准的规定，内容具体、责任明确，并能够对照执行和检查；对违反制度的各种行为有明确、具体的处罚措施和责任追究办法；明确所引用的依据及适用范围，表述规范，条款清晰，以方便相关人员了解和掌握。

一、全员安全生产责任制

煤矿企业要按照岗位、职能、权利和责任相统一的原则，明确各级负责人、职能机构和各岗位人员责任范围、执行标准、考核标准等内容。要将企业、部门或单位的全部安全生产责任逐项分解，逐级落实到各岗位和人员。企业建立相应的机制，加强对全员安全生产责任制落实情况的监督考核，保证全员安全生产责任制的落实。

二、安全办公会议制度

煤矿企业要明确安全办公会议的召开周期，每半年应至少召开一次安委会会议或安委会扩大会议，每月组织召开一次安全生产分析会和安全监督例会。安全办公会议要明确会议内容、主持人和参加人员，并由安全生产第一责任人主持。会议应当有完整的记录，载明议定的事项、决定以及落实的人员、措施和期限，会议记录、纪要应纳入档案管理。

三、安全目标管理制度

煤矿企业应本着“四不伤害”及“等同管理”的原则，坚持以安全为价值导向，依据上级下达的安全指标，结合实际制定年度或阶段性安全生产目标，并将指标逐级分解，明确责任、保障措施、考核和奖惩办法。

四、安全投入保障制度

露天煤矿的安全费用提取标准为5元/吨煤。煤矿企业应当编制年度安全生产费用提取和使用计划，确定项目、资金、完成时间和责任人。企业应按国家有关规定建立稳定的安全投入资金渠道，改善和更新安全系统、设备、设施，消除事故隐患，改善安全生产条件，加强安全生产宣传、教育、培训，设置安全奖励，推广应用先进安全技术措施和管理方法，使抢险救灾等均有可靠的资金来源。安全投入资金要专款专用，充分保证安全生产需要。年度结余的安全费用可结转至下年度使用，当年计提的安全费用不足时，超出的部分需按正常成本费用渠道列支。

五、安全教育与培训制度

依据《生产经营单位安全培训规定》，煤矿、非煤矿山、危险化学品、烟花爆竹、金属冶炼等生产经营单位主要负责人和安全生产管理人员初次安全培训时间不得少于48学时，每年再培训时间不得少于16学时。其他从业人员初次安全培训时间不得少于72学时，每年再培训时间不得少于20学时。其他从业人员新上岗前必须经过公司（厂、矿）、部门（分场、车间）、班组三级安全培训。依据《煤矿安全培训规定》，煤矿企业应当每年组织主要负责人和安全生产管理人员进行新法律法规、新标准、新规程、新技术、新工艺、新设备和新材料等方面的安全培训。

煤矿企业用于安全培训的资金不得低于教育培训经费总额的40%。煤矿企业每年应制定年度安全生产教育与培训计划，明确企业职工教育与培训的周期、内容、方式、标准和考核办法，保证煤矿企业职工掌握本职工作应具备的法律法规知识、安全知识、专业技术知识和操作技能。

六、事故隐患排查制度

煤矿企业应建立健全事故隐患排查治理体系。明确事故隐患的识别、评估、报告、监控和治理标准，及时发现和消除煤矿生产中存在的隐患。按照分级管理的原则，明确隐患治理的责任和义务，并根据事故隐患等级进行登记、治理、验收和销号。

七、安全监督检查制度

煤矿企业应设置专门的安全管理机构，配备足额的专职安全管理人员，有效地监督安全生产规章制度、规程、标准、规范等执行情况。明确安全检查的周期、内容、检查标准、检查方式、负责组织检查的部门和人员、对检查结果的处理办法。企业对查出的问题和隐患应按“五落实”原则（责任、措施、资金、时限、预案）落实处理，并将结果进行通报及存档备案。

八、安全技术审批制度

煤矿企业要确定各类工程设计、作业规程、安全措施和方案等安全技术审批的内容、程序、标准、时限、级别。安全技术审批应保证其依据充分、正确，内容全面、具体，安全措施可靠，能够有效指导生产施工、作业和操作。

九、矿用设备、器材使用管理制度

煤矿企业应保证在用设备、器材符合相关标准，保持完好状态。企业还应明确矿用设备、器材使用前的检测标准、程序、方法和检验单位、人员的资质；明确使用过程中的检验标准、周期、方法和校验单位、人员的资质；明确维修、更新和报废的标准、程序和方法。

十、煤矿事故应急救援制度

煤矿企业应明确应急管理岗位职责，以及发生事故后的上报时限、上报部门、上报内容、应采取的应急救援措施。企业应组建应急救援队伍或有应急救援队伍为其服务，并制定事故应急救援预案、年度灾害预防和处理计划，按照计划组织应急救援预案演练，组织实施灾害预防和处理计划。

十一、安全生产奖惩制度

煤矿企业应建立健全公司系统安全生产责任体系和奖惩机制，必须兼顾责任、权利、义务，规定明确，奖罚对应，明确奖罚的项目、标准和考核办法。

十二、安全操作规程管理制度

煤矿企业操作规程要涵盖从进入操作现场、操作准备到操作结束和离开操作现场全过程的各个环节。要分别制定各工种的岗位操作规程，明确各工种、岗位对操作人员的基本要求、操作程序和标准，明确违反操作规程和标准可能导致的危险和危害。

十三、事故报告与责任追究制度

为了及时、准确报告现场发生的各类生产安全事故，及时救援遇险人员，最大限度地减少人员伤亡和财产损失，同时按照事故处理“四不放过”原则，严肃事故责任追究，有效遏制生产安全事故再次发生，根据《中华人民共和国安全生产法》《生产安全事故报告和调查处理条例》和相关生产安全事故信息报告、分析处理等规定要求，结合煤矿企业实际情况，制定事故报告与责任追究制度。

十四、"三违"管理制度

为了强化现场安全管理，有效杜绝违章指挥、违章作业、违反劳动纪律（以下简称"三违"），引导和教育员工形成良好的安全行为习惯，确保安全生产形势的稳定，企业应根据《中华人民共和国安全生产法》和煤矿企业安全生产的相关规定，制定"三违"管理制度

十五、矿领导带班下井（坑）制度

为切实抓好安全生产工作，增强领导和职工的安全意识，煤矿企业需建立矿领导带班下井（坑）制度。带班领导必须坚守岗位，不得消极怠工，不得擅自脱离岗位，应现场跟班指挥。带班领导必须认真执行有关安全生产的各项规定，遵守安全操作规程，对本班组工人在生产中的安全负责。带班过程中要检查生产中的不安全因素，发现问题及时解决，对不能解决的问题，采取临时控制措施，并及时上报。

十六、矿井主要灾害预防管理制度

为进一步贯彻落实"安全第一，预防为主，综合治理"方针，规范煤矿企业事故处理工作，提高应对和防范风险与事故的能力，保证职工的人身生命安全，煤矿企业应结合开采工艺和设备，制定矿井主要灾害预防管理制度。

第二节 员工劳动纪律

劳动纪律是指在劳动过程中要求职工必须遵守的行为准则，是劳动者在共同劳动中必须遵守的规则和秩序，是一种当事人的劳动法律关系，具有一定强制性和约束力。因此，劳动纪律既是保证正常生产、完成生产任务的需要，也是保证安全生产的需要。

一、班前会制度

（一）会前工作

（1）班组负责人应于会前 20 min 领取本班作业任务，并与前班负责人沟通，

详细了解前班作业中未完成的作业任务及存在的安全隐患。在结合前班作业实际及本班作业任务后，制定本班工作计划及其安全措施。

（2）班组作业人员应在会前 10 min 统一更换作业服及佩戴相关安全防护用具，并对安全防护用具进行检查，确保其满足安全生产需要。班组作业人员需提前进入班前会会场，完成签到后入座，并将手机关机或调至静音状态，等待班前会的召开。

（3）会议记录人在会前完成班前会记录中时间、地点、天气情况、会议主持人、记录人、本班应到人数等信息的填写。

（二）会中流程

（1）宣布班前会开始。

（2）点名。班组负责人根据本班应到作业人员进行逐一点名，并核对会议签到情况。在点名过程中对当班人员精神状态、身体健康情况、劳动保护佩戴情况要逐一进行观察，如有存在异样状态的人员应及时进行询问，对身心状态不适合参加本班作业的人员，要给予合理安排休息。

（3）本班作业人员被点名人员，需起立并统一用“到”来应答。应答声音要洪亮、干脆利落。

（4）上级文件精神宣贯。班组负责人对公司下发的各类文件、通报等进行宣贯学习。向员工传达公司安全会议精神及安全监管部门的相关要求。宣贯传达时，要提前准备，简明扼要，并结合本部门作业实际突出重点，提出具体工作要求。涉及接班时间较短的单位（倒班部门），可于班后会上对文件进行宣贯。

（5）结合风险数据库，按照“四讲一确认”安排工作任务。班组负责人要根据前班安全生产中存在的问题和本班的作业任务安排当班安全生产任务、布置安全措施、交代注意事项等。具体如下：

①必讲上一班现场安全情况、工作地点基本情况和本班待处理的安全隐患，待处理的安全隐患包括上个班组遗留的以及各级检查人员检查出的本部门的隐患。

②必讲本班安全生产情况、隐患处理任务和现场安全保障措施。

③必讲本班具体的安全管理重点和隐患处理方法，并明确到责任人。

④必讲安全管理重点区域的安全注意事项。布置工作任务及安全保障措施时需采用“要点化”的表达方法，做到布置工作条理清楚，下达任务准确完整，让职工听得明白、理解到位，力戒含糊其辞造成混淆。

⑤工作确认。班组作业人员如对本班作业任务及安全保障措施存在疑问的，可以举手示意，经班组负责人点名后依次进行发言。班组负责人须对存有的疑问进行解答。

⑥宣布班前会结束。

（三）会后工作

班组作业人员待班组负责人宣布会议结束后，应陆续离场。

二、班后会制度

（一）会前工作

（1）班组作业人员应提前 5 min 进入班后会会场，完成签到后入座，将手机关机或调至静音状态，等待班后会的召开。

（2）会议记录人在会前完成班后会记录中时间、地点、会议主持人、记录人、本班应到人数等信息的填写。

（二）会中流程

（1）宣布班后会开始。

（2）点名。班组负责人根据本班应到作业人员进行逐一点名，并核对会议签到情况。如发现有未参会人员应及时选择电话联系、询问同区域工作人员、现场寻找等方式对缺会人员原因进行确认。如确定缺会人员失联，应立即上报部门主要负责人。被点名的本班作业人员，需起立并统一用“到”来应答。应答声音要洪亮、干脆利落。

（3）工作总结。班组负责人要求本班作业人员依次对作业任务完成情况进行简述，对未完成的工作任务相关工作节点进行说明，对本班作业中发现的已处理和未处理的“隐患及问题”进行描述。班组作业人员应按照班组负责人点名次序对本班作业任务完成情况及存在的“隐患及问题”进行汇报。

（4）上级文件精神宣贯。由班组负责人对本班班前会未对公司下发的各类文件、通报等进行宣贯学习的，在班后会向员工传达。

（5）工作确认。会议记录人须对本班组工作任务完成情况及作业中发现的“隐患及问题”进行详细记录，经班组负责人确认无误后，与录音文件一同进行归档。

（6）宣布班后会结束。

（三）会后工作

班组作业人员待班组负责人宣布会议结束后，应陆续离场。

三、交接班制度

（1）各工种、各岗位的人员都必须严格遵守现场交接班制度，交接班必须及时填写交接班记录。班组长未在现场交接班的，一旦发现按照制度对个人进行处罚，班长以下各个工种未在现场交接班的，一旦发现按照制度对班组进行处罚。

（2）各工种须提前到达工作岗位，采取工种对工种、岗位对岗位现场交接班，对存在的安全隐患必须交接清楚。

（3）班组长应交代当班生产、设备运转、工程标准、安全等情况及施工过程中应注意事项。各工种应按岗位对口交代本工种设备运转情况、出现的问题和处理情况、遗留问题及注意事项，共同对设备进行试运转，经接班人同意后，交班人方可离岗下班。

（4）交班人未经接班人允许和领导同意，擅自离开工作岗位时，接班后出现的一切问题均由上班交班人负责，并经班组长批准，对交班人按照制度进行处罚。

（5）当接班人员无特殊情况未按时到岗接班时，交班人员可以向班组长反映情况，经班组长同意后方可离岗下班，所发生的一切问题由接班人负责。

第三节　作业标准化和岗位标准化管理制度

一、工艺与设备

煤矿企业应采用符合要求的先进设备和工艺，并配置合理。煤矿设备具体指煤炭企业的煤炭地面生产系统、连续（半连续）剥离系统、挖掘机、自卸车、推土机、平路机、前装车、钻机、洒水车、带式输送机移设机、清料车、电缆车、发电车等大型设备及其主要附属设备。设备管理应当坚持日常维护与计划检修相结合，修理改造与更新相结合，技术管理与经济管理相结合的原则，依靠技术进步，提高管理水平。

二、生产现场管理和生产过程控制

按照国家现行的《煤矿安全生产标准化管理体系基本要求及评分方法（试行）》，煤矿安全生产标准化管理体系包括理念目标和矿长安全承诺、组织机构、安全生产责任制及安全管理制度、从业人员素质、安全风险分级管控、事故隐患排查治理、质量控制、持续改进等 8 个要素。煤矿企业应加强对生产现场的安全管理和对生产过程的控制，并对生产过程及物料、设备设施、器材、通道、作业环境等存在的安全风险进行分析和控制，并对隐患进行排查治理。

三、技术保障

煤矿企业应建立并保持安全技术管理与控制程序，以消除和控制重大危险源。技术保障措施是改善煤矿企业生产条件，有效防止生产安全事故和职业病的重要保证制度。应优先采用先进安全技术标准、方法、工艺、设备、设施，并针对煤矿具体情况制定专项安全技术方案，主要包括：煤矿企业中长期发展规划、煤矿年度生产计划、煤矿灾害预防和处理计划、煤矿应急预案、煤矿专项工程和专业系统设计、作业规程、安全操作规程和安全技术措施等。

四、文明生产

煤矿企业应不断提升安全文明生产的规范化与标准化管理水平，规范员工的行为，营造良好的工作环境，领导班子成员、安全生产管理人员、其他从业人员、特种作业人员必须按国家有关规定经专门培训考试合格，取得相应资格证书。作业人员必须做到严格按规定穿戴劳动防护用品，做到整齐规范，符合安全生产要求。坑下采掘作业平盘帮齐底平，矿山公路、排土场边坡应符合安全生产要求，矿山公路、排土场平整，矿山公路应按规定设置安全土挡，路面洒水降尘。

五、岗位规范

煤矿企业各岗位应严格执行本岗位安全生产责任制，管理人员熟悉采矿技术，技术人员掌握专业理论知识，具有实践经验。作业人员应掌握《煤矿安全规程》、操作规程及作业规程，现场作业人员规范操作，无“三违”行为，作业前进行岗位安全风险辨识及安全确认。

第五章　露天煤矿灾害防治与应急避险

第一节　边坡灾害防治与应急避险

一、边坡的概念和特点

（一）边坡的概念

露天开采时，通常是把矿岩划成一定厚度的水平层，自上而下逐层开采，这种开采方式会使露天矿场的周边形成阶梯状的台阶，多个台阶组成的斜坡称为露天煤矿边坡。

（二）边坡的特点

（1）露天煤矿边坡一般比较高，从几十米到几百米不等，走向长从几百米到数千米，因此边坡暴露的岩层较多，各部分地质条件差异较大，变化复杂。

（2）露天煤矿最终边坡是由上而下逐步形成，上部边坡服务年限可达几十年，下部边坡则服务年限较短，底部边坡在采矿后即可废止，因此对上下部边坡的稳定性要求也不相同。

（3）露天煤矿频繁的穿孔、爆破作业和车辆运行，使边坡岩体经常受到震动的影响。

（4）露天煤矿边坡是用爆破、机械开挖等手段形成的，坡度是人为控制的，暴露岩体一般不加维护，因此边坡岩体较为破碎，并易受风化等因素影响产生次生裂隙，破坏岩体的完整性，降低岩体强度。

（5）露天煤矿边坡的稳定性随着开采作业的进行不断发生变化。

二、边坡的破坏类型

（一）边坡岩体的破坏类型

边坡岩体的破坏类型按破坏机理可分为五类：

（1）平面破坏。平面破坏是一种发生最多的破坏类型。在结构上受结构面影响，如断层、节理、层理面和层状沉积层间的抗剪强度变化，或受坚硬岩层和层间充填物接触的影响。尤其是结构面与边坡倾向相近，结构面的倾角小于边坡角而大于岩体内摩擦角时，易发生平面破坏。

（2）楔体破坏。楔体破坏多发生在边坡中具有两组结构面斜交且在边坡上露出相交成楔形体。当两组结构面的组合交线的倾向与边坡倾向相近，倾角小于坡面角且大于其摩擦角时，容易发生沿着组合交线方向滑动的这种破坏。楔形破坏一般只涉及台阶。

（3）圆弧形破坏。圆弧形破坏是发生在土体边坡和具有散体结构、碎裂结构岩体边坡中，边坡失稳时滑动体沿着向下凹的弧形破裂而滑动。圆弧形破坏是一种常见的破坏形式。

（4）倾倒破坏。倾倒破坏多发生在层状结构边坡中，岩层呈一组平行的结构面，它们的倾向与边坡相反且倾角较陡，岩柱或岩块绕某一固定基面转动而发生破坏。

（5）复合破坏。复合破坏是上述两种或两种以上形式组合而成的破坏。

（二）边坡岩体的滑动速度和破坏规模

当边坡岩体发生滑动破坏时，由于受到各种因素和条件的影响，其滑动的速度也是各不相同的。有的滑动破坏是瞬间发生的，而有的滑动破坏是缓慢的，在一段时间内完成整个破坏过程。

分析边坡岩体破坏时的滑动速度大小，对预防矿山事故是非常重要的。滑坡的特征：以水平位移为主，相对位置变化不大；沿着一个或几个软弱面滑动；可以瞬间完成，也可以持续几年或更长的时间。

按照边坡的滑动速度还可以划分为蠕动滑坡、慢速滑坡、中速滑坡和高速滑坡四种。蠕动滑坡是指人们仅凭肉眼难以看见其运动，只能通过仪器观测才能发现的滑坡；慢速滑坡是指每天滑动数厘米至数十厘米，人们凭肉眼可直接观察到滑坡的活动；中速滑坡是指每小时滑动数十厘米至数米的滑坡；高速滑坡是指每秒滑动数米至数十米的滑坡。露天矿边坡岩体发生破坏时所产生的后果不但取决于其破坏的类型和速度，还取决于破坏的规模，即下滑岩体体积的大小和滑动岩体的范围。边坡岩体的破坏规模可分小型滑落（滑落的岩体体积在 1 万 m^3 以下）、中型滑落（滑落的岩体体积一般在 1 万~10 万 m^3 之间）、大型破坏（滑落的岩体体积一般在 10 万~100 万 m^3 之间）、巨型滑落（滑落的岩体体积一般在 100 万 m^3 以上）。

边坡破坏形式、破坏岩体的滑动速度、破坏规模这三个要素在每次边坡破坏过程中都能反映出来，其综合作用决定了边坡破坏过程可能造成的危害。如果在事故发生前能较准确地预测这三个要素，就能提前采取有效的措施，避免边坡破坏的发生或将边坡破坏的危害减少到最小。

三、边坡滑坡的影响因素

露天矿山边坡的变形、失稳从根本上说是边坡自身实现稳定的自然调整过程，而边坡滑坡与自然因素和人类活动因素有关。

（一）自然因素

（1）岩层岩性。岩石的物理力学性质、矿物成分、结构与构造等，对整体岩层而言，是影响边坡稳定的主要因素。相间成层的岩层，因其厚度、产状及在边坡内所处的部位不同，稳定状态亦不一样。

（2）岩体结构。岩体结构面是在地质发展过程中，在岩体内形成的具有一定方向、一定规模、一定形态和不同特性的地质分割面，统称为软弱结构面。它具有一定的厚度，常由松散、松软或软弱的物质组成，这些组成物质的密度、强度等物理力学属性较之相邻岩块有较大差异。在地下水的作用下岩体结构往往易出现崩解、软化、泥化甚至液化的现象，有的还具有溶解和膨胀的特性，这些软弱泥化的结构面的存在给边坡岩体失稳创造了条件。

（3）风化程度。岩层的风化程度越深，则岩层的稳定性就越低，所要求的边坡坡度就越缓。

（4）水文地质。地下水对边坡稳定的主要影响有：使岩石发生溶蚀、软化，降低岩体特别是滑面岩体的力学强度；地下水的静水压力降低了滑面的有效反向应力，从而降低了滑面的抗滑力；产生渗透压力（动水压力）作用于边坡，使岩层裂隙间的摩擦力减小，降低其稳定性；在边坡岩体的孔隙和裂隙内运动的地下水会使坡体容重增加，增大坡体的下滑力，恶化边坡稳定条件。地表水对边坡的影响主要是冲刷、夹带作用对边坡造成侵蚀，从而形成陡峭山崖或冲洪积层，引发牵引式滑坡。

（5）气候与气象。在渗水性的岩土层中，雨水可下渗浸润岩土体内，加大土、石容重，降低其凝聚力及内摩擦角，使边坡变形。我国大多数滑坡都是以地面大量降雨下渗引起地下水状态的变化为直接诱导因素的。此外，气温、湿度的交替变化，风的吹蚀，雨雪的侵袭、冻融等，会使边坡岩体发生膨胀、崩解、收缩，改变边坡岩体性质，影响边坡的稳定。

（6）地震。水平地震力与垂直地震力的叠加，形成一种复杂的地震力，这种地震力可以使边坡作水平、垂直和扭转运动，引发滑坡灾害。地震触发滑坡与地震烈度有关。

（二）人为因素

影响边坡稳定性的人为因素，主要是在自然边坡上进行坡体开挖、地下施工、工程爆破、坡顶堆载、地表灌溉、破坏植被等行为。

（1）坡体开挖。露天边坡角设计偏大，或台阶未按设计施工，都会显著增加边坡滑坡的风险。发生采动滑坡的坡体几何形态大多有如下特点：从平面形状看，采动滑坡大多发生在凸形或突出的梁峁坡体上；从竖直剖面看，采动滑坡或崩塌主滑轴线方向的剖面大多在总体上呈凸形状态，即坡顶比较平缓，坡面外鼓，坡角为陡坎；坡体的上、下部均成陡坎状，中间有起伏的不规则斜坡或直线斜坡。

（2）地下施工。施工对边坡的最大扰动就是工程开挖使得岩土体内部应力发生变化，从而导致岩体以位移的形式将积聚的弹性能量释放出来，因此带来了边坡结构的变形破坏现象。尤其是在坡体内部或下部施工，由于地应力的复杂变化，造成的滑坡风险难以预测。

（3）工程爆破。大范围的工程爆破对山体有很大的破坏作用，瞬时激发的强大地震加速度和冲击能量会导致岩层或土层裂隙的增加，减弱边坡整体稳定性。

（4）坡顶堆载。在边坡上进行工业活动，将固体废弃物堆放在坡顶，可能导致下滑力增加，当下滑力大于坡体的抗滑力时，会引起边坡失稳。

（5）地表灌溉。人为地向边坡灌溉、排放废水、堵塞边坡地下水排泄通道，以及破坏防排水设施的行为，使边坡地下水位平衡遭到破坏，进而破坏边坡岩土体的应力平衡，增加岩层容重，增加滑动带孔隙水压力，增大动水压力和下滑力，减小抗滑力，将引发滑坡。

（6）破坏植被。植被可以固定边坡表土，避免水土流失。对边坡上覆植被的破坏，会加大地表水下渗速度，导致下滑力增大，抗滑力减小，从而诱发滑坡。

四、边坡灾害防治措施

（一）合理确定工作阶段坡面角

露天开采时，应先剥离后开采，严禁掏底部、放上部等易造成滑坡的野蛮冒险作业行为。在工作阶段上，常进行爆破、装运和地质测量等作业。

坡面附近的矿岩受爆破震动的影响，常因为阶段坡面角过大而造成岩石塌落或使平台宽度变窄引起事故发生。为此，在露天煤矿设计和生产中，必须根据矿山的地质条件、岩石力学性质、设备的性能和规格尺寸等因素，确定合适的坡面角，并规定出最小工作平台宽度，把剥离、采矿和运输设备，供电和通信线路设置在工作平台稳定坡面内。

（二）边坡维护

露天矿边坡，必须进行经常性的检查和维护，以保证边坡稳定，防止灾害发生。企业应建立一支边坡维护专业队伍，加强检查维修，必要时可进行人工放坡，铺上草皮，种植灌木，砌筑局部挡土墙或者预埋防滑坡的木桩。要设置排水网络，防止地表雨水流入矿坑冲刷边坡，润滑层理。深凹露天煤矿要在坑外周围设置防山洪、防泥石流的阻挡或者疏导的设施。排水网络包括地表排水、地下排水、立体排水系统。

（三）抗滑工程

抗滑工程是防止山体滑坡的有效措施之一，尤其对于事关生命、财产安全的矿区坡体来说，意义非同寻常。抗滑工程包括抗滑挡墙、加筋挡墙、锚定板挡墙、预应力锚索挡墙、锚杆挡墙。

（四）边坡的监测

边坡监测目前采用边坡雷达、GNSS 边坡监测点位、人工巡视三种监测手段。边坡雷达技术人员进行 24 h 监控，各矿生产技术部按照边坡管理制度要求每周不少于 2 次对边坡进行巡视。

矿方要求技术人员每日将雷达监测成果及监测日报在边坡监测群内汇报，每周出具边坡监测周报，每月出具边坡监测月报，每季度出具边坡监测分析季报。各矿应按照边坡稳定性及管理要求，制定相应管理制度及相应安全技术措施，保证煤矿边坡稳定，杜绝边坡事故的发生。

五、滑坡应急避险

（1）发生滑坡后，现场人员应立即撤离危险区域并报告当班班组长和调度室。

（2）矿调度室接到事故报告后，应立即按照事故汇报程序进行汇报、并通知专业人员 24 h 观测滑坡情况，以防止事态进一步扩大，等待值班矿长的命令和指示。

（3）当班班组长、值班主任、值班矿领导接到报告后，应立即启动相应的应急救援预案，并立即赶赴现场了解情况，同时派专人保护现场。在保证安全、不发生意外的情况下，积极组织当班人员抢救伤员，生产指挥车、通勤等车辆要及时赶到现场，随时送伤员到医院救治。

（4）当滑坡事故没有造成人员伤亡或事态没有扩大的迹象时，不要急于抢险，要等抢险技术人员到达现场后，按照工程技术人员制定抢险措施，有条不紊地开展救援工作。

（5）如果发生的事故规模较大，有人员伤亡或设备损坏或导致生产不能正常运行，在确保不会再次发生事故的前提下，企业应立即组织现场人员、设备抢救和转移被困人员，被困人员应在实施自救争取时间的同时耐心等待专业救护人员的到来。

(6) 当人员被埋入岩石中较深，随着救援时间的延长可能出现生命危险时，可采用多台前装机平行转移滑落的大面积岩石，并设专人居高指挥，发现被埋人员露出时，要立即停止前装机作业，采用人工救援，防止在救援过程中误伤受伤人员。

(7) 当滑坡事故有进一步扩大的迹象时，总指挥要立即疏散周围人员，避免造成更多的人员伤亡，待滑坡事态稳定后再组织人员、设备在工程技术及安全人员的指导下积极进行救援。

(8) 营救人员时应沉着冷静，根据灾情和现有条件进行施工，行动中必须保证统一的指挥和严密的组织，防止灾情扩大，避免二次事故的发生。

(9) 抢救出伤员后，必须判断伤情的轻重，人员较多时应先抢救重伤人员，后抢救轻伤人员，并按照“三先三后”的原则对伤员进行搬运救治。

(10) 在现场设置警戒，除抢险人员外，禁止无关人员入内，防止发生次生事故。

第二节 露天煤矿水灾防治与应急避险

一、露天煤矿防治水相关规定

《煤矿防治水细则》已于 2018 年 5 月 2 日国家煤矿安监局第 16 次局长办公会议审议通过，自 2018 年 9 月 1 日起施行。原《煤矿防治水规定》（国家安全监管总局令第 28 号）同时废止。

(1) 露天煤矿应当制定防治水中长期规划，对地下水、地表水和降水可能对排土场、工业广场、采场等区域造成的危害进行风险评估；应当在每年年初制定防排水计划和措施，由煤矿企业负责人审批。雨季前必须对防排水设施作全面检查，并完成防排水设施检修。新建的重要防排水工程必须在雨季前完工。

(2) 露天煤矿各种设施要充分考虑当地历史最高洪水位的影响，对低于当地历史最高洪水位的设施，必须按规定采取修筑堤坝沟渠、疏通水沟等防洪措施，矿坑内必须形成可靠排水系统。

(3) 露天煤矿地表及边坡上的防排水设施，应当避开有滑坡危险的地段；当采场内有滑坡区时，应当在滑坡区周围采取设置截水沟等措施。排水沟应当经常检查、清淤，不应渗漏、倒灌或者漫流；当水沟经过有变形、裂缝的边坡地段时，应当采取防渗措施。排土场应当保持平整，不得有积水，周围应当修筑可靠的截泥、防洪或者排水设施。

（4）用露天采场深部做储水池排水时，必须采取安全措施，备用水泵的能力不得小于工作水泵能力的50%。

（5）地层含水影响采矿工程正常进行时，应当进行疏干，当疏干不可行，可以采取帷幕注浆截流等措施，疏干、帷幕注浆截流等工程应当超前于采矿工程。在矿床疏干漏斗范围内，如果地面出现裂缝、塌陷时，应当圈定范围加以防护、设置警示标志，并采取安全措施。（半）地下疏干泵房应当设通风装置。

（6）受地下水影响较大和已进行疏干排水工程的边坡，应当施工水文观测孔，进行地下水位、水压及矿坑涌水量的观测，分析地下水对边坡稳定的影响程度及疏干的效果，并制定地下水治理措施。

（7）排土场进行排弃时，底部应当排弃易透水的大块岩石，确保排土场正常渗流。对含有泉眼、冲沟等水文地质条件复杂的排土场，应当采用引水隧道、暗涵、盲沟等工程措施，确保排土场排水畅通。因地下水水位升高，可能造成排土场或者采场滑坡时，必须进行地下水疏干。

（8）露天煤矿采排场周围存在地表河流、水库或者地下水体，且水体难以疏干，应当进行专门的水文地质勘探，确定含水区域准确边界，进行专门设计，确定防隔水煤（岩）柱尺寸。并定期对水位水情进行观测，分析防隔水煤（岩）柱稳定情况。

二、水灾事故产生原因

露天煤矿因缺乏对矿区及其附近地表水流系统、水文气象等的准确了解，没有建立地表防排水系统，或建立的地表防排水系统不能满足生产安全需要，都会引起水灾事故的发生。

三、水灾防治措施

（一）地表水防治措施

地表水是地面防水的主要对象。针对地表水的防治，可采用地面防水工程拦截或引走的地面水流，不让其流入采场；通过拦截地下水，或者其他方式引走坡面流水，使其不流入采场。

1. 修筑拦水堤坝和截、排水沟渠引流

企业可于采场、排土场、储煤场的四周构建拦水堤坝和截、排水沟渠，防止洪涝灾害的发生。当雨季降水量增加时，既能起到阻挡作用，又能起到疏流作用。拦水堤坝高度不应低于1.5 m，宽度不应低于2 m，坝体材料为露采剥离物，坝体外部覆盖黄土。当采场、排土场范围内出现自然纵坡较大的冲沟时，需修筑临时拦水坝。截、排水沟宽度不应低于0.3 m，深度不应低于0.3 m，底部铺露采剥离物。储煤场内应设排水沟，防止雨水冲刷煤及运煤道路。

地表及边坡上修筑的防排水设施，应当避开有滑坡危险的地段。排水沟应当经常检查、清淤，防止渗漏、倒灌或者漫流。当采场、排土场内有滑坡区时，应当在滑坡区周围设置截水沟。当水沟在变形、裂缝的边坡地段时，应当采取防渗措施，水沟内铺设土工布。

2. 河流改道

针对穿过矿区的河流，必须对河流进行改道迁徙，改道应选择路线短、地势平缓、弱渗水的地段，同时还要考虑矿山的后期发展，避免改道河流二次分流。新河道的起点应该在河床冲刷易发区进行选择，并与原有的河道河势相适应，同时修筑拦河堤坝。

3. 对采场、排土场边坡进行监测

企业应建立采场、排土场边坡监测制度，在采场、排土场边坡设置边坡监测点，定期对其进行监测，并做好记录。在雨季时，应加强监测，防止由于降雨诱发滑坡灾害。

（二）采掘场排水安全措施

（1）暴雨后坑底积水量较大且排水时间较长，在生产过程中应做好生产设备及人员的防护工作。

（2）雨季时主要采剥设备应尽量避免在采掘场底部低洼处作业，大型设备附近应备有适量露天剥离物，用于修筑临时防水围堰。

（3）潜水电泵、排水管路应保证正常运行并留有充足的备用量。潜水电泵便于移动，不会产生因淹泵而停泵的现象。

（4）雨季前及每次洪水过后都需及时检修潜水电泵、排水管路等设备，保证排水设备处于良好工作状态。

四、水灾应急避险

（1）做好水灾的预测预报工作，探明水源位置、涌水量大小、被困人员分布情况，并向指挥部提供具有生存条件的地点和场所及其可能进出入的通道。

（2）险情或水灾发生时，应立即启动相应应急救援预案，并按煤矿制定的避灾路线撤离作业人员，来不及撤离的作业人员应迅速撤离到具有生存条件的地点。

（3）及时疏散受水害威胁的作业人员，将受伤人员运至安全地点，必要时应切断电源，避免其他事故发生。

（4）在指挥部的统一领导下，对水灾采取封、堵、泄、排等方法，降低事故的危险程度。

（5）积极与专家组配合，提出现场救灾方案，并及时实施救灾。

（6）抢救出伤员后，必须判断伤情的轻重，人员较多时先抢救重伤人员，后抢救轻伤人员，并按照“三先三后”的原则进行搬运救治。

第三节　露天煤矿火灾防治与应急避险

一、露天煤矿防灭火的相关规定

《煤矿防灭火细则》（矿安〔2021〕156 号）已经国家矿山安全监察局 2021 年第 22 次局务会议审议通过，自 2022 年 1 月 1 日起执行。

（1）必须制定地面和采场内的防灭火措施。所有建筑物、煤堆、排土场、仓库、油库、爆炸物品库、木料厂等处的防火措施和制度必须符合国家有关法律、法规和标准的规定。

（2）露天煤矿应当对开采煤层自燃倾向性进行鉴定。开采容易自燃和自燃煤层或者开采范围内存在火区时，必须制定防灭火措施。

（3）露天煤矿建设及生产过程中，应当评估所属范围内的井工煤矿采空区的危险性。对存在自然发火危险的采空区必须进行探查并制定安全措施，探明预留煤（岩）柱厚度、气体、温度、塌陷等情况，根据探查结果采取措施进行处理。

（4）遇存在塌陷或者自燃危险的采空区时，必须停止作业，影响范围内所有人员及作业设备撤至安全地点，及时汇报，立即采取有效措施处理。待危险解除后，方可恢复作业。

（5）开采容易自燃和自燃煤层的露天煤矿，应当采取防止采场边坡煤台阶、工作面、排土场自然发火的措施。

露天煤矿排土作业时，应当对高温剥离物料进行降温处理。

（6）采场及排土场发生自燃火灾后，可采取挖除火源、覆土、水消、注（喷）浆等措施进行处理。

（7）采场最终边坡煤台阶必须采取防止煤自然发火的措施。

（8）在高温区、自然发火区进行爆破作业时，必须遵守下列规定：

①测试孔内温度。有明火的炮孔或者孔内温度在 80℃ 以上的高温炮孔应当采取灭火、降温措施。

②高温孔经降温处理合格后方可装药起爆。

③高温孔应当采用热感度低的炸药，或者将炸药、雷管作隔热包装。

（9）露天煤矿内的采掘、运输、排土等主要设备，必须配备灭火器材，并定期检查和更换。

露天煤矿带式输送机在转载点和机头处应当设置消防设施。

（10）露天煤矿焊割作业时，应当遵守下列规定：

①在重点防火、防爆区焊割作业时，应当办理用火审批单，并制定防火、防爆措施。

②在矿用卡车上焊割作业时，应当防止火花溅落到下方作业区或者油箱，并采取防护措施。

③焊割作业场所应当确保通风良好，无易燃、易爆物品。焊割盛放过易燃、易爆物品或者情况不明物品的容器时，应当制定安全措施。

④使用气焊割动火作业时，氧气瓶与乙炔气瓶间距不小于 5 m，气瓶与动火作业地点均不小于 10 m。

二、露天煤矿火灾的危害

1. 浪费煤炭资源

露天煤矿火灾不仅会降低煤炭质量，还造成资源浪费，减少了露天煤矿可采储量。同时在处理煤炭火灾时需投入大量的人力和物力，而且不易彻底处理，反复影响煤矿采剥生产的进度，严重影响煤矿企业的经济效益。

2. 影响安全生产和边坡稳定

煤层燃烧对露天煤矿的生产安全和持续生产带来很多困难。煤炭燃烧后常引起矿坑内地表裂缝、坍塌，大面积片帮等现象，影响露天煤矿设备的正常作业，给安全生产带来隐患。在特定的气象条件，或处于不利的风向和风速时，煤层燃烧还会造成火灾，并产生大量烟雾烟尘。烟雾烟尘会影响工作人员视线，危害工人呼吸，影响工人的工作效率，不利于安全生产。煤台阶的燃烧将导致煤台阶岩体强度降低，影响露天煤矿整体的边坡稳定。

3. 影响环境空气

煤层自燃产生大量的有毒有害气体和物质，如 CO、CO_2、SO_2、NO_2、烟尘、醇类、醛类等，随风飘散，严重污染矿坑及附近的大气环境，危害职工的身体健康。

三、火灾预防措施

（一）外因火灾预防措施

露天煤矿防火应遵守《中华人民共和国消防法》和当地消防部门的要求。各类建筑、油库、炸药库和仓库等应建立防火制度，完善防火措施，配备足够的消防器材；各厂房和建筑物之间，要建立消防通道；消防通道上不得堆积各种物料，以利于消防车辆通行。外因火灾预防的一般要求如下：

（1）预防明火引起火灾。使用过的废油、棉纱、布头、油毡、蜡纸等易燃物应放入盖严的铁桶内，并及时集中处理，防止明火与炸药或其包装材料接触而引起燃烧、爆炸。

（2）预防焊接作业引起火灾。不在易燃易爆区域进行焊接作业，焊接作业完毕后，须严格检查和清理现场。

（3）预防爆破作业引起的火灾。

（4）预防电气设备引起的火灾。正确地选择、装配和使用电气设备及电缆，以防止发生短路和过负荷。

（二）内因火灾预防措施

1. 预防煤炭自燃的管理原则

有自然发火可能的露天煤矿，其地质部门向设计部门所提交的地质报告中必须要有“煤岩自燃倾向性判定”内容。贯彻预防为主的精神,在采矿设计中必须采取相应的防火措施;在编制采掘计划的同时,必须编制防灭火计划。自然发火露天煤矿要尽可能掌握各种煤岩的发火期,采取加快开采速度和减少储放量的措施。

2. 开采方法方面的防火措施

对开采方法方面的防火要求是：务必使煤炭在空间和时间上尽可能少受空气氧化作用，万一出现自热区要及时将其封闭。为此，应该采取以下主要措施：

（1）制定合理的开采顺序。

（2）当煤炭有自燃倾向时，应根据矿体倾向采空区的煤量及其集中程度和对采空区的封闭情况，确定是否回采或采取相应的防火安全措施。

（3）在经济合理的前提下，尽量采用回填采空区的采矿法。

3. 煤炭火灾的扑灭方法

扑灭矿内火灾的方法可分为直接灭火法、隔绝灭火法、联合灭火法三大类。

（1）直接灭火法是指用灭火器材在火源附近直接进行灭火，是一种积极的灭火方法。直接灭火法一般可以采用水或其他化学灭火剂、泡沫剂、惰性气体等，或是直接挖除火源。

（2）隔绝灭火法是指密闭火源，填平地面塌陷区的裂隙或将暴露煤层封闭以阻止空气进入火源，从而使火源因缺氧而熄灭。

（3）当发生火灾不能用直接灭火法扑灭时，应采用联合灭火法。此方法就是先将火区密闭后，再向火区注入泥浆或其他灭火材料。

四、火灾应急避险

发生火灾要先进行火情侦察，确定燃烧物质和有无人员被困，制订具体实施方案，展开灭火救援工作。

（1）火灾发生时，应立即启动应急救援预案，开辟救生通道，积极疏散、抢救被困人员和重要物资。

（2）划定警戒区域，实行区域交通管制。

（3）迅速控制危险源，对现场进行不间断监测，防止次生灾害的发生，并按既定灭火救援方案展开灭火工作。

（4）确定水源位置，做好火场供水。

（5）必要时采取火场破拆、排烟和断电措施。

（6）抢救出伤员后，必须判断伤情的轻重，人员较多时先抢救重伤人员，后抢救轻伤人员，并按照“三先三后”的原则进行搬运救治。

第六章　露天煤矿职业危害及职业病防治

第一节　职业病危害因素来源及职业病类型

一、职业病危害及职业病危害因素定义

职业病危害，指对从事职业活动的劳动者可能导致职业病的各种危害。在生产过程中、劳动过程中、作业环境中存在的危害劳动者健康的因素，称为职业病危害因素。

二、职业病危害因素来源

（1）生产过程中产生的职业病危害因素：与生产过程有关的原材料、工业毒物、粉尘、噪声、振动、高温、辐射、传染性因素等。

（2）劳动过程中产生的职业病危害因素：劳动制度与劳动组织不合理均可造成对劳动者健康的损害，如劳动强度过大，劳动时间过长，精神或视力过度紧张等。个别器官或系统过度紧张，如视力紧张等；长时间不良体位或使用不合理的工具。

（3）作业环境造成的职业病危害因素：不良气象条件、厂房狭小、车间位置不合理、照明不良等一般卫生条件和卫生技术措施不良相关的有害因素，都可能造成职业病。

三、职业病危害因素分类

职业病危害因素一般可以分为以下几个类型：

（一）化学因素

（1）生产性毒物：如铅、铬、锰、汞、苯、有机磷农药、一氧化碳、硫化氢、甲烷、氮氧化物、氨等（图 6-1）。

（2）生产性粉尘：如滑石粉尘、尘铅粉尘、合成纤维粉、木质粉尘、骨质

图 6-1 防范生产性毒物示例

粉尘。长期在粉尘中作业，可能引起各种尘肺病（如硅肺、石棉肺、煤肺、金属肺等）（图 6-2）。

图 6-2 生产性粉尘示例

（二）物理因素

（1）异常气候条件：如高温、高湿、低温及辐射热。长期在高温和强烈热辐射的条件下作业，可能引发热辐射病、热痉挛、热射病等。

（2）异常气压：包括高气压和低气压。如高山上作业可能引发高山病。

（3）噪声：长期在噪声强烈的环境中作业，如纺织作业可能引起职业性耳聋。

（4）震动：长期在震动环境中作业可能引起震动病。

（5）辐射线：电离辐射，如 X 射线；非电离辐射，如红外线、紫外线。

（6）生物因素：附着于皮毛上的炭疽杆菌、布氏杆菌、森林脑炎病毒、真菌孢子等。

四、露天煤矿常见职业病

（一）职业性尘肺病

1. 露天煤粉尘肺病的产生

露天煤矿在生产运输各环节都会产生大量粉尘，人在生产中长期吸入大量微细粉尘而引起的以纤维组织增生为主要特征的肺部疾病。它是一种严重的矿工职业病，一旦患病很难治愈。

2. 尘肺病的分类

（1）硅肺病是指由于吸入含游离二氧化硅含量较高的岩尘而引起的尘肺病。

（2）煤硅肺病是指由于同时吸入煤尘和含游离二氧化硅的岩尘所引起的尘肺病。

（3）煤工尘肺病，由于大量吸入煤尘而引起的尘肺病。

上述三种尘肺病中最危险的是硅肺病。其发病工龄最短（一般在 10 年左右），病情发展快，危害严重。煤工尘肺病的发病工龄一般为 20~30 年。煤硅肺病则是介于两者之间，但接近后者。

3. 尘肺病的发病症状及影响因素

（1）尘肺病的发病症状：尘肺病分为三期，第一期重体力劳动时呼吸困难、胸痛、轻度干咳；第二期中等体力劳动或正常工作时，感觉呼吸困难，胸痛、干咳或带痰咳嗽；第三期做一般工作甚至休息时，也感到呼吸困难、胸痛、连续带痰咳嗽，甚至咯血和行动困难等症状。

（2）影响尘肺病的发病因素：粉尘的成分能够引起肺部纤维病变的粉尘，多半含有游离二氧化硅，其含量越高，发病工龄越短，病变的发展程度越快。

（3）粉尘粒度及分散度：尘肺病变主要是发生在肺脏的最基本单元即肺泡内。粉尘粒度不同，对人体的危害性也不同。5 μm 以上的粉尘对尘肺病的发生影响不大；5 μm 以下的粉尘可以进入下呼吸道并沉积在肺泡中，最危险的粒度是 2 μm 左右的粉尘。由此可见，粉尘的粒度越小，分散度越高，对人体的危害就越大。

（4）粉尘浓度：尘肺病的发生和进入肺部的粉尘量有直接的关系，也就是说，尘肺的发病工龄和作业场所的粉尘浓度成正比。

（5）个体方面的因素：粉尘引起尘肺病是通过人体而进行的，所以人的机体条件，如年龄、营养、健康状况、生活习性、卫生条件等，对尘肺病的发生、发展有一定的影响。

4. 尘肺病的防治

（1）加强作业环境通风：利用风力因素将密闭环境内的粉尘排除，从而达到降尘的目的。在确保空气中粉尘排除的前提下不会激起作业现场表面的粉尘，也要避免外界的粉尘进入到作业环境内，需要加强对相关措施的完善，提高通风除尘效果。

（2）完善露天煤矿防尘管理制度：随着科学技术的不断进步，目前对于露天煤矿粉尘的防治方法在不断完善，防尘管理制度也在不断健全。通过将完善的管理制度方法应用在实际的降尘工作中，取得的效果十分明显，不仅能够加强露天煤矿工人对粉尘防治监督的力度，还能够及时发现粉尘浓度较高的地区，为防治煤矿粉尘提供有效的帮助，降低各种风险的发生。

（3）采用洒水降尘措施：通过对露天煤矿采掘、运输作业区域进行洒水降尘，能够将露天煤矿中的作业区域煤、土进行湿润，从而在开采、运输过程中不会产生大量的粉尘。这种降尘的方式，不仅能够最大限度地降低粉尘浓度，还能够保证不会对周围环境产生污染。

（4）增强个体防护：露天煤矿各生产环节，尽管采取了多项防尘措施，但个别作业地点粉尘浓度仍达不到卫生标准。此种情况下，特别是强产尘和个别不宜安装防尘设备区域内，作业人员必须正确佩戴个人防尘护具。

（二）噪声

1. 噪声的危害

露天煤矿多采用大型的机械设备，噪声的主要来源有采装设备、运输设备、辅助生产设备和爆破作业等。长期工作在这种环境中，会对人身造成严重危害。如噪声可使人的听觉出现耳聋；作用于神经系统会引起头痛、头晕、失眠多梦、记忆力减退；作用于中枢神经系统会引起肠胃、消化分泌系统障碍；可使交感神经紧张，引起心动过速、心律紊乱、心脏和血管阻力发生变化，血压波动等现象。

2. 噪声防治措施

（1）降低声源噪声。在设备选用上尽量选用低噪声的设备，改进设备的结构，减小设备噪声的产生。

（2）限制噪声的传播。控制噪声传播的措施有隔声、吸声、消声、减震阻尼等，对于露天开采最有效的措施是隔声。对矿山固定设备，如风机、空压机等应装有消声器，用隔声材料制成隔声板、隔声罩封闭声源，减小声音的传播。

（3）个人防护。常用的防噪声的措施有带耳塞、耳罩、头盔等护耳用品，同时实行轮换工作制，减少与噪声的接触时间。

第二节 劳动防护用品配备基本要求

一、劳动防护用品定义

劳动防护用品，是指由用人单位为劳动者配备的，使其在劳动过程中免遭或者减轻事故伤害及职业病危害的个体防护装备。

二、露天煤矿劳动用品管理规定

（1）企业应当健全管理制度，加强劳动防护用品配备、发放、使用等管理工作。

（2）企业应当安排专项经费用于配备劳动防护用品，不得以货币或者其他物品替代。该项经费计入生产成本，据实列支。

（3）企业应当为劳动者提供符合国家标准或者行业标准的劳动防护用品。使用进口的劳动防护用品时，其防护性能不得低于我国相关标准。

（4）劳动者在作业过程中，应当按照规章制度和劳动防护用品使用规则，正确佩戴和使用劳动防护用品。

（5）劳务派遣工、实习学生应当纳入本单位人员统一管理，并配备相应的劳动防护用品。对处于作业地点的其他外来人员，必须按照与进行作业的劳动者相同的标准，正确佩戴和使用劳动防护用品。

三、劳动用品标准

（1）用人单位应按照识别、评价、选择的程序，结合劳动者作业方式和工作条件，考虑其个人特点及劳动强度，选择防护功能和效果适用的劳动防护用品。

①接触粉尘、有毒、有害物质的劳动者应当根据不同粉尘种类、粉尘浓度、游离二氧化硅含量、毒物的种类及浓度配备相应的呼吸器、防护服、防护手套和防护鞋等防护用品。

②接触噪声的劳动者，当暴露于 80 dB≤LEX，8 h（8 h 等效噪声）＜85 dB

的工作场所时，用人单位应当根据劳动者需求为其配备适用的护听器；当暴露于LEX，8 h（8 h 等效噪声）≥85 dB 的工作场所时，用人单位必须为劳动者配备适用的护听器，并指导劳动者正确佩戴和使用。

③存在电离辐射危害的工作场所，经危害评价确认劳动者须佩戴劳动防护用品的，用人单位可参照电离辐射的相关标准及《个体防护装备配备基本要求》（GB/T 29510）为劳动者配备劳动防护用品，并指导劳动者正确佩戴和使用。

④从事存在物体坠落、碎屑飞溅、转动机械和锋利器具等作业的劳动者，还可参照《个体防护装备选用规范》（GB/T 11651）、《头部防护安全帽选用规范》（GB/T 30041）和《坠落防护装备安全使用规范》（GB/T 23468）等标准，为劳动者配备适用的劳动防护用品。

（2）当同一工作地点存在不同种类的危险有害因素时，企业应当为劳动者提供防御各类危害的劳动防护用品，除需配备的劳动防护用品，还应考虑其可兼容性。劳动者在不同地点工作，并接触不同的危险、有害因素，或接触不同危害程度的有害因素的，为其选配的劳动防护用品须满足不同工作地点的防护需求。

（3）劳动防护用品的选择还应当考虑其佩戴的合适性和基本舒适性，并根据个人特点和需求选择适合的型号、样式。

（4）用人单位应当在可能发生急性职业损伤的有毒有害工作场所中配备应急劳动防护用品，并放置于现场临近位置并有醒目标识。用人单位应当为巡检等流动性作业的劳动者配备可随身携带的个人应急防护用品。

第三节　职业病防护诊断与保障

一、职业病防护与管理基本要求

关于劳动过程中职业病防护与管理，《中华人民共和国职业病防治法》有如下要求：

（1）任何单位和个人不得生产、经营、进口和使用国家明令禁止使用的可能产生职业病危害的设备或者材料。

（2）任何单位和个人不得将产生职业病危害的作业转移给不具备职业病防护条件的单位和个人。不具备职业病防护条件的单位和个人不得接受产生职业病危害的作业。

（3）用人单位与劳动者订立劳动合同（含聘用合同，下同）时，应当将工作过程中可能产生的职业病危害及其后果、职业病防护措施和待遇等如实告知劳动者，并在劳动合同中写明，不得隐瞒或者欺骗。

劳动者在已订立劳动合同期间因工作岗位或者工作内容变更，从事与所订立劳动合同中未告知的存在职业病危害的作业时，用人单位应当依照前款规定，向劳动者履行如实告知的义务，并协商变更原劳动合同相关条款。

用人单位违反前两款规定的，劳动者有权拒绝从事存在职业病危害的作业，用人单位不得因此解除与劳动者所订立的劳动合同。

（4）对从事接触职业病危害的作业的劳动者，用人单位应当按照国务院安全生产监督管理部门、卫生行政部门的规定组织上岗前、在岗期间和离岗时的职业健康检查，并将检查结果书面告知劳动者。职业健康检查费用由用人单位承担。

用人单位不得安排未经上岗前职业健康检查的劳动者从事接触职业病危害的作业；不得安排有职业禁忌的劳动者从事其所禁忌的作业；对在职业健康检查中发现有与所从事的职业相关的健康损害的劳动者，应当调离原工作岗位，并妥善安置；对未进行离岗前职业健康检查的劳动者不得解除或者终止与其订立的劳动合同。

职业健康检查应当由取得《医疗机构执业许可证》的医疗卫生机构承担。卫生行政部门应当加强对职业健康检查工作的规范管理，具体管理办法由国务院卫生行政部门制定。

（5）用人单位应当为劳动者建立职业健康监护档案，并按照规定的期限妥善保存。

职业健康监护档案应当包括劳动者的职业史、职业病危害接触史、职业健康检查结果和职业病诊疗等有关个人健康资料。

劳动者离开用人单位时，有权索取本人职业健康监护档案复印件，用人单位应当如实、无偿提供，并在所提供的复印件上签章。

（6）劳动者享有下列职业卫生保护权利：

①获得职业卫生教育、培训；

②获得职业健康检查、职业病诊疗、康复等职业病防治服务；

③了解工作场所产生或者可能产生的职业病危害因素、危害后果和应当采取的职业病防护措施；

④要求用人单位提供符合防治职业病要求的职业病防护设施和个人使用的职业病防护用品，改善工作条件；

⑤对违反职业病防治法律、法规以及危及生命健康的行为提出批评、检举和控告；

⑥拒绝违章指挥和强令进行没有职业病防护措施的作业；

⑦参与用人单位职业卫生工作的民主管理，对职业病防治工作提出意见和

建议。

用人单位应当保障劳动者行使前款所列权利。因劳动者依法行使正当权利而降低其工资、福利等待遇或者解除、终止与其订立的劳动合同的，其行为无效。

二、职业病诊断与职业病人保障基本要求

关于职业病诊断与职业病人保障，《中华人民共和国职业病防治法》有如下要求：

（一）职业病诊断

（1）劳动者可以在用人单位所在地、本人户籍所在地或者经常居住地依法承担职业病诊断的医疗卫生机构进行职业病诊断。

（2）职业病诊断，应当综合分析下列因素：

①病人的职业史；

②职业病危害接触史和工作场所职业病危害因素情况；

③临床表现以及辅助检查结果等。

没有证据否定职业病危害因素与病人临床表现之间的必然联系的，应当诊断为职业病。

职业病诊断证明书应当由参与诊断的取得职业病诊断资格的执业医师签署，并经承担职业病诊断的医疗卫生机构审核盖章。

（二）职业病人保障

（1）用人单位应当保障职业病病人依法享受国家规定的职业病待遇。

用人单位应当按照国家有关规定，安排职业病病人进行治疗、康复和定期检查。

用人单位对不适宜继续从事原工作的职业病病人，应当调离原岗位，并妥善安置。

用人单位对从事接触职业病危害的作业的劳动者，应当给予适当岗位津贴。

（2）职业病病人的诊疗、康复费用，伤残以及丧失劳动能力的职业病病人的社会保障，按照国家有关工伤保险的规定执行。

（3）职业病病人除依法享有工伤保险外，依照有关民事法律，尚有获得赔偿的权利的，有权向用人单位提出赔偿要求。

（4）劳动者被诊断患有职业病，但用人单位没有依法参加工伤保险的，其医疗和生活保障由该用人单位承担。

（5）职业病病人变动工作单位，其依法享有的待遇不变。

用人单位在发生分立、合并、解散、破产等情形时，应当对从事接触职业病危害的作业的劳动者进行健康检查，并按照国家有关规定妥善安置职业病病人。

（6）用人单位已经不存在或者无法确认劳动关系的职业病病人，可以向地方人民政府民政部门申请医疗救助和生活等方面的救助。

地方各级人民政府应当根据本地区的实际情况，采取其他措施，使前款规定的职业病病人获得医疗救治。

第七章 露天煤矿安全生产情况

第一节 露天煤矿概况

我国煤矿储量大、分布广，但大都属于地下矿，大约95%为地下开采，其余约5%为露天开采。

在井工煤矿的生产中，由于诸多客观的自然条件、环境和生产技术所限，各种天然和人为的不安全因素、难以预见和控制的不安全因素多，事故的发生也较为频繁。井下时常有瓦斯、煤尘等易燃易爆物，还会有突水、自燃火、冒顶、塌方等危险。图7-1为井工煤矿作业面。总体来说，井工煤矿安全生产具备一定的特性，主要体现为：

图7-1 井工煤矿作业面

（1）工作空间狭小。

（2）生产环境复杂多变。

（3）作业环境差。

（4）矿井火灾和爆炸事故危害严重。

（5）矿井顶板事故频繁。

露天煤矿则不同，由于是露天开采，只要将地表岩土层剥离掉，不需掘进大量的井巷就可以从地表直接挖掘煤炭，图 7-2 为露天煤矿航拍图。露天煤矿与井下开采相比具有很多优点：

图 7-2　露天煤矿航拍图

（1）生产规模大、开采强度高。

（2）作业空间大、生产效率高。

（3）建设周期短，开采成本低。

（4）煤炭资源的回采率高。

（5）劳动条件好，生产较为安全。

露天开采与地下开采相比，也存在一定的缺点：

（1）受气候影响大。由于露天开采是敞露作业，暴雨、大雪、雨天、大风等恶劣天气都可能影响开采作业。

（2）基建投资大。由于露天开采采用大型机械设备，基建剥离量较大，加上矿山大量征用土地，往往导致基建投资较大。

（3）矿山占用土地多。随着采场（矿坑）面积的不断扩大以及剥离土石方量的不断增加，采场和排土场将占用大量的土地良田、草原。

（4）污染、破坏环境。开采过程中，产生的大量粉尘、噪声、废气等造成的污染范围比井下开采大，对矿区周围自然环境、地质、水文等都将造成一定破坏。

第二节 露天煤矿安全生产特点

由于露天煤矿特有的开采工艺、生产作业条件和环境等原因，其安全生产一般具有以下几个特点：

（1）季节性：露天煤矿的生产是在露天场所进行的，受季节气候的影响，如夏季、雨季和冬季。

（2）变动性：露天煤矿的作业地点和环境始终处于动态中，如采掘线的推进、带式输送机运输线的移设、排土场的扩张和发展、公（铁）路运输道路的频繁更替。

（3）开放性：露天煤矿生产很难封闭式或工厂化，其采场和排土场始终与外界相连。

（4）机动性：露天煤矿生产的一个重要环节就是运输环节，并以汽车运输工艺为主，露天煤矿的运输卡车和生产指挥车具有很强的机动性。

（5）多样性：露天煤矿的生产主要涉及采、运、排三大环节，所采用的生产设备呈多样化，如斗轮机、转载机、电铲、挖掘机、装载机、推土机等大中型工程机械设备；大型汽车、矿车运输设备、辅助生产用机械设备等完成生产涉及多种行业特性。

（6）自然条件：具有“二发、三大、二高”特点，“二发”，即自然发火、雨季发水；“三大”，即大带式输送机运输、大汽车运输、大型机电设备；“二高”，即高压输配电、高段采掘。

露天煤矿的生产过程涉及多个生产环节和多种生产设备，完成整个生产将涉及多种行业特性，同样地存在一般企业和露天矿山各方面的安全生产问题。在露天煤矿生产过程中，常发生运输车辆交通事故、边坡坍塌、触电、火灾、水灾、机械伤害、爆破、高处坠落等人身伤害，以及损坏设备的非人身伤害事故。

第三节 国家电投集团内蒙古能源有限公司概况

国家电投集团内蒙古能源有限公司（以下简称内蒙古公司）是国家电力投资集团公司在内蒙古的全资子公司，与国家电投集团蒙东能源有限责任公司、内蒙古电投能源股份有限公司一体化运作。内蒙古公司是集煤炭、火电、新能源、电解铝、铁路、港口等产业一体化协同发展的大型综合能源企业。现有煤炭产能8100万t；火电装机680万kW；新能源装机245.24万kW，其中风电装机169.24万kW、光伏发电装机76万kW；电解铝运行产能86万t；铁路运营里程

627 km，港口规模 1800 万 t/a。资产总额 1075 亿元，员工 14500 余人，拥有 40 家所属单位，分布在内蒙古的通辽、赤峰、锡林郭勒盟、阿拉善、包头、鄂尔多斯、呼和浩特等盟市，以及湖南、湖北、河南、山西、辽宁等省份。

多年来，公司始终致力于循环经济建设和打造产业协同优势，探索出一条产业集群化、绿色循环发展的新路，成为全国循环经济工作先进单位。公司按照“用煤发电，用电炼铝，以铝带电，以电促煤”的发展思路，在霍林河地区形成了包括年消耗 1000 万 t 劣质煤的 180 万 kW 自备火电装机、40 万 kW 自备风电装机、86 万 t 电解铝产能，以及配套自备电网、监控指挥中心的煤电铝循环经济产业集群，构建了高载能产业清洁发展示范区，社会效益和经济效益明显，得到了广泛认可。2014 年 12 月在利马联合国气候大会“中国角”边会上获得了由联合国气候变化框架公约组织、中国低碳联盟、美国环保协会、中国低碳减排专委会联合颁发的“今日变革进步奖”。2018 年投资建设的达拉特光伏发电应用领跑基地一期项目，开创了国内 133 天一次建成 30 万 kW 沙漠光伏电站的先河。项目创造性地将光伏组件设计排布为骏马图形，并成功申报吉尼斯世界纪录，对促进达拉特旗打造“沙漠经济先导区”、发展“光伏+生态治理+农林+旅游”的经济模式发挥了积极作用。

下阶段，内蒙古公司将围绕国家电力投资集团公司奉献绿色能源的企业使命和建设具有全球竞争力的世界一流清洁能源企业的总目标，以“2035 一流战略”为统领，大力实施“建设世界一流清洁综合能源企业”的子战略目标和“绿色效益再翻番，低碳智慧创双一”的转型战略。公司坚持产业一体化协同发展思路，以智能自备电网建设为龙头做强做优做大霍林河、白音华煤电铝循环经济产业集群；以清洁能源为主导，建设乌兰察布、鄂尔多斯、阿拉善、包头北、赤峰等大型可再生能源基地，打造集群化、基地化、国际化发展的世界一流清洁综合能源企业。

一、内蒙古公司演变历程

内蒙古公司成立伊始就被定位为集团公司跨区域煤电联营电煤资源保障和蒙东煤电铝产业链利润支撑的战略性能源基地。自原中电投集团 2004 年进入蒙东地区发展以来，内蒙古公司的战略发展大致分为以下阶段。

第一阶段，2004—2007 年，探索实施煤电铝一体化协同发展战略、“五年三番百亿”时期。蒙东产业集群的发展历史可追溯到 1976 年霍林河煤田开发建设的霍林河矿务局时期，该煤田是国家“七五”“八五”重点项目，全国 13 个大型煤炭基地之一，我国自行设计施工、最早开发建设的首座千万吨级现代化露天煤矿。1999 年 5 月，霍林河矿务局改制为霍煤集团。2000 年，为了提高煤炭产销量、解决企业生存问题，将煤电铝战略作为长远发展战略确定下来。继2001年重组通顺铝业并发起成立露天煤业后，于2003年组建霍煤鸿骏开工建设铝电一体化项目。这段时期，以煤炭产业为主，受市场环境和体制机制影响，产能没有得到释放，经营压力较大。

2004年9月，原中电投集团重组霍煤集团成立中电霍煤。中电霍煤按照集团公司大东北战略，确立“以快做大搏强、五年三番百亿”发展目标，一方面发挥煤炭资源保障作用实施煤电联营，另一方面发挥区域资源优势发展煤电铝一体化。2007年成为蒙东地区产值过百亿首家企业，目标提前实现。同年4月，露天煤业在深圳证券交易所成功上市，成为我国首家大型露天煤矿上市公司。

第二阶段，2008—2011年，构建煤电化铝路港绿色价值倍增六战略、“八年实现六个一”时期。2008年1月，原中电投集团整合内蒙古东部主要资产组建蒙东能源，并将所属的两个二级企业白音华煤电公司、元通公司和两家直属三级单位大板发电公司、元宝山发电公司委托蒙东能源管理。根据新的产业布局，确立了“煤电化铝路港”绿色价值倍增六战略和“以好做大搏强、八年实现6个1”的奋斗目标，以煤电铝一体化协同发展和跨区域煤电联营为核心继续深化实施集团公司大东北战略。至2011年，霍煤鸿骏形成电解铝产能67万t，其中霍林河区域的43万t产能以自备供电方式生产，扎哈淖尔区域的24万t产能因未实现自备供电、购网电又成本过高而未投产；与蒙煤南运战略配套的白音华二号和三号露天煤矿投产、赤大白铁路建成通车、锦赤铁路和锦州港煤炭码头开工建设。这个时期，蒙东能源经济效益快速增长，2011年利润总额达到30.76亿元，创历史最高，在集团二级单位中排名第一。

第三阶段，2012—2016年，完善煤电铝新能源循环经济发展战略、“千亿蒙东”时期。原中电投集团对蒙东产业布局进行调整，退出煤化工领域并将路港资产划归中电物流。根据产业布局变化和生态文明建设方向，蒙东能源调整确立了“煤为核心，电为保障，清洁能源为重点，霍林河、白音华产业链为两翼，构建循环经济产业集群，打造国际一流综合能源企业”的发展思路和“一体循环，两翼搏强，价值提升，千亿蒙东”的战略目标，突出煤电铝一体化协同发展、构建循环经济产业集群的核心战略，并将新能源作为重点发展方向。同年，抢抓政策机遇打破行业壁垒，顶住压力启动建设霍林河循环经济示范项目。到2016年，形成了包括年消耗约1000万t劣质煤的180万kW火电、30万kW风电、86万t电解铝、具备独立运行能力的企业自备电网和全国首个高载能产业清洁发展的循环经济产业集群，产业链打通。霍林河循环经济示范项目建成后，降低吨铝成本超过1000元，新增产能按边际贡献计算累计增利超过30亿元，其风电利用小时接近3400 h，远超同区域公网风电。这期间，大板电厂2×60万kW火电项目得以投产，风电在区内外同步发展，光伏发电实现零的突破，白音华地区煤电铝产业链的白音华铝电一体化项目筹建全面启动。为响应“一带一路”倡议与巴基斯坦信德安格鲁公司签订了塔尔煤田二区块380万t煤矿建设项目技术服务协议和参股协议，打造该国煤矿开采的样板项目。

第四阶段，2017年以来，高质量推进煤电铝路港协同发展战略，“十年五跨越，奋斗五十亿”时期。按照集团公司部署于2016年底对蒙东能源、蒙西能源进行合并，同时提升露天煤业管理层级，组建内蒙古公司，与蒙东能源、露天煤业一体化运作、独立核算。面对能源革命的新形势和战略发展的新平台，我们全面落实新发展理念，于2017年初确立了“十年五跨越，奋斗五十亿”发展目标，到“十四五”末期，力争项目发展覆盖内蒙古全区，实现产业布局的跨越；力争煤电铝一体化完成三地协同，实现转型升级的跨越；力争投运千万千瓦级可再生能源基地，实现结构调整的跨越；力争海外发展做到产能“走出去”，实现发展格局的跨越；力争国内资产基本完成上市，实现运营平台的跨越。2019年初，公司对接集团公司“2035一流战略”，进一步明确了集团公司重要利润支撑的经营定位、优势发展区域的布局定位和建设世界一流清洁能源企业主力军的发展定位，确立建设世界一流综合清洁能源企业的战略目标，对“十年五跨越”的中长期规划进行细化，增加2035年远期目标。2021年末，面对我国进入新发展阶段、贯彻新发展理念、构建新发展格局呈现的新变化，公司提出“绿色效益再翻番；低碳智慧创双一”的转型战略。

二、内蒙古公司煤矿煤质特点

内蒙古公司煤炭煤种属老年优质褐煤，平均发热量3150 kcal/kg，具有低硫、低磷、高挥发分、高灰熔点“两低两高”的环保特点，有“绿色燃料”之美誉，也是火力发电厂、沸腾炉和大中城市民用煤的理想燃料。

三、内蒙古公司煤炭板块所属单位

2022年，目前内蒙古公司煤炭板块下设三级单位共计12家，分别是：白音华露天矿、白音华蒙东煤业公司、扎哈淖尔煤业公司、南露天煤矿、煤炭运销公司、矿山机电检修公司、北露天煤矿、矿建公司、矿山供电公司、物资装备分公司、培训中心、中企时代公司。

四、内蒙古公司安全理念

安全理念是企业看待和处理安全问题的观念、态度和行为准则的集中表现。

任何风险都可以控制
任何违章都可以预防
任何事故都可以避免

释义：风险无时无处不在，正确辨识、认真分析、科学应对，便能有效控制各类风险。违章源于麻痹侥幸，严格程序、标准作业、正确指挥，便能有效预防各类违章。事故来自隐患积累，把握规律、改进管理、消除隐患，便能有效避免各类事故。

员工需始终秉持质疑的工作态度、严谨的工作方法、相互沟通的工作习惯，认真遵循公司安全文化及核安全文化要求。

第八章　安全双重预防机制建设

第一节　安全双重预防机制基础理论

一、安全双重预防机制提出背景

当前我国已基本形成了“国家监察、地方监管、企业负责”的煤矿安全生产格局，初步建立了以《中华人民共和国安全生产法》和《煤矿安全监察条例》为主体的煤矿安全生产法律法规体系，煤矿安全生产的经济政策得到了进一步完善，煤矿安全基础管理工作得到了进一步加强，安全生产形势持续稳定好转，重特大事故多发势头得到初步遏制，事故起数和死亡人数大幅下降，职业健康得到重视。

尽管我国事故总量和死亡人数逐年下降，但煤矿安全生产形势依然严峻，具体表现为事故总量仍然很大、重特大事故时有发生、职业健康危害依然严重等基本特征。安全管理中仍然存在以下问题：

（1）在安全管理机制方面，大多数煤矿在安全管理上没有建立系统化、程序化、标准化的工作模式。

（2）没有对风险提前进行管控，在认知上是反应式、后知后觉式，仅强调事后处理，没能事前主动辨识风险、评估风险的大小、制定防范措施、开展有效的管控，工作跟着问题跑，这必然形成被动式、“救火式”的安全管理局面。

（3）煤矿安全监督管理机制不够完善，部分职能部门监管不力。

（4）违法违规组织生产现象严重，企业安全生产主体责任落实不到位。

（5）企业技术管理薄弱，安全保障能力差。

（6）现场基础安全管理混乱，“三违”现象严重。

对于我国煤矿安全生产和管理工作存在的突出问题，迫切需要通过管理和技术创新来解决。加强在重大灾害治理、煤矿安全准入和退出机制设计、煤矿安全基础管理、煤矿安全监管监察执法和责任追究、煤矿安全科技投入和规范高效的应急救援体系建设等方面的工作，全面建立煤矿安全生产的长效机制，大力提高煤矿安全保障能力。

风险管理是安全管理的高级阶段，它从造成事故的根源出发，可在根本上减少、消除事故。风险管理的基本原理是在全面辨识风险的基础上，运用风险管控的技术，综合采用技术和管理相结合的措施，以管理危险源和事件来控制事故，从而实现“一切风险皆可控制”“一切意外均可避免”的风险管理目标。

二、煤矿安全双重预防机制基本概念

双重预防机制是对原有安全管理的总结和创新，因此其建设涉及的一些基本概念与原有概念相比既有继承性，也有创新性。

1. 风险点

风险点是指有风险伴随的设施、部位、场所和区域，以及在特定设施、部位、场所和区域实施的伴随风险的作业过程，或以上两者的组合，如采场、边坡等。风险点是风险分级管控的基础，即不同层级的人管控具有对应等级风险的风险点。风险管控时，不同层级的人检查需要其控制的风险点，核对该风险点中本层级及以上层级的风险管控措施是否到位，并予以确认，如果不到位则将风险转换成隐患，走隐患闭环流程。

2. 危险源

危险源指的是可能导致伤害或疾病、财产损失、工作环境破坏或以上情况组合的根源或状态，从能量的角度可归结为两类危险源。

因意外释放而造成事故的能量或危险物质称为第一类危险源。煤矿使用的炸药、油料、油漆等易燃物品就存在能量，机械运转中的机械能、起重及高空作业中的势能，高压气体、高压液体都是第一类危险源，属于根源危险源。在正常情况下，能量或危险物质受到约束或限制时不会发生意外的释放，但是一旦这些约束或限制能量的措施失效，则将发生事故，导致能量或危险物质约束或限制措施失效的各种因素称为第二类危险源。第二类危险源属于状态危险源，风险分级管控的主要对象就是第二类危险源。

3. 风险

风险是指某一特定危险情况发生的可能性和其可能造成的损失的组合，用公式表示为

$$风险=可能性\times严重性$$

风险依托于危险源存在，一个危险源有若干个风险。

4. 管控措施

管控措施是对第二类危险源的细化措施，是为了确保第一类危险源处于可控状态而采取的相关措施，包括技术措施、管理措施、培训教育措施、个体防护措施、应急处置措施等，即采用怎样的方法和手段（监督、检查、培训、检修、

维护）才能让危险源/风险的状态或行为符合标准要求；明确谁应该干什么、怎么干、何时何地干。显然，管控措施针对的是对风险进行防护，降低其发生的可能性或降低其损害程度。

5. 隐患

隐患是指生产经营单位违反安全生产法律、法规、规章、标准、规程和安全生产管理制度的规定，或者因其他因素在生产经营活动中存在可能导致事故发生的物的危险状态、人的不安全行为和管理上的缺陷。一个风险点包含若干个危险源，一个危险源会带来若干个风险，一旦某个风险因素失控，就会造成危险源的风险上升，如果风险值超过某个阈值，该危险源（带能量）将演变成隐患。

在双重预防机制建设中，生产经营单位应首先划分风险点，其次辨识风险点中的危险源，然后辨识该危险源有哪些风险，最后确定每一个风险的管控措施。如果管控措施失控，则形成隐患。通过隐患治理，可以实现对风险值实时变化进行监控。

三、双重预防机制的意义和作用

对于煤矿而言，双重预防机制既是对原有安全管理思想和方法的继承，也是新的理论创新，不仅从理论上解决了安全管理的问题，而且考虑了如何与原有安全管理思想、方法结合，如何在企业中落地生根的问题。双重预防机制的提出和推广实施，对于新形势下推进安全生产管理工作有着重要的意义，对于我国煤矿的安全生产水平提升必将起到巨大的促进作用。

1. 体现全过程风险管理的思想，实现安全管理的关口前移

传统的安全管理，只关注对隐患的排查和治理，即在工作中排查是否存在各类隐患，排查出隐患后再采取措施进行治理，忽视了事前预控。煤矿风险分级管控与隐患排查治理“双重预防机制”对风险进行全过程管理，其过程如图 8-1 所示。

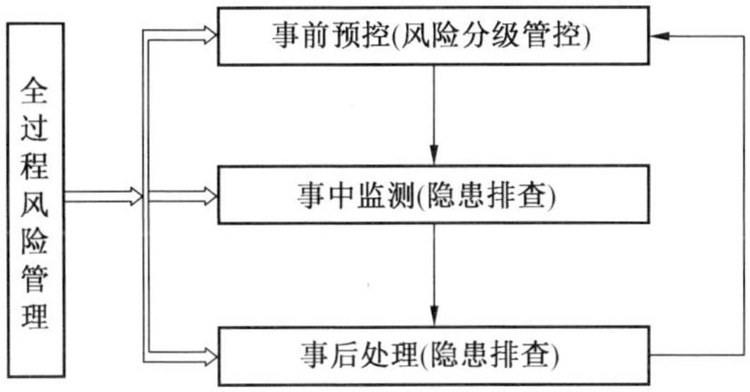

图 8-1　全过程风险管理示意图

首先，事前进行预控。事前就是产生隐患之前，先通过识别风险、评估风险，进而采取预防措施进行分级管控，减少风险，降低风险的程度，防止隐患的产生。其次，在作业过程中对风险管控情况进行监测，随时关注风险的失控情况，此过程也是对隐患进行排查的过程。再次，对发现的失控情况采取措施进行治理（隐患治理），并分析风险管控失效的原因，对事前预控管理要求和措施进行分析，查找薄弱环节，逐步对风险分级管控的要求和措施进行完善。

因此，风险分级管控和隐患排查治理之间的关系是风险分级管控在前，隐患排查治理在后。“双重预防机制”对隐患产生前的预控、事中监测、事后处理都有要求，体现了对风险的全过程管控，改变以往的被动排查和处理隐患，变为主动进行全过程管控，且更关注隐患产生前的预控。

2. 体现“预控为主”的思想，切断事故发生的因果链

危险源有人、机（包括机器设备、材料、设施等）、环境三种载体。对危险源管控存在缺陷时，就可能导致人的不安全行为、物的不安全状态和环境的不安全条件。人的不安全行为主要就是传统煤矿安全管理中的“三违”行为，物的不安全状态和环境的不安全条件就是“隐患”，因此危险源的失控就能够导致“三违”和“隐患”的产生。事故发生的因果链如图 8-2 所示。

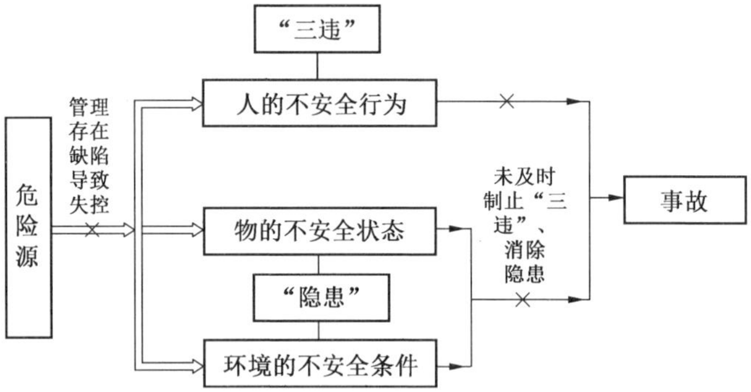

图 8-2　事故发生的因果链

风险分级管控是在事前管控，通过风险识别、评估和采取预控措施等步骤，能够有效切断由危险源向“三违”和“隐患”发展的链条。在工作过程中，通过安全检查和隐患排查能够及时发现个别因预控措施失效而导致的“三违”和“隐患”，从而制定措施，及时纠正人的不安全行为，整改物的不安全状态和环境的不安全条件，切断由“三违”和“隐患”向事故发展的链条。

因此，风险分级管控和隐患排查治理充分体现了“预控为主”的思想，能

够分别切断由危险源向“隐患”和“三违”发展、“隐患”和“三违”向事故发展的链条，构成安全管控的两道防线，因此称其为“双重预防机制”。

3. 体现主动安全控制的思想，提升全体员工的风险意识

推动安全生产关口前移成了防范事故、减少死亡人数的重要举措，但如何前移，却一直没有系统的理论可供指导，没有切实可行的方法可供操作。

“双重预防机制”的推广和实施，要求煤矿干部和职工对危险源进行辨识、评估、分级和预先采取措施进行控制，这些措施都是工作之前制定和采取的，因此可以说是主动对危险源进行控制的措施，改变了以往仅在发生事故后或出现隐患后才被动整改的局面。这些预控措施的制定需要管理人员以及部分职工参与，并需要全体员工共同执行。“双重预防机制”的深入推广和实施，必将逐步提升煤矿全体员工的风险意识，逐步由被动地背诵、被动地学习、被动地执行，转变为员工自己能辨识危险源、能够评估其风险、能够主动地采取措施。

“对易发重特大事故的行业领域，要采取风险分级管控、隐患排查治理双重预防性工作机制，推动安全生产关口前移。”这是习近平总书记对安全生产工作提出的要求，也为安全生产关口前移指明了道路。基于“危险源—安全风险—事故隐患—事故”的推演，双重预防性工作机制，既是安全生产方面的重大理论创新，又具有很强的操作性。

根据《中华人民共和国安全生产法》关于“生产经营单位必须加强安全生产标准化、信息化建设，构建安全风险分级管控和隐患排查治理双重预防机制”的规定，在新标准制定时，将原有的“煤矿安全质量标准化”改名为“煤矿安全生产标准化”，其最重要的调整是新增了安全风险分级管控和事故隐患排查治理两部分内容。

第二节　风险辨识与评估

全面风险辨识与评估是双重预防机制建设中最重要、工作量最大，也是最为复杂的一个环节，直接影响着后续工作的科学性和准确性。风险全面辨识与评估涉及煤矿每个科室、部门的人员，受主观因素影响较大，与辨识人员的素质密切相关。因此，煤矿必须充分重视全面风险辨识工作的难度和复杂性，调配足够的人力、物力，集中一段时间予以完成。

一、风险辨识的步骤

煤矿的初始风险辨识是一个复杂的过程，会产生各种各样的问题，需要负责的管理人员有清醒的认识，并加强考核，保障工作的有效开展。

（一）风险辨识模板和规范的确认

风险辨识模板中的信息大致可分为风险本身的信息、风险等级信息、风险管控信息三类，每一类信息中的具体数据项会因各个煤矿的实际情况而有所不同。明确风险辨识模板后，还需要对模板中的每一个数据项的含义、取值类型、范围等予以明确的定义，并详细解释每一个数据项的取值方法，确保所有人制作的风险辨识结果具有相同的标准。

（二）风险辨识方法

风险辨识常见的方法有：工作任务分析法、直接询问法、现场观察法、查阅记录法等直接经验分析法和事故树分析法、安全检查表法、预先危险性分析法等系统安全分析法。目前煤矿常用的风险辨识方法有：

1. 工作任务分析法

工作任务分析法是指把一项作业活动分解成几个步骤，辨识整个作业活动以及每一步骤中的危害及其危险性。在辨识过程中，以清单的形式列出系统中所有的工作任务以及每项任务的具体工序，对照相关的规程、条例、标准，并结合实际工作经验，分析每道工序中可能出现的危害因素。该方法需要合理划分工作任务，优点是与员工的工作结合紧密；不足之处是容易缺失，也容易造成重复。

2. 直接询问法

直接询问法是指组织有现场工作经验的人员进行交谈，询问具体工作有哪些危害因素，根据交谈来初步辨识出工作中存在的危险源。该方法对于被询问对象有较高的要求，适用于煤矿员工素质较高，而辨识人员经验不足的情况，或用于完善已经完成的辨识结果。

3. 现场观察法

现场观察法是指通过对工作环境的现场观察，辨识系统中存在的危险源。该方法要求现场观察的人员要具有安全技术知识和掌握完善的职业健康安全法规、标准，观察人员还必须有丰富的现场工作经验，且对于风险辨识也有充分的了解。

上述几种方法都属于直接经验分析法，都是在大量实践经验基础上，依据安全技术标准、安全操作规程和工艺技术标准等进行分析，对系统中存在的危险源作出定性的描述。

4. 预先危险性分析法

预先危险性分析又称为初步危险性分析，是在进行某项工程活动（包括设计、施工、生产、维修等）之前，对系统存在的各种危险因素（类别、分布）、出现条件和事故可能造成的后果进行宏观、概略分析的系统安全分析方法。

该方法主要用于分析危险物质和主要工艺、装置。通过对生产装置及工艺、设备的安全性进行危险性预先分析，辨别装置的危险部位、主要危险特性以及可导致重大事故的缺陷和隐患，防止这些危险发展成事故。

煤矿企业存在的风险复杂多样，仅靠一种方法是难以辨识完整的，在煤矿企业风险辨识实际工作中，需要综合运用多种辨识方法。但无论采用哪种方法，都应对煤矿的所有系统及活动和区域进行风险辨识，而不仅仅是重点灾害因素。

（三）风险辨识人员的选取

风险辨识是一项基础性的工作，对于建设煤矿双重预防机制的效果具有决定性的影响。这项工作需要参与人员熟悉现场、懂技术、会辨识方法，而且工作量往往比较大，因此在人员的选择上非常重要。在很多煤矿的风险辨识工作中，大量的经验教训往往都集中在风险辨识环节，这些事实突显了风险辨识人员选取的重要性。

（四）风险辨识结果的审核

由于风险辨识是一个临时性的任务，所召集的人员大多来自于各个部门，虽然进行过培训，统一了辨识规范，但仍无法保证辨识结果的科学性和准确性，尤其是有些辨识人员对于一些具体规则的理解有所不同，不同人员的素质和责任心等也有不同。因此，对于辨识小组提交的辨识结果应组织相关专家进行审核。

（五）风险辨识结果的再辨识与发布

辨识结果经审核后，审核人提交具体审核意见，并就其中的共性问题进行重新培训、讨论，组织辨识小组进行新一轮的辨识结果修改。一般情况下，经过2~3轮的辨识结果审核，风险辨识结果基本上就能够满足双重预防机制运行的需要，经总工程师签字后，在煤矿企业内予以发布。

二、风险辨识的人员组织与培训

任何工作的有效开展都需要找到合适且足够的人，同时保证这些人有工作能力和意愿，才能够保质保量达成预期目标。对于风险辨识而言，解决这个问题的环节就是人员组织与辨识培训。

（一）风险辨识人员的选取原则与要求

风险辨识是集中一段时间进行的专项工作，需要辨识人员能够全身心投入，因此选择的人员应是各职能科室和区队的年轻骨干，而不是刚入职的年轻员工。由于风险辨识的工作量非常大，不是少量员工轻易就能够完成的，因而需要和辨识人员所在部门协商。

（二）风险辨识培训

双重预防机制建设小组将风险辨识格式和规范向风险辨识小组做讲解，使其能够准确了解风险辨识的规则，并组织所有成员进行讨论。一次培训难以保证所有辨识人员对每一个具体情况的准确理解，因此需要专业人员对培训后的辨识结果进行快速审核，从中发现存在的问题和误解，然后针对具体的案例进行讲解、答疑，从而保证整个辨识工作的顺利开展。

三、风险辨识与评估的内容

风险辨识与评估的内容取决于煤矿企业安全管理的目标、思想、方法等，无论采用哪一种方法，基本都包括风险自身信息、风险评估信息、风险管控信息三类信息。

（一）风险自身信息

风险自身的信息包括专业属性、危险源名称、作业活动、风险描述、伤害类别等。

（1）专业属性是落实风险管控的主要专业，如钻孔、爆破、采掘、运输、排土、机电等。

（2）危险源名称是对危险源的命名，并不与风险类型一一对应，可以将之尽量与环境要素、机器要素相对应。

（3）作业活动是指该危险源所涉及的作业活动。

（4）风险描述是对该危险源体可能造成的风险的具描述，让工作人员可更准确了解风险的情况。

（5）伤害类别为该风险所造成的伤害种类，按照国家职业伤害的类别划分，伤害类别可以分为：物体打击、车辆伤害、机械伤害、起重伤害、触电、淹溺、灼烫、火灾、高空坠落、坍塌、冒顶片帮、透水、爆破、瓦斯爆炸、火药爆炸、锅炉爆炸、容器爆炸、其他爆炸、中毒和窒息以及其他伤害。

（二）风险评估信息

风险辨识出来后，就应对风险的大小进行评估，为后续的风险分级提供依据。风险评估的信息主要是对风险大小、程度进行评估的相关信息，风险评估信息包括风险等级、风险类型等。

风险评估是指评估风险大小以及确定风险是否可容许的全过程。风险评估的核心是对风险发生的可能性和造成后果的严重性进行权衡，从而对风险的整体危险性进行评估。比较常用的评估方法有风险矩阵法和 LEC 法。

1. 风险矩阵法

风险矩阵评估法所依据的风险等级划分表包括事故发生的可能性和后果严重性这两个维度，从而形成一个风险数值的矩阵。风险数值计算出来后，根据该数值在矩阵中的位置，判断该风险的等级。矩阵法用 R 表示风险值的大小，其计算方法如下：

$$R=L\times S$$

式中　R——危险源风险值；

L——发生事故的可能性；

S——发生事故的后果严重性。

风险矩阵	一般风险（Ⅲ级）	较大风险（Ⅱ级）		重大风险（Ⅰ级）		有效类别	赋值	可能造成的损失：人员伤害程序及范围	可能造成的损失：由于伤害估算的损失
6	12	18	24	30	36	A	6	多人死亡	500万元以上
5	10	15	20	25	30	B	5	一人死亡	100万元到500万元之间
4	8	12	16	20	24	C	4	多人受严重伤害	4万元到100万元
3	6	9	12	15	18	D	3	一人受严重伤害	1万元到4万元
2	4	6	8	10	12	E	2	一人受到伤害，需要急救；或多人受轻微伤害	2000元到1万元
1	2	3	4	5	6	F	1	一人受轻微伤害	0元到2000元
1	2	3	4	5	6	赋值			
L	K	J	I	H	G	有效类别			
不能	很少	低可能	可能发生	能发生	有时发生	发生的可能性			

低风险（Ⅳ）级

风险等级划分

风险值	风险等级	备注
30～36	重大风险	Ⅰ级
18～25	较大风险	Ⅱ级
9～16	一般风险	Ⅲ级
1～8	低风险	Ⅳ级

图 8-3　风险矩阵及风险等级划分表

图 8-3 将发生事故的后果严重性（S）分为 6 类（A～F），依次递减赋值为 6～1；发生事故的可能性 L 分为六类 G～L，依次递减赋值为 6～1。根据危险源风险值 R 的大小，可将风险分为四个等级，即低风险、一般风险、较大风险和重大风险。

2. LEC 法

所谓 LEC 法，意思是其风险评估从三方面考虑：事故或危险事件发生的可能性、人体暴露于危险环境的频率和事故发生的后果。每一方面用一个字母表示，故称之为 LEC 法。

LEC 法用 D 表示风险值的大小，其风险计算公式为

$$D=L\times E\times C$$

式中　L——发生事故或危险事件的可能性，其取值见表 8-1；

E——人体暴露于危险环境的频率，其取值见表 8-2；

C——发生事故可能产生的后果，其取值见表 8-3；

D——危险性分值，其取值见表 8-4。

无法确定可能性时，可以对照表格给定值，集体讨论确定。赋值后，可倒推风险大小，根据煤矿实际管控状况和接受程度重新判断赋值合理性。

表 8-1 LEC 法 *L* 的取值

分数值	事故发生的可能性
10	完全可以预料
6	相当可能
3	可能，但不经常
1	可能性小，完全意外
0.5	很不可能，可以设想
0.2	极不可能
0.1	实际不可能

表 8-2 LEC 法 *E* 的取值

分数值	暴露于危险环境的频繁程度
10	连续暴露
6	每天工作时间内暴露
3	每月一次或偶然暴露
2	每月一次暴露
1	每年一次暴露
0.5	非常罕见暴露

表 8-3 LEC 法 *C* 的取值

分数值	发生事故产生的后果
100	10 人以上死亡
40	3~9 人死亡
15	1~2 人死亡
7	严重
3	重大、伤残
1	引人注意

表 8-4　LEC 法 D 的取值

D 的取值	危险程度
$D \geqslant 270$	重大风险
$140 \leqslant D \leqslant 270$	较大风险
$70 \leqslant D \leqslant 140$	一般风险
$D < 70$	低风险

风险类型分为人、机、环、管，体现风险是由哪方面的因素造成的。

（1）人——人的不安全行为，一般指明显违反安全操作规程的行为，这种行为往往直接导致事故发生，例如人员误操作、检修人员未执行停电挂牌制度等。

（2）机——物的不安全状态，是指机械设备、物质等明显不符合安全要求的状态，例如没有防护装置的传动齿轮、裸露的带电体等。物的不安全状态可能直接使控制措施失效而发生事故，例如电线绝缘损坏发生漏电。

（3）环——环境的不良因素，主要指系统运行的环境，包括温度、照明、粉尘、噪声和振动等物理环境。

（4）管——由于管理上存在失误，导致人的不安全行为或物的不安全状态发生。

第三节　风险分级管控体系的建立

在国家对煤矿安全生产越来越重视的大背景下，许多煤矿企业越来越重视煤矿职业健康和安全生产工作，一些促进煤矿切实做好安全管理工作的法规制度、经济政策、安全标准和管理措施先后出台。煤矿企业通过建立目标，并应用安全管理新技术来追求安全绩效的实现。特别是近年来，我国一些中大型煤矿企业牢固树立“风险就是隐患，隐患就是事故”的理念，超前谋划、精细管理、强化执行、严格落实，深入开展安全风险分级管控体系建设，确保风险分级管控工作与安全生产管理工作无缝对接，全力落实安全高效发展理念，取得了良好的效果。

一、风险分级管控基本目的

建立煤矿安全风险分级管控体系基本目的就是弘扬“生命至上、安全第一”的思想，坚持关口前移、预防为主，推动煤矿安全生产从治标为主向标本兼治、重在治本转变，从事后调查处理向事前预防、源头治理转变，从传统安全管理方式向信息化管理方式转变。坚持以系统化推动程序化，以程序化推动标准化，以标准化推动煤矿达到和保持一定的安全技术条件，通过全员参与、全过程参与、分级管控、信息化预警、责任考核，避免不可承受的风险，全面提高煤矿安全生产防控能力和水平，从而实现煤矿的安全生产。

二、风险分级管控组织与流程

（一）风险分级管控组织

风险分级管控是指在安全生产过程中，针对各系统、各环节可能存在的安全风险、危害因素，进行超前辨识、分析评估，并采取分级管控的管理措施。为保证风险分级管控工作有效有序开展，各企业都应建立风险分级管控工作责任体系。

1. 组织机构

组长：矿长。

副组长：各系统分管负责人。

成员：各系统副总工程师、各部室和区队负责人。

2. 安全风险分级管控部门

煤矿需明确安全风险分级管控工作的管理部门，负责检查、督促安全风险分级管控工作的实施情况。

3. 职责分工

建立安全风险分级管控工作责任体系，矿长全面负责，分管负责人负责分管范围内的安全风险分级管控工作，明确组织机构各成员在风险分级管控工作中的责任。

4. 制度建设

建立安全风险分级管控工作制度，明确安全风险的辨识范围、方法和安全风险的辨识、评估、管控工作流程。

（二）风险分级管控基本流程

风险分级管控管理遵循煤矿安全管理的一般性程序，覆盖了从风险辨识开始到风险受控为止的全过程，基本流程如图 8-4 所示。

1. 风险辨识

煤矿风险辨识必须以科学的方法，全面、详细地剖析生产系统，确定危险因素存在的部位、存在的方式、事故发生的途径及其变化规律，并予以准确描述。风险辨识的目的是明确管理的范围，只有对风险进行全面、系统的辨识，才能做到安全管理无遗漏。岗位风险辨识可以让员工自主辨识自身岗位风险，增强个体

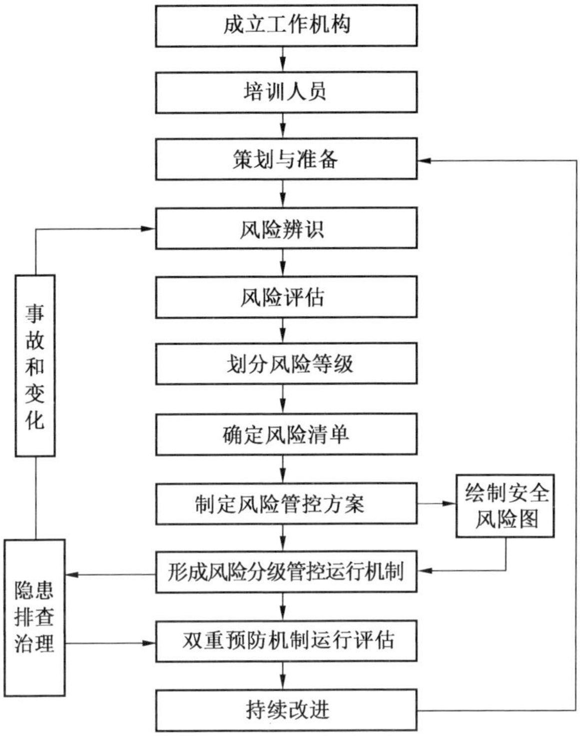

图 8-4　风险分级管控基本流程

防范意识，让每个员工真正掌握自己身边风险的分布情况，做到心中有数，应对有策。对于系统性重大风险辨识，可采用事故机理分析法，由技术和管理部门组织辨识，必要时可借助外部科研力量帮助开展风险辨识工作。

2. 风险评估

风险评估是在风险辨识的基础上，通过确定风险导致事故的条件、事故发生的可能性和事故后果严重程度，进而确定风险大小和等级的过程。通过评估对风险进行排序，分清轻重缓急，帮助煤矿在危险源辨识的基础上，借助可量化的技术，明确安全管理的重点。风险评估有多种方法，可根据系统的复杂程度，采用定性、定量和半定量的评价方法。

煤矿可根据自身实际情况，选择适用的风险评估方法，然后根据统一标准对风险进行有效分级。安全风险一般分为重大风险、较大风险、一般风险和低风险四个等级，分别用红、橙、黄、蓝四种颜色标示。风险清单（风险数据库）至少应包括风险名称、风险位置、风险类型、风险等级、管控主体、管控措施等内容。

煤矿应将重大风险进行汇总，登记造册，并对重大风险存在的作业场所或作业活动、工艺技术条件、技术保障措施、管理措施、应急处置措施、责任部门及工作职责等进行详细说明。对于重大风险，煤矿应及时按照职责范围报告属地负有安全生产监督管理职责的部门。

3. 绘制安全风险图

煤矿应根据风险类别和等级，确定安全风险清单，制定安全风险管控措施，建立风险数据库，绘制安全风险四色分布图。

4. 研究和制定风险分级管控标准和措施

煤矿应研究和制定相应的风险管控标准和措施，防止危险源转变成为隐患，通过安全技术应用预防隐患产生。制定风险管控标准可以明确管理的依据，制定管理措施可以明确管理的途径。在通过风险评估明确了管理重点之后，需要对管理对象进行管控。

风险分级管控标准和措施的制定、修订和完善是一项技术性很强的系统工程，煤矿应遵循“分类、分级、分层、分专业、分区域”的方法，按照风险分级管控基本原则，根据风险评估的结果，针对安全风险的特点，从组织、制度、技术、应急等方面对安全风险进行有效管控。针对已辨识的危险源和风险评估结果，制定相应的风险管理标准，确定相关责任人、监管部门、监管人员，进而制定管理措施。根据“谁主管、谁负责”的原则，明确各自的安全风险管控重点，逐一落实所有风险的安全管理与监管责任，强化风险管控技术、制度和管理措施，把风险控制在可接受范围。

5. 形成风险分级管控运行机制

煤矿应建立安全风险分级管控工作制度，制定工作方案，明确安全风险分级管控原则和责任主体，分别落实领导层、管理层、员工层的风险管控职责和风险管控清单，分类别、分专业明确部门、车间、班组、岗位的安全风险管理措施。要通过隔离危险源、采取技术手段、实施个体防护、设置监控设施等措施，达到回避、降低和监测风险的目的。要对安全风险分级、分层、分类、分专业进行管理，逐一落实煤矿、部门、班组和岗位的管控责任，尤其要强化对重大危险源和存在重大安全风险的生产经营系统、生产区域、岗位的重点管控。

煤矿应建立完善安全风险公告制度，并加强风险教育和技能培训，确保管理层和每名员工都掌握安全风险的基本情况及防范、应急措施。要在醒目位置和重点区域分别设置安全风险公告栏，制作岗位安全风险告知卡，标明主要安全风险、可能引发事故隐患类别、事故后果、管控措施、应急措施及报告方式等内容。对存在重大安全风险的工作场所和岗位，要设置明显警示标志，并强化危险源监测和预警。

煤矿应对重大风险进行重点管控，制定有效的管理控制措施。煤矿应根据自身组织机构特点，按照分级管控要求，做到事故应急的机构、编制、人员、经费、装备“五落实”。建立重大风险监测预警系统，开展重大风险分级预警和事故应急响应，做到风险预警准确，事故应急响应及时。

煤矿应建立风险管控信息系统，健全配套制度，提高风险管控信息化水平。各相关单位做好相关信息的录入、维护，实现政府、部门、企业及社会服务组织信息共享，形成全方位、立体化监管格局，提高安全监管效能。

6. 风险动态管理

风险分级管控机制建设不是临时性、阶段性的工作任务，而是规范煤矿安全生产管理的常态化工作系统。煤矿要高度关注运营状况和危险源变化后的风险状况，通过动态评估、调整风险等级和管控措施，确保安全风险始终处于受控范围内。煤矿应定期组织对风险分级管控机制运行情况进行评估，及时修正发现问题和偏差，不断循环往复，促进和提高双重预防机制的实效性。

煤矿要制定企业安全风险清单、事故隐患清单和安全风险图定期更新制度，制定双重预防机制相关制度文件定期评估制度，确保双重预防机制不断完善，持续保持有效运行。

三、风险数据库持续完善

建立全面的煤矿企业安全风险信息数据库，是煤矿企业实现系统化安全管理的基础。

1. 建立风险数据库

数据库是伴随着通信技术以及计算机技术的不断进步而产生的，将这些技术应用于生产安全事故预防、处理，以及安全生产的日常管理中，从而改变传统安全生产过程控制的结构，提高安全生产管控效率，减少生产安全事故发生概率。风险数据库通过计算机实现风险数据录入和储存，通过局域网和因特网实现信息传递，通过程序实现相关数据的处理和反馈。煤矿安全双重预防机制信息系统运行的关键是风险数据库的建立。

2. 确保数据质量，强化数据分析利用

风险数据库是安全双重预防机制信息系统运行的基础，只有确保数据的质量才能保证信息系统的有效运行，所以必须保证风险数据的质量，规范数据采集和审核流程。在数据采集环节，重点强化风险辨识人员对风险辨识的全面性以及评估的准确性，严把数据入口关；在数据审核阶段，加大审核力度，提高审核人员专业素养，按照“谁审核，谁负责”的原则，明确数据质量责任主体，重点要做好风险数据的分析利用工作，提高风险数据的利用价值。

3. 规范风险数据标准

规范和科学的标准数据，是实现煤矿与煤矿之间以及煤矿各部门之间风险数据交换、资源共享和对接的前提，可以促进信息系统高质量、秩序化的运行和实现数据的高效、准确的传输以及应用。但目前煤矿企业缺少一个规范化的风险数据标准，煤矿企业各自按照自己的标准整理风险数据，这就给风险数据的交换造成了极大的不便。因此，确立风险数据的国家标准和行业标准是风险数据完善的重要方向。

第四节　隐患排查治理体系的建立

隐患排查治理体系是双重预防机制的重要组成部分，是防范事故发生的最后一道防线，也是我国煤矿长期以来非常重视的一个机制。煤矿安全生产标准化中以“事故隐患排查治理”为名，将之作为一个专业，纳入强制建设的要求中来。煤矿安全生产标准化中的“事故隐患排查治理”来源于双重预防中的隐患排查治理，并为其提出了一个更加细化的框架。以此为基础，考虑双重预防机制的内涵，提出了一个满足各方标准要求的隐患排查治理体系，并在一些煤矿得到了成功的实践。

一、隐患排查治理的目的

隐患排查治理是指煤矿企业组织安全生产管理人员、工程技术人员和其他相关人员，对本单位生产组织过程中人、机、环、管等方面存在的不安全因素、不安全行为进行梳理排查，并对排查出的事故隐患按照事故隐患等级记录跟踪，采取相应措施进行治理的工作过程。隐患排查治理的目的是通过对隐患的排查治理，防范煤矿生产安全事故发生。

二、隐患排查治理的组织与流程

隐患排查治理是煤矿安全管理中的一项基础性工作，旨在及时发现并消除一切潜在的不安全因素，将事故控制在萌芽状态，对煤矿安全事故预防有着不可替代的作用。

（一）隐患排查治理的运行机制

隐患排查治理就是以风险分级管控理念为先导，以隐患排查治理运行机制为核心，从而达到“零隐患”的最高目标，其运行机制如图 8-5 所示。

在隐患排查运行机制中，首先，依据危险源辨识与风险评估的结果确定隐患

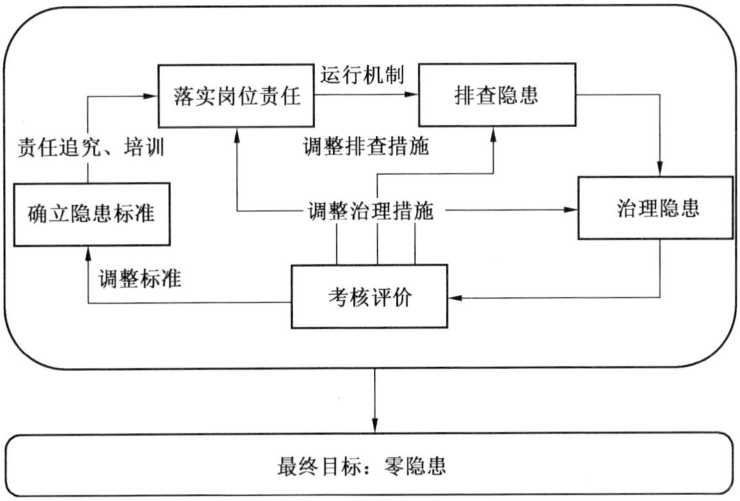

图 8-5 隐患排查治理的运行机制

标准，落实隐患排查的岗位责任，结合具体岗位层层分解落实隐患排查责任人，制定和贯彻落实责任制度，做到“有患必有责”。其次，在“全员、全方位、全过程”隐患排查方针指引下，根据危险源辨识结果制定排查计划，积极引导基层员工自我检查、自觉上报、主动发现未知隐患，并通过层级检查监督体系督导协查隐患，监督查处隐患排查中的不检、漏检、错检行为。其次，对查出的隐患及时反馈、科学评估与制定治理方案，规范操作及时消除隐患，并认真核查、评价排查结果，将排查结果及时汇报给相关部门。最后，通过合理有效的奖惩机制强化落实岗位责任，并根据实际需要调整岗位责任与隐患标准。

隐患排查治理运行机制的准则就是对煤矿企业安全隐患实施全过程的控制，做到确定隐患标准、落实隐患排查岗位责任、排查隐患、治理隐患、考核评价五个环节头尾相接、闭合循环。

1. 确定隐患标准

从煤矿的人、机、环、管四方面，广泛搜集国家法律法规、行业标准等相关资料。综合运用煤矿隐患辨识的方法，如工作任务分析法、事故树分析法等，对煤矿可能存在的隐患进行合理、有效地预测，科学利用安全分析和安全系统评价，对隐患进行定性、定量评估，在评估的基础上分清隐患的类型和性质，提出事故预防措施，确定隐患标准，对隐患进行分类管理。

2. 落实隐患排查岗位责任

根据隐患排查岗位责任要求，制定周密的隐患排查计划，设计科学严密的层级隐患排查体系。层级隐患排查体系可将责任层级分为矿领导、职能部门、基层部门、班组、员工五个层级。将隐患排查工作按责任层层严细分解，以落实隐患排查岗位直接责任人自查为主，间接责任人协查为辅，通过各层级主管部门管理人员督导检查，安全职能部门管理人员监督检查，层层落实。

3. 排查隐患

排查隐患的过程中，以班排查、日排查、周排查、旬排查、月排查周期性排查形式，自查和监督检查相结合的方式，强化现场安全整治。

（1）自查隐患。隐患排查工作贯穿整个生产过程，即工作前要排查静态隐患，工作中要解决过程中出现的隐患，工作后要排查遗漏的安全隐患。交接班时，带班班队长要对生产场所进行全面的安全确认、排查隐患，将排查出来的安全隐患告知治理人员，再由治理人员按照相应的治理措施进行治理。交接班员工需排查各自岗位上的安全隐患，将发现的安全隐患报告班长，由班长安排人员处理。在工作中，班长通过走动式管理，对生产中产生的安全隐患进行排查，并将排查出来的安全隐患和处理措施向治理人员交代清楚，并监督治理人员及时、安全、有效的处理。员工应自觉自查自己岗位工作中安全隐患，并及时报告班长，由班长安排人员处理。生产场所排查出的重大级隐患和现场无法立即治理的安全隐患，不但要向操作人员告知，还要向相关部门汇报，由相关部门安排处理。隐患自查工作的核心环节是现场工作人员的排查，通过开工前的安全确认，生产工作中的走动排查，工作后的安全评估，真正做到全员、全面、全过程、全天候的隐患排查，为煤矿安全生产消除潜在威胁。

（2）监督检查隐患。矿领导、机关职能科室技术管理人员、安环部检查人员监督检查。根据安环部事先制定的矿检查计划，按照规定的检查周期、检查时间、检查路线、检查项目、检查方式进行安全隐患的协查和督查，并将协查情况告知责任单位，由责任单位安排责任人处理。

4. 治理隐患

排查和发现隐患的目的是消除隐患，若对排查出来的安全隐患熟视无睹不去处理，等于没有排查安全隐患，必然会威胁后续生产安全。治理隐患的主要流程如下：

（1）基层单位对已查出的安全隐患评估、分级。基层单位管理人员根据事故隐患的分级标准，对自查和监督检查中已查出的安全隐患进行评估，判断能否自行整治，能够自行整治的自行治理，不能够自行整治的汇报职能部门。

（2）基层单位自主闭合处理隐患。对于能够自行治理的隐患，基层单位管理人员制定整治方案，安排治理责任人，并监督治理，最终检查验收、记录整理。当班不能处理完毕的隐患，由下一班次继续治理。

（3）职能部门负责组织闭合处理隐患。对于不能够自行整治的安全隐患，基层单位应汇报职能部门，由职能部门协调相关部门及人员制定隐患治理方案，组织责任单位实施，并对隐患治理过程进行监督，对治理结果核查。

5. 考核评价

隐患治理工作结束后，要对隐患排查治理工作进行效果评价，由专人负责事故隐患的统计，筛选处理和上报，将隐患排查治理效果公示，使煤矿每一个人都了解存在的事故隐患，在工作中进行防范。再根据隐患排查岗位责任，奖罚结合对各级责任人进行相应追责，从而提高员工排查隐患的积极性，加强隐患排查治理过程控制，打破安全隐患“产生→治理→再产生→再治理”的不良循环。最后要将重特大隐患详细记录，比照原有的治理措施，进行反馈、更新和完善，让隐患排查工作更加规范、更加细致。

（二）隐患分级标准的制定

依据《煤矿重大事故隐患判定标准》及《煤矿安全规程》《煤矿安全生产标准化管理体系基本要求及评分方法（试行）》，结合隐患的治理和排除难度及可能导致事故后果和影响范围，将隐患分为一般隐患和重大隐患。

1. 一般隐患

一般隐患指危害程度和治理难度小，发现后能够立即通过治理排除的隐患。

2. 重大隐患

重大隐患指危害和治理难度大，需全部或局部停产，并需经过一定时间治理方能排除的隐患，或因外部因素影响致使本单位自身难以排除的隐患。

（三）隐患排查治理的组织机构

为保证煤矿安全生产，落实隐患排查治理行动的总体安排和要求，把隐患排查治理工作作为年度重点工作来抓，根据《煤矿安全规程》《煤矿安全生产标准化管理体系基本要求及评分方法（试行）》等相关规定，结合实际情况，煤矿企业可成立隐患排查治理的组织机构，矿长为隐患排查治理工作第一责任人，下设各专业隐患排查治理工作部门。

（1）成立以矿长为组长，其他分管副矿长为副组长，各部门负责人以及安全、生产、技术人员为成员的矿级隐患排查治理领导小组。

（2）成立以各部门负责人为组长，部门生产技术人员、班组长为成员的部门级隐患排查治理领导小组。

（四）隐患排查治理的工作流程

煤矿企业的隐患排查治理的工作实行闭环管理，主要包括隐患的排查、分析、治理、验收等内容，具体工作流程如图 8-6 所示。

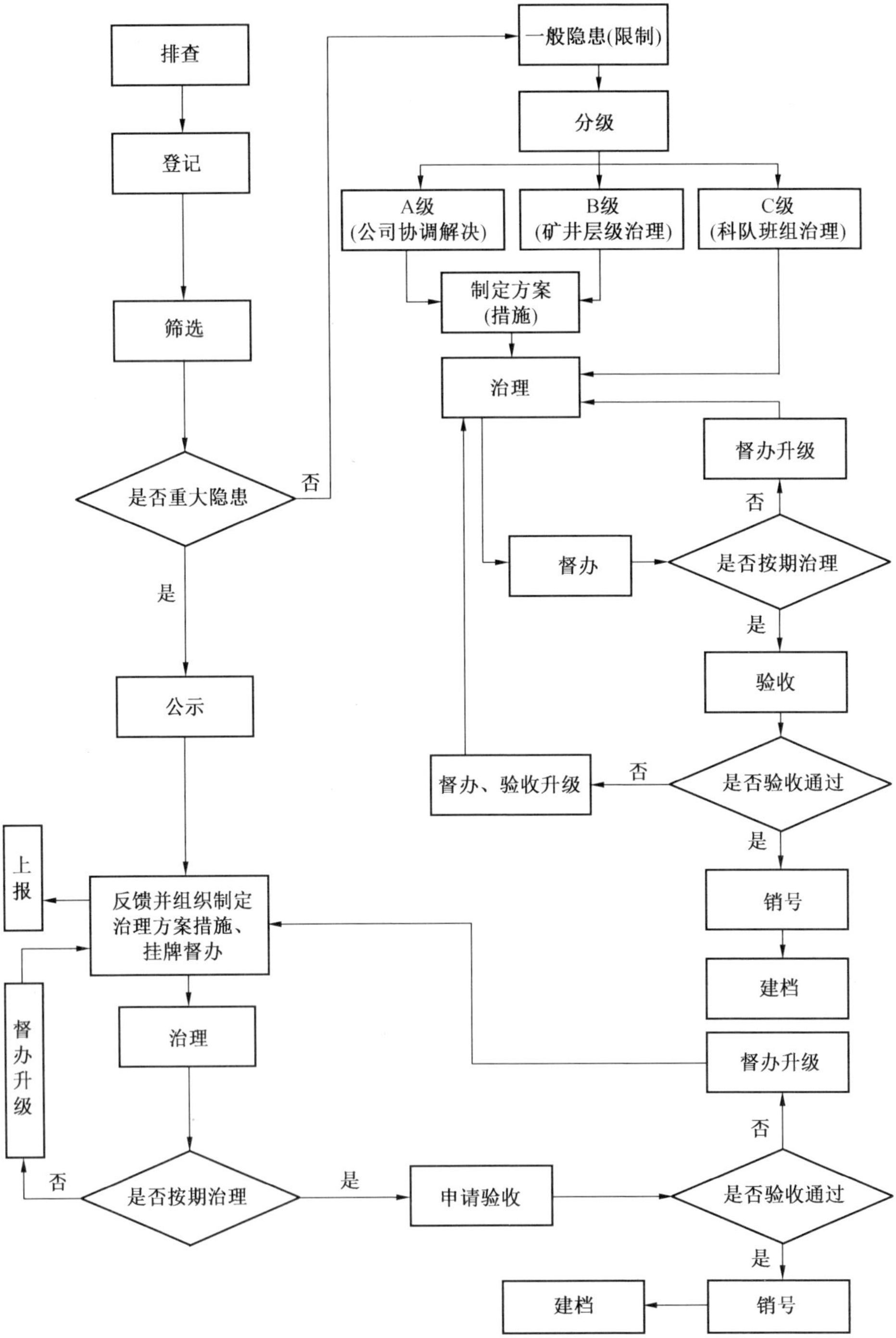

图 8-6 隐患排查治理流程图

三、隐患排查治理的分级管理

隐患排查治理工作实行四级管理，即煤矿、部门、班组、员工。

1. 隐患排查方式方法

企业需建立健全隐患排查制度，按不同生产性质、工作范围、作业特点、危害因素分别确定岗位、班组、部门。

班组长需对本班组作业范围内隐患进行全面排查。发现隐患立即治理，确认无危险时方准作业。当班作业结束，收集整理隐患排查治理情况，形成班组隐患排查台账。

部门对所辖区域进行全面隐患排查，应及时、准确、认真填写隐患排查信息，建立部门隐患排查台账，对排查出的隐患跟踪监督治理。

矿长每月组织一次全面隐患排查，隐患排查情况由安环部建立矿的隐患排查台账，实行档案化管理。

2. 隐患治理及上报

各部门负责人必须亲自安排日常隐患排查及治理工作。每班对现场隐患进行排查，指派专人负责隐患的治理。隐患治理必须符合责任、措施、资金、时限、预案“五落实”要求，确保治理落到实处。部门隐患排查及治理记录、验收记录、有关会议纪要等资料要认真填写，记录由专人负责，并建立台账。

按照隐患分级标准对隐患进行分级治理。一般 D 级隐患由班组负责现场立即治理，并将治理情况上报部门。一般 C 级隐患由部门及时组织治理，治理报告经分管领导签字后报安监部门。一般 B 级隐患由业务科室、安监部门对分管业务范围内的 B 级隐患提出治理意见，指导有关部门制定隐患治理方案，并督促落实治理。一般 A 级隐患由公司安全专题会研究，提出初步治理方案上报上级有关部门，经审批后，根据审批意见组织治理。

3. 隐患治理验收及销号

隐患治理复查验收情况应纳入各级隐患排查台账。隐患治理复查验收合格，经复查验收人员签字，予以销号。

4. 重大隐患治理

重大隐患的治理由矿长负责，成立重大隐患治理领导小组，在业务科室配合下，制定针对性措施，限期治理。对可能危及周边单位和人员的重大隐患，应及时告知。各业务科室、安监部门按照分管业务范围，对重大隐患实行挂牌督办、建档管理、节点控制、逐项验收，做到排查治理闭合管理到位。重大隐患排查治理实行“一案一档”管理。

四、隐患督办与升级制度

事故隐患升级与督办是新的安全生产标准化中对隐患排查治理所提出的新的要求，也是其与传统隐患闭环管理的重要区别。在事故隐患治理过程中实施分级督办，对未按规定（指内容、质量、期限）完成治理的事故隐患，及时提高督办行政层级。按照隐患治理对应的层级，隐患督办升级主要是将原隐患督办层级按照原计划层级向上提升一层，加大督办力度。隐患升级后的督办，由升级后的督办人对隐患治理过程进行监督、指导。

五、隐患排查治理措施的制定

隐患排查治理措施是将失控的隐患恢复到受控状态的核心，也是隐患治理的依据。根据新的安全生产标准化要求，隐患排查治理措施应按照隐患等级和是否能够当班治理完成制定相应的治理措施。

（一）措施制定

一般隐患能现场解决的应按照现有措施要现场治理、当场解决，对于一些治理时间长、治理难度大的隐患，应按照责任、措施、资金、时限、方案“五落实”要求限期治理。

1. 责任

隐患排查治理分级管理要求对排查出的事故隐患进行分级，按照事故隐患等级明确相应层级的单位（部门）、人员负责治理、督办、验收，确保闭环流程各个环节都有单位、人员负责。

2. 措施

治理单位及责任人接到隐患治理任务时，必须编制安全技术措施，并贯彻传达。隐患治理要做到安全技术措施、安全保证措施、强制执行措施和安全培训措施四到位，避免在隐患治理过程中再发生事故。

3. 资金

企业应建立安全生产费用提取、使用制度。事故隐患排查治理工作资金有保障。

4. 时限

检查部门排查出隐患，确定治理单位及责任人、整改期限、督办单位，治理单位制定措施进行限期整改。

5. 方案

对于整改难度较大、部门解决不了的事故隐患由矿组织管理部门专业人员提出整改建议，指导责任单位制定整改方案，并督促落实整改。

（二）措施完善

在隐患排查治理过程中，由于人的不安全行为、管理上的缺陷、技术上的不完善、环境出现的不确定因素等原因往往会出现共性隐患、反复隐患、新增隐患和重大隐患，必须要加强分析隐患产生的原因，通过矿月度事故隐患统计分析和责任单位自我深挖隐患产生的根本原因及内在机理，及时对有关条款进行相应的补充，完善具体措施与反事故隐患措施。

第五节 风险管理及隐患排查信息化应用

为更好地实现风险预控及隐患排查的信息化应用，内蒙古公司开发了智慧安全环保监管平台一、风险管理及风险数据库应用，依托平台实现双重预防机制的信息化管理。

一、安全风险管理及风险数据库应用

平台通过建立正式的、动态的、系统的程序来管理所属单位的设备、作业、环境、职业健康等风险因素，达到对所属单位生产过程中的安健环风险的有效识别及评估，并针对此制定有效的风险控制方案。同时，与风险数据库实现强关联，结果数据与风险数据库互相作用，形成可多维度检索、查询、分析的数据支持，见表8-5。

表8-5 模块列表及功能

序号	模块	子模块	实现的功能
1	安全风险管理	数据中心	通过数据中心模块集中展示安全风险管理工作整体情况、多维度分析、趋势和数据清单
2		设备风险分级管控	设备清单、风险辨识、风险评价、风险管控
3		作业风险分级管控	作业清单、风险辨识、风险评价、风险管控
4		风险统计	多维度风险统计与清单展示
5		隐患排查治理	通过隐患排查治理手段策划定期工作对风险进行检查与整改闭环
6		重大危险源管理	重大危险源辨识、评估存在的重大危险源进行登记、建档、备案、定期检查

1. 数据中心

通过数据中心模块集中展示安全风险管理工作绩效情况、总体工作开展情况、统计图表分析、趋势图分析和清单表，如图 8-7 所示。

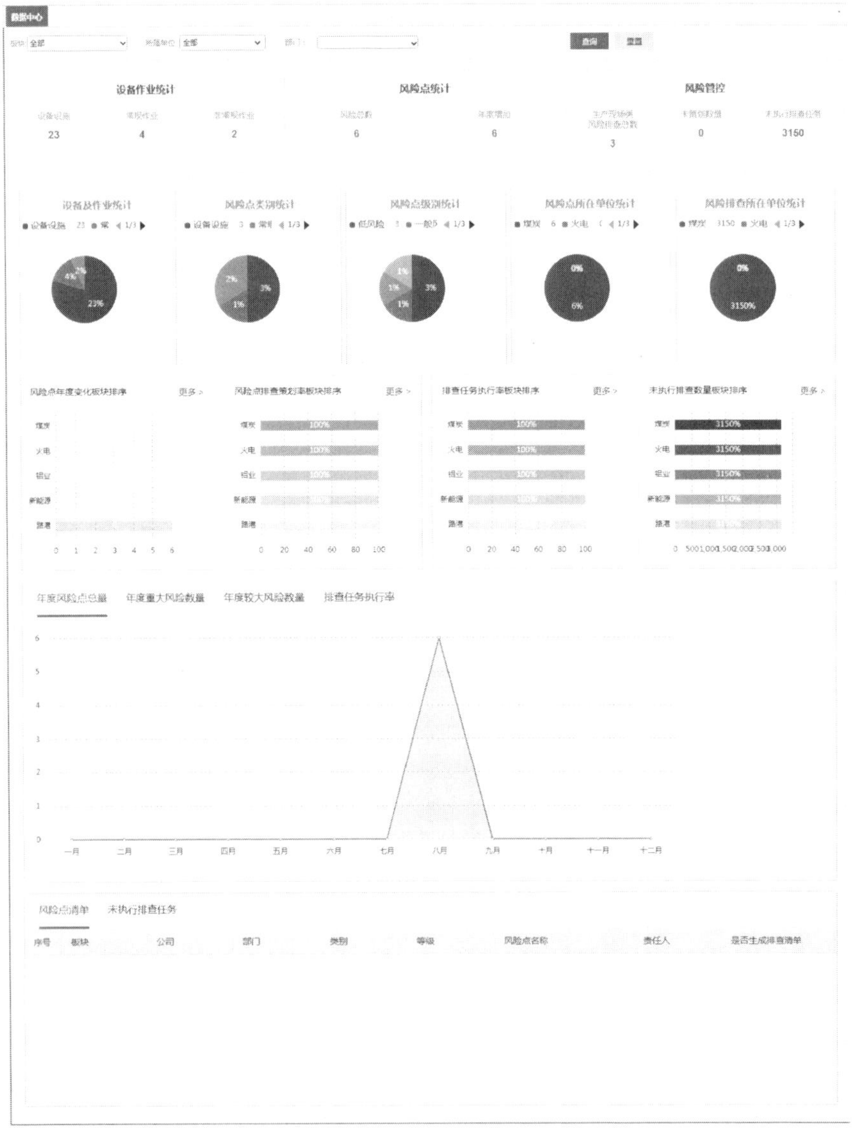

图 8-7 数据中心

2. 风险辨识计划

主要对风险辨识计划提报，如图 8-8 所示。

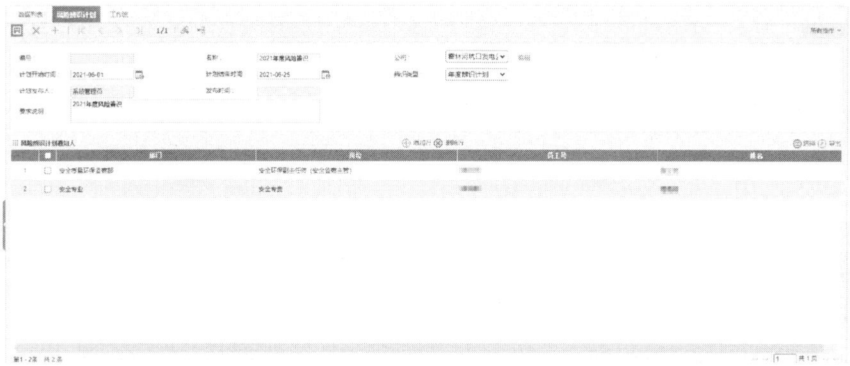

图 8-8　风险辨识计划

3. 作业风险管理

作业风险管理评估流程图如图 8-9 所示。

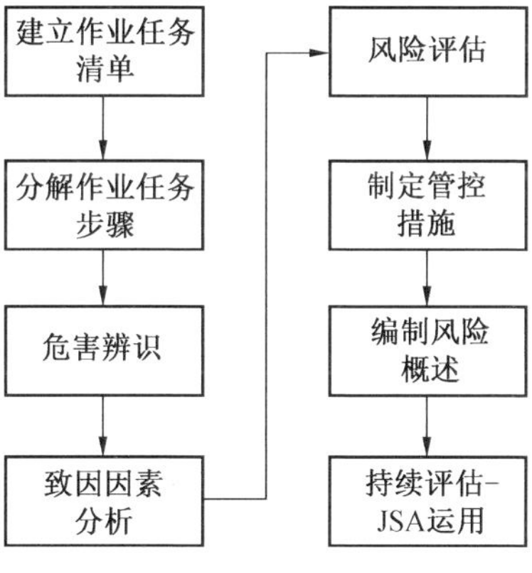

图 8-9　作业风险管理评估流程图

4. 设备风险管理

设备风险管理评估流程图如图 8-10 所示。

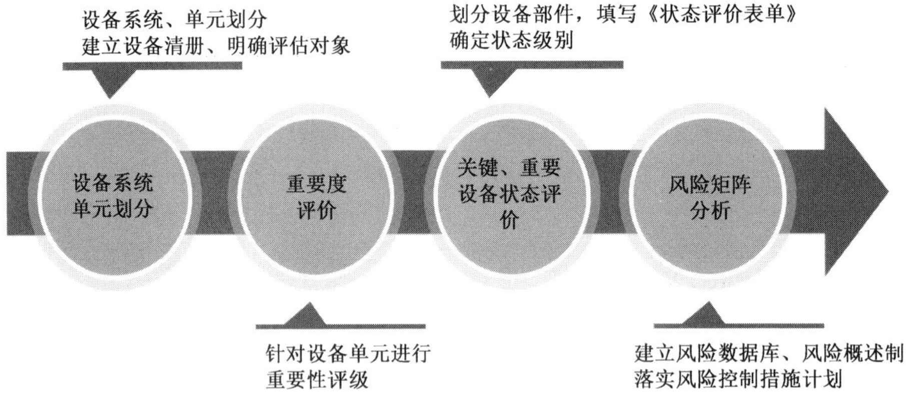

图 8-10　设备风险管理评估流程图

5. 环境风险评估

环境风险评估流程图如图 8-11 所示。

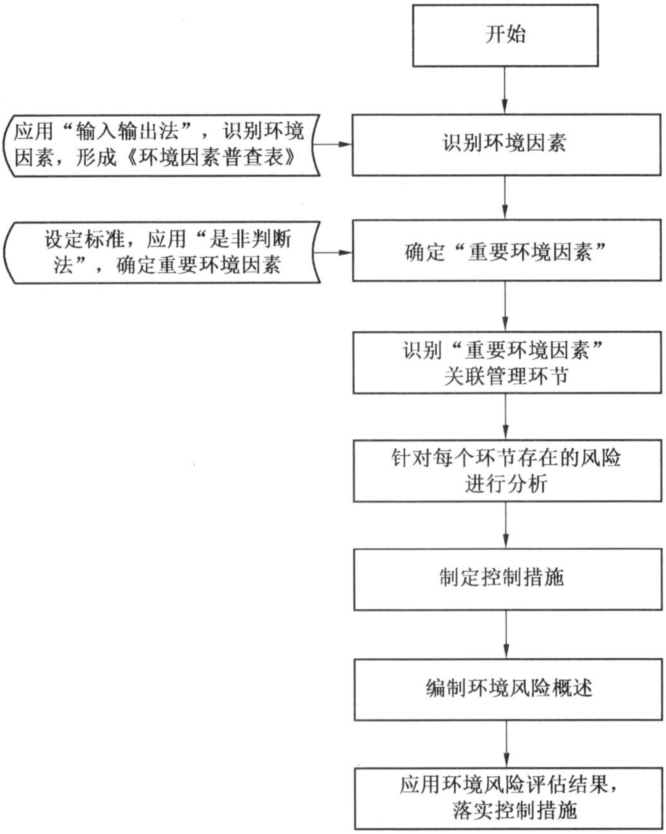

图 8-11　环境风险评估流程图

6. 职业健康风险评估

职业健康风险评估流程图如图 8-12 所示。

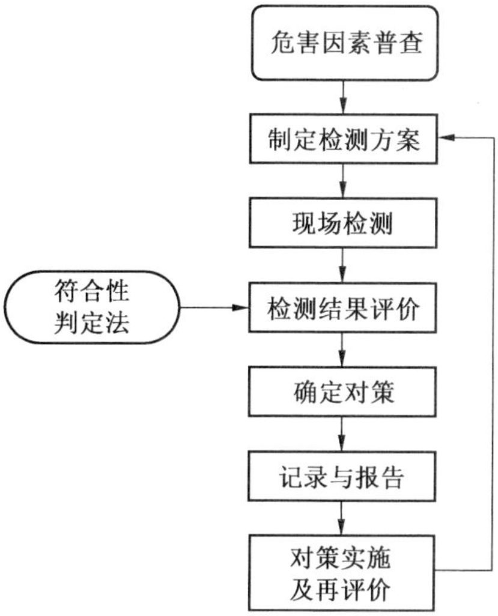

图 8-12　职业评估流程图

7. 风险数据库

对已评审的作业风险进行统一展示与应用，如图 8-13 所示。

图 8-13　已评审作业风险系统图

8. 重大危险源

对重大危险源进行登记与检查，如图 8-14 所示。

图 8-14 重大危险源

9. 区域划分

对厂区分分布图进行区域划分，如图 8-15 所示。

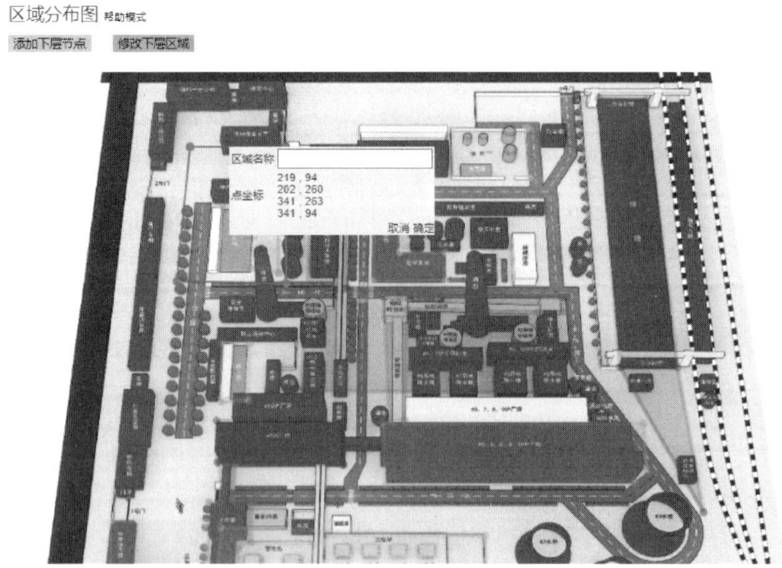

图 8-15 区域划分

二、隐患排查治理

隐患排查治理通过移动 APP 端和电脑 PC 端对发现的隐患进行发起、审核、整改、验收，并对隐患排查治理进行统计分析，见表 8-6。

表 8-6　隐患排查模块列表及功能

序号	模块	子模块	实现的功能
1	隐患排查治理	数据中心	多维度对隐患排查治理信息进行统计与展示，贯穿公司、板块、厂矿、部门、班组、人员，并对整改情况进行统计分析，便于管理人员的管理工作决策
2		隐患排查及督办	通过手机 APP 端和电脑 PC 端对发现隐患进行发起，审核，整改，验收，最终形成闭环
3		隐患统计	多维度对隐患排查治理信息进行统计与展示，贯穿公司、板块、厂矿、部门、班组、人员，并对一般隐患和重大隐患整改情况进行统计分析
4		隐患排查绩效管理	针对每月发现的隐患情况进行奖励分配

1. 数据中心

多维度对隐患排查治理信息进行统计与展示，贯穿公司、板块、厂矿、部门、班组、人员，并对整改情况进行统计分析，便于管理人员的管理工作决策，如图 8-16 所示。

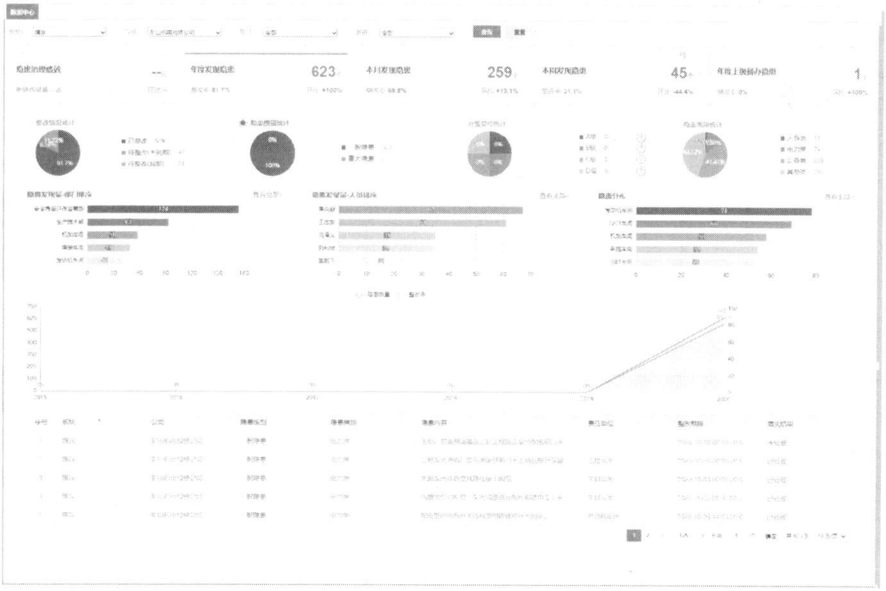

图 8-16　数据中心

2. 移动端隐患排查及督办

隐患排查及督办如图 8-17 所示。

图 8-17 隐患排查及督办

3. 隐患统计

多维度对隐患排查治理信息进行统计与展示，贯穿公司、板块、厂矿、部门、班组、人员，并对一般隐患和重大隐患整改情况进行统计分析，如图 8-18 所示。

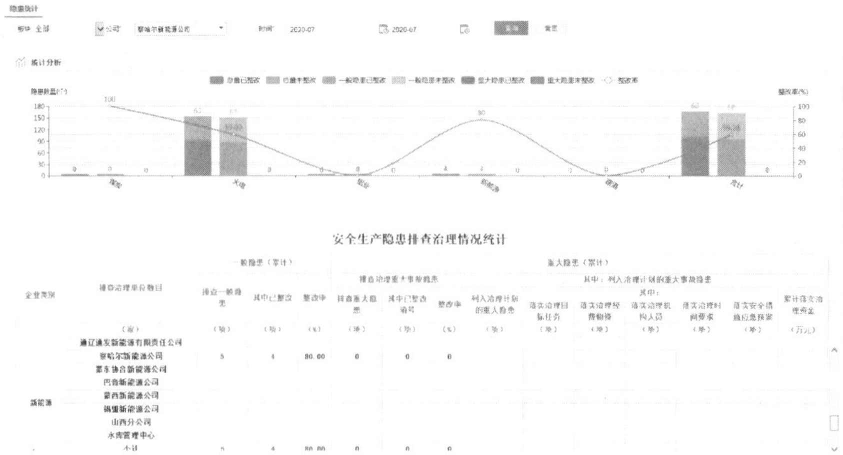

图 8-18 隐患统计

4. 隐患排查绩效管理

针对每月发现的隐患情况进行奖励分配，如图 8-19 所示。

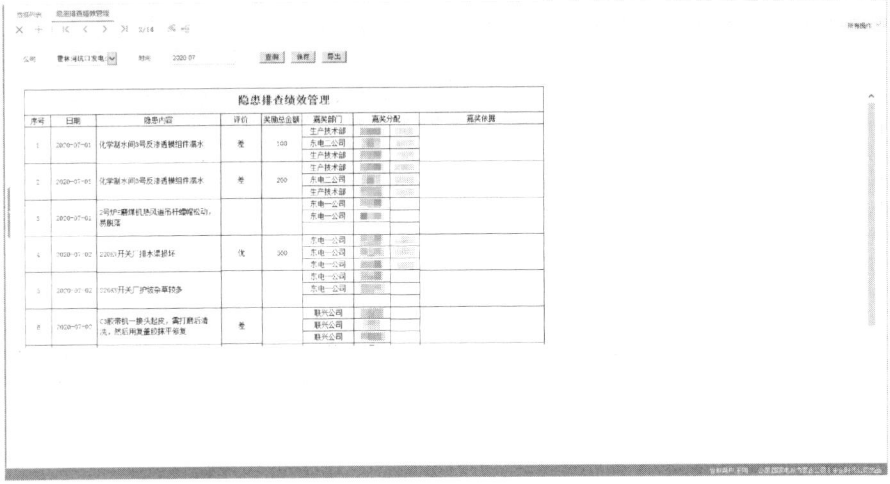

图 8-19　隐患排查绩效管理

第九章　露天煤矿常见事故应急处置

第一节　触电事故应急处置

一、触电事故征兆和类型

触电事故是指由于人体直接触碰带电体、因绝缘损坏而漏电的设备或者站在接地故障点的周围而发生的事故。

触电事故分为电伤和电击两种。电伤是指电对人体外部造成局部电灼伤、金属溅伤、电烙印等伤害。电击是指电流通过人体躯体而产生的化学效应、机械效应、热效应及生理效应而导致对人身造成伤害。

触电事故风险：维修班大多从事设备检修，照明灯具的更换，开关更换，配电箱、柜的操作以及电工接线等作业时人员违章或设备故障可导致触电事故。

触电事故危害程度：触电事故可导致人体表皮烧伤、产生水泡、心脏或呼吸器官麻痹，严重的可直接或间接造成死亡事故。

二、触电事故应急处置

发生触电事故按照脱离电源、就地施救、逐级上报的原则进行处置如图 9-1 所示。

（一）脱离电源

救援人员在救援时首先要确保自身安全，防止造成救援人员自身伤害和对伤者造成的二次伤害。现场人员发现人员触电后，如果不具备救助能力或不能确保自身安全，应立即报告现场负责人或紧急求助身边的同事。有人员触电，首先要尽快切断电源，救护人不得用手直接接触触电者，防止发生救护人触电事故。脱离电源的方法应根据现场具体条件，一般有以下几种方法和措施：

（1）如果开关或按钮距离触电地点很近，应迅速拉开开关，切断电源，并应准备充足照明，以便进行抢救。

（2）如果开关距离触电地点很远，可用绝缘手钳或用干燥木柄的斧、刀、铁锹等把电线切断。注意：应切断电源侧（即来电侧）的电线，且切断的电线

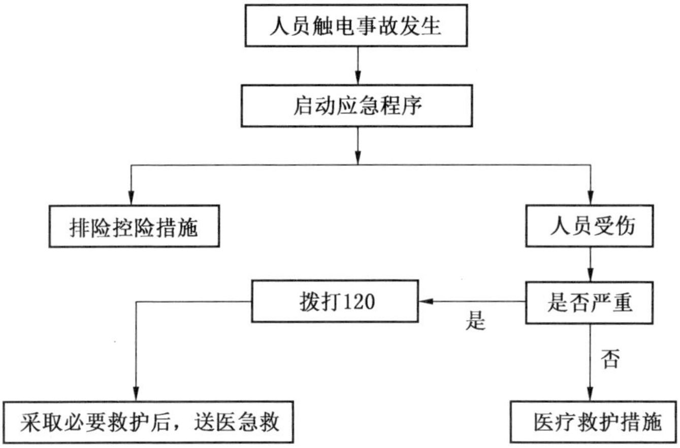

图9-1　触电事故应急处置流程图

不可触及人体。

(3) 当导线搭在触电人身上或压在身下时，可用干燥的木棒、木板、竹杆或其他带有绝缘柄（手握绝缘柄）工具，迅速将电线挑开。注意：千万不能使用任何金属棒或湿的东西去挑电线，以免救护人触电。

(4) 如果人在较高处触电，必须采取保护措施防止切断电源后触电人从高处摔下。

(二) 就地施救

伤员脱离电源后的处理如下：

(1) 如果触电者神志尚清醒，则应使之就地躺平，或抬至空气新鲜、通风良好的地方让其躺下，严密观察，暂时不要让他站立或走动。

(2) 如果触电者已神志不清，则应使之就地仰面躺平，且确保空气通畅，并用5 s左右时间呼叫伤员，或轻拍其肩部，以判定其是否意识丧失。禁止摇动伤员头部呼叫伤员。

(3) 如果触电者已失去知觉，停止呼吸，但心脏微有跳动，则应在通畅气道后，立即施行口对口或口对鼻的人工呼吸。

(4) 如果触电者伤害相当严重，心跳和呼吸均已停止，完全失去知觉，则在通畅气道后，应立即同时进行口对口（鼻）的人工呼吸和胸外按压心脏的人工循环。当现场仅有一人抢救时，可交替进行人工呼吸和人工循环：先胸外按压心脏4~8次，然后口对口（鼻）吹气2~3次，再按压心脏4~8次，又口对口（鼻）吹气2~3次，……如此循环反复进行。因为人的生命的维持主要是靠心脏跳动而造成的血液循环和呼吸而形成的氧气与废气的交换，所以采取胸外按压心脏的人工循环和口对口（鼻）吹气的人工呼吸的方法，能对处于因触电而暂时停止了心跳和呼吸的“假死”状态的人起暂时弥补的作用，促使其血液循环和正常呼吸，实现“起死回生”。因此，这两种急救方法统称为“心肺复苏法”。

在急救过程中，人工呼吸和人工循环的措施必须坚持进行。在医务人员未来接替救治前，不应放弃现场抢救，更不能只根据没有呼吸和脉搏就擅自判定伤员死亡，放弃抢救。只有医生有权作出伤员死亡的论断。

（三）逐级上报

（1）发生触电事故后，要立即向直接领导和调度室报告事故情况，并按领导或调度室的指示和要求落实下一步工作。

（2）应急救援结束后要由专业人员负责全面检查用电设备和线路，并经设备维修保障中心检验合格、出具专项验收评估报告后，方可恢复现场作业。

三、培训及演练

（1）定期进行触电相关知识和应急救援常识的学习。触电的应急处置见表9-1。

表9-1 触电的应急处置

序号	操作步骤	图示	标准
1	立即切断电源		由“合”到“分”
2	检查伤员全身情况：呼吸和心跳	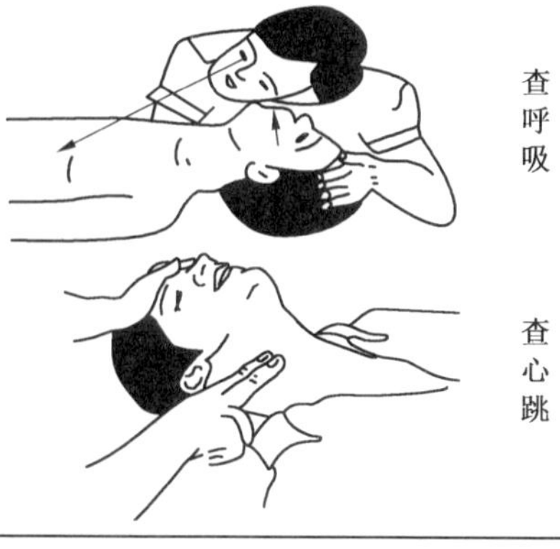	

表9-1(续)

序号	操作步骤	图示	标准
3	如伤势严重者，拨打120急救电话救援		
4	呼吸心跳均自主者：伤员平卧，观察，不要站立或走动	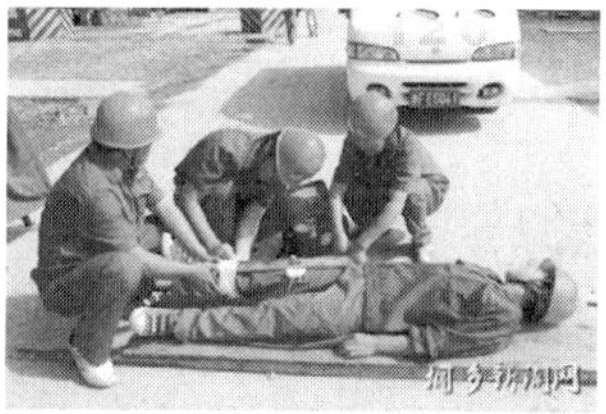	
5	呼吸停止，心搏存在者：就地平卧解松衣扣，通畅气道，立即口对口人工呼吸	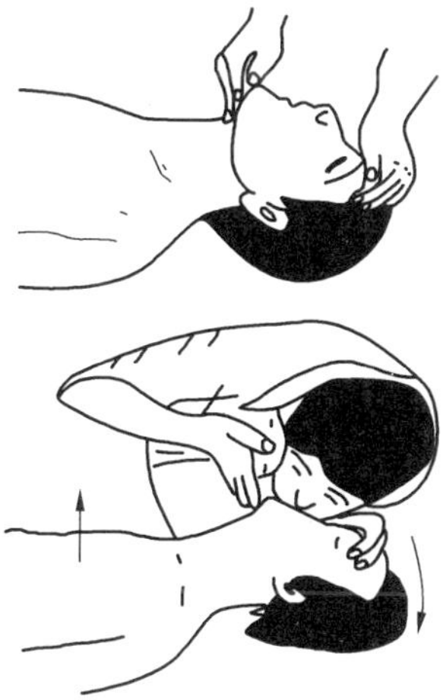 口对口 口对口 正常的吹气频率是每分钟约12次	1. 清除口中异物，使触电者仰面躺在平硬的地方，迅速解开其领扣、围巾、紧身衣和裤带 2. 救护人用一只手放在触电者前额，另一只手的手指将其颏颌骨向上抬起，两手协同将头部推向后仰，舌根自然随之抬起、气道即可畅通 3. 用放在触电者额上的手的手指捏住其鼻翼，另一只手的食指和中指轻轻托住其下巴；救护人深吸气后，与触电者口对口紧合，在不漏气的情况下，先连续大口吹气两次，每次1~1.5 s

表9-1(续)

序号	操作步骤	图示	标准
6	心搏停止，呼吸存在者：应立即做胸外心脏按压	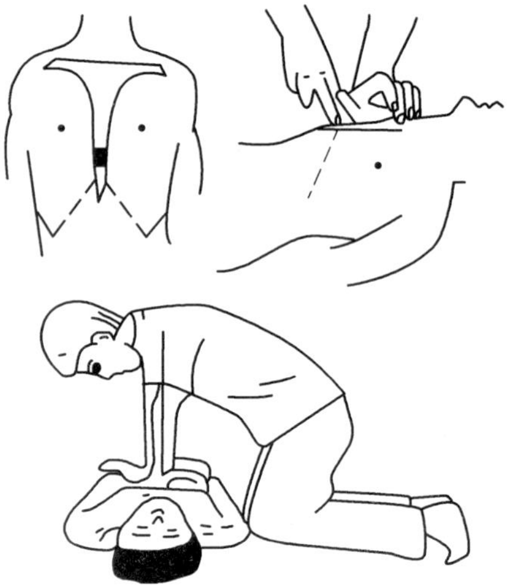 胸外按压要以均匀速度进行。操作频率以每分钟100~120次为宜，每次包括按压和放松一个循环，按压和放松的时间相等	1. 右手的食指和中指沿触电者的右侧肋弓下缘向上，找到肋骨和胸骨接合处的中点 2. 右手两手指并齐，中指放在切迹中点（剑突底部），食指平放在胸骨下部，另一只手的掌根紧挨食指上缘置于胸骨上，掌根处即为正确按压位置 3. 正确的按压姿势 ①使触电者仰面躺在平硬的地方并解开其衣服，仰卧姿势与口对口（鼻）人工呼吸法相同 ②救护人立或跪在触电者一侧肩旁，两肩位于触电者胸骨正上方，两臂伸直，肘关节固定不屈，两手掌相叠，手指翘起，不接触触电者胸壁 ③以髋关节为支点，利用上身的重力，垂直将正常成人胸骨压陷大于等于5 cm（儿童和瘦弱者酌减） ④压至要求程度后，立即全部放松，但救护人的掌根不得离开触电者的胸壁
7	呼吸心跳均停止者：则应在人工呼吸的同时施行胸外心脏按压		单人救护时，每按压30次后吹气2次（30∶2），反复进行；双人救护时，每按压30次后由另一人吹气1次（30∶1），反复进行
8	对于因触电摔跌而骨折的触电者：应先止血、包扎，然后用木板、竹竿、木棍等物品将骨折肢体临时固定并速送医院处理	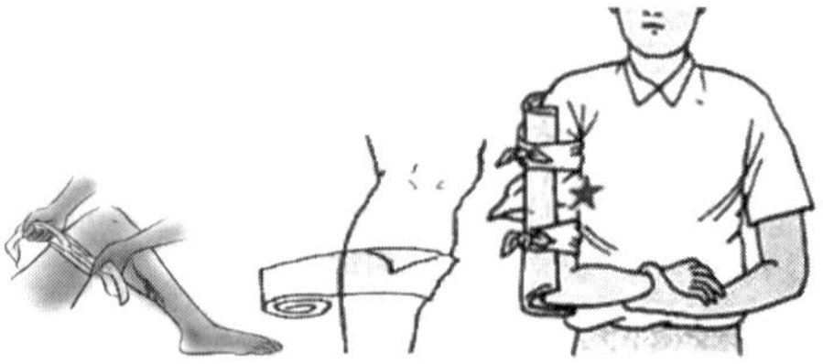	

表9-1(续)

序号	操作步骤	图示	标准
9	送医		

（2）加强对员工的安全用电知识的宣传教育和培训。

（3）定期巡检用电设备和线路，发现问题立即整改或上报处理。

（4）定期检验电工工具和器材，保持性能完好、可靠。

（5）定期组织员工进行触电事故应急演练。

第二节　高处坠落事故应急处置

一、高处坠落

高处坠落是指在坠落高度基准面 2 m 以上（含 2 m）有可能坠落的高处进行作业。

1. 高处坠落的危险性

易造成坠落人员身体的摔伤、骨折，严重的可导致人员死亡。

2. 检维修作业易发生高处坠落

维修班大多从事设备检修，照明灯具的更换，管线的维修、焊接以及其他临时需进行的高处作业。

3. 高处作业应做好的防护

脚手架周边设防护栏、脚手架作业面脚手板铺设严实，有符合使用要求的锚固点，戴安全帽，系安全带，使用合格的梯子。

二、高处坠落事故应急处置

发生高处坠落事故按照就地施救、迅速就医、逐级上报的原则进行处置，如

图 9-2 所示。

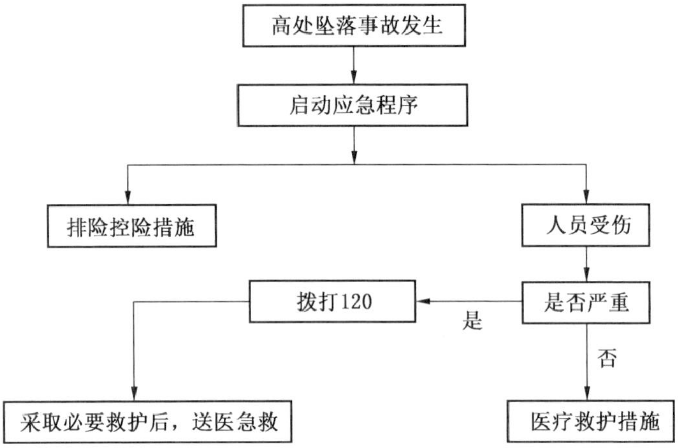

图 9-2 高处坠落事故应急处置流程图

（一）就地施救

发生高处坠落事故后，为保障伤员的生命，减轻伤员的痛苦，现场人员拨打报警后可以进行现场施救。

（1）检查呼吸、神志是否清楚，若心跳呼吸停止应立即复苏。

（2）若受伤者呼吸短促或微弱，胸部无明显呼吸起伏，应立即给其作口对口人工呼吸，频率为每分钟 14～16 次；如脉搏微弱，应立即对其进行人工心脏按压，在心脏部位不断按压、松开，频率为 60 次/min，帮助窒息者恢复心脏跳动。

（3）如有出血、立即止血包扎。

（4）把伤员搬运到安全地带，搬运时要有多人同时搬运，禁止一人抬腿，另一人抬腋下的搬运方法，尽可能使用担架、门板，防止受伤人员加重伤情。

（二）迅速就医

（1）如无能力救护，尽快将受伤人员送往医院或等待医务人员救治。

（2）肢体骨折尽快固定伤肢，减少骨折断端对周围组织的进一步损伤，如没有任何物品可做固定器材，可使用伤者侧肢体，躯干与伤肢绑在一起，再送往医院。

（三）逐级上报

发生高处坠落事故后，要立即向直接领导和调度室报告事故情况，并按领导或调度室的指示和要求落实下一步工作。

三、培训及演练

（1）定期进行高处作业相关知识和救援常识的学习。

（2）加强对员工高处作业知识的宣传教育和培训。

（3）每次高处作业，发现问题立即整改或上报处理。

（4）定期检验登高工具和器材，保持性能完好、可靠。

第三节　机械伤害事故应急处置

一、事故特征

1. 危险性分析

机械伤害是指机械加工设备运动（静止）部件、工具、加工件直接与人体接触引起的夹击、卷入、剪、绞、碾、割、刺等伤害，所涉及机械有切割机、台式钻床、砂轮机、电机等。在实际作业中，由于运动部件安全防护罩损毁失效、员工违章擦洗转动的设备、女员工的长头发未盘在工作帽内、检修时员工违章或误起动设备等原因，都可能造成发生机械伤害。当设备未按技术操作规程进行检修和出现故障时未能及时排除故障，导致带病运行，存在发生突发事故伤人的危险，如砂轮机的砂轮直径已小于直径的1/3时还继续使用，存在砂轮破裂、碎块飞出伤人的危险，使用机械设备无操作规程或员工未经培训就上岗，都可能发生机械伤害。

2. 事故发生的区域、地点或装置

在合成、干燥、采油、钻井及其他使用设备设施的场所，较易发生机械伤害。

3. 事故前可能出现的预兆

（1）设备设施转动部位防护罩失效，或检修后未能及时安装；

（2）检修、清洗设备时，未切断电源及挂上禁止合闸警示牌；

（3）作业人员违反安全操作规程或带病、酒后作业；

（4）作业安全距离不足；

（5）机械设备带病运行；

（6）员工无穿戴好劳护用品。

二、应急处理

1. 事故应急处置程序

机械伤害事故应急处置流程如图 9-3 所示。

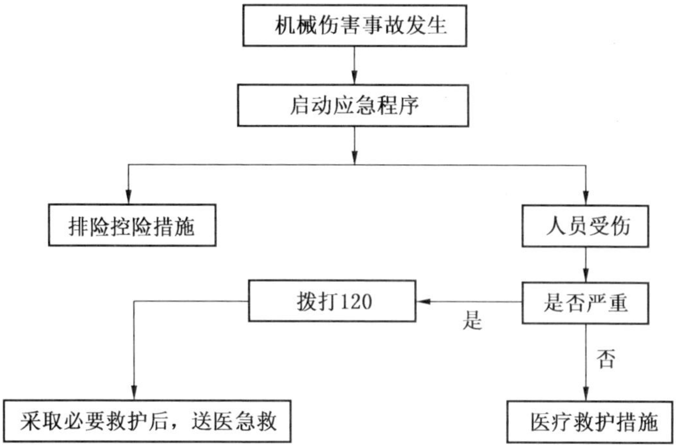

图 9-3 机械伤害事故应急处置流程图

2. 医疗救护应急处置措施

当发生机械伤害事故后，抢救重点是集中现场的人力、物力和设备，将受伤者抬出并立即抢救。

1）轻伤事故

（1）应立即关闭运转机械，保护现场，及时向维修班长、调度室并逐级报告。

（2）对伤者同时采取消毒、止血、包扎、止痛等临时措施。

（3）尽快将伤者送医院进行防感染和防破伤风处理，或根据医嘱做进一步检查。

2）重伤事故

（1）应立即关闭运转机械，保护现场，及时向维修班长、调度室汇报，启动应急预案，应急指挥部接到事故报告后，迅速赶赴事故现场，组织事故抢救。

（2）应立即对伤者进行包扎、止血、固定等临时措施，迅速拨打 120 求救，送附近医院急救。

（3）发生机械伤害事故，抢救的重点应放在对休克、骨折和出血的处理上。

（4）发生机械伤害事故，应马上组织抢救伤者。首先观察伤者的受伤情况、部位、伤害性质，如伤员发生休克，应先处理休克。遇呼吸、心跳停止者，应立即进行人工呼吸，胸外心脏按压。处于休克伤员要让其安静、保暖、平卧、少动，并将下肢抬高约20°，尽快送医院进行抢救治疗。

（5）出现颅脑损伤，必须维持呼吸道通畅。昏迷者应平卧，面部转向一侧，以防舌根下坠或分泌物、呕吐物吸入，发生喉阻塞。对于骨折者，应初步固定后再搬运。遇有凹陷骨折、严重的颅底骨折及严重的脑损伤症状出现，创伤处用消毒的纱布或清洁布等覆盖伤口，用绷带或布条包扎后，及时送往医院治疗。

（6）发现脊椎受伤者，创伤处用消毒的纱布或清洁布等覆盖伤口，用绷带或布条包扎后。搬运时，将伤者平卧放在帆布担架或硬板上，以免受伤的脊椎移位、断裂造成截瘫，招致死亡。抢救脊椎受伤者，搬运过程，严禁只抬伤者的两肩与两腿或单肩背运。

（7）发现伤者手足骨折，不要盲目搬运伤者。应在骨折部位用夹板把受伤位置临时固定，使断端不再移位或刺伤肌肉，神经或血管。固定方法：以固定骨折处上下关节为原则，可就地取材，用木板、竹头等，在无材料的情况下，上肢可固定在身侧，下肢与健侧下肢缚在一起。

（8）遇有创伤性出血的伤员，应迅速包扎止血，使伤员保持在头低脚高的卧位，并注意保暖。

（9）动用最快的交通工具，及时把伤者送往邻近医院抢救，运送途中应尽量减少颠簸，同时，密切注意伤者的呼吸、脉搏、血压及伤口的情况。

（10）封闭现场，禁止其他无关人员进入。

（11）现场处置的同时立即报告应急指挥部。

3. 逐级上报

发生机械伤害事故后，要立即向直接领导和调度室报告事故情况，并按领导或调度室的指示和要求落实下一步工作。

三、培训及演练

（1）定期进行应急预案相关知识和机械伤害应急救援常识的学习。

（2）每次维修作业，发现问题立即整改或上报处理。

第四节　火灾、爆炸事故应急处置

一、事故类型和危害程度分析

在日常工作中，使用的氧气、乙炔气瓶、原油罐、储罐等危化品及锅炉等压力设备容易发生爆炸。设备发生爆炸的危害通常有：壳体裂成碎块或碎片向四周飞散而造成危害；设备破裂时产生冲击波，导致周围人员伤亡；盛装有毒介质的容器设备破裂时，产生有毒液化气体，造成周围人员伤亡。

易造成容器爆炸的因素主要有：设备维修过程中，未对管线或容器等进行清理、吹扫、隔离及气体检测。

二、应急处理

1. 事故应急处置程序

在安全生产过程中，发生火灾、爆炸等事故，作业人员应立即采取一切办法切断事故源，采取相应措施并向班长汇报，处理的同时上报调度室。当发生重大事故危及人身生命安全时，作业人员撤离现场至安全处，等待应急救援领导小组成员到现场成立应急救援指挥部，有序开展应急救援工作，火灾爆炸事故应急处置流程如图 9-4 所示。

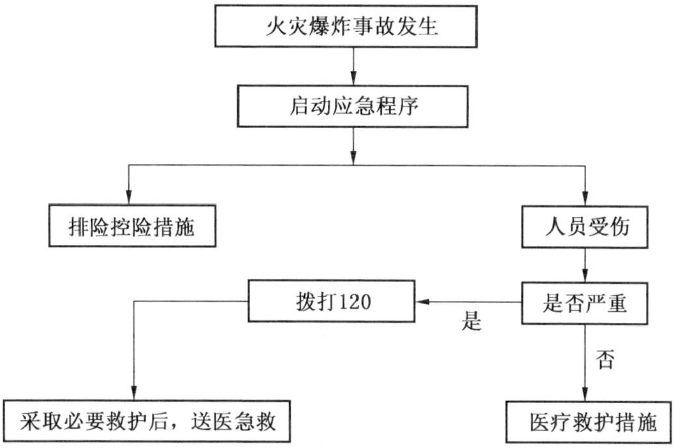

图 9-4　火灾爆炸事故应急处置流程图

2. 采取有效的现场应急处置措施

（1）按照先控制，后消灭的原则，针对火灾的火势发展蔓延快慢和燃烧面积大小的情况，及时采取统一指挥、以快制快、堵截火势、防止蔓延、重点突破、排除险情、分割包围、速战速决的战术。

（2）救援人员首先应迅速查明现场有无人员烧伤、中毒，并以最快的速度将烧伤、中毒者转移现场，严重者应尽快送医院抢救。

（3）事故现场设立火灾、爆炸警戒区域，指挥员工迅速向安全地带疏散。

应急救援指挥部应根据事故状态及危害程度作出应急决定，命令各应急救援队立即开展抢救、扑灭火险。如事故扩大无力自救时，应立即请求外界支援。

（4）进行火情侦察时，应迅速查明燃烧范围，燃烧物品及其周围物品的品名和主要危险特性，火势蔓延的主要途径，并根据险情有针对性地进行火灾扑救及火场疏散的人员。救援人员应穿戴专用防护服装，站上风或侧风位置，以免遭受有毒、有害气体的侵害。

（5）应正确选择最合适的灭火剂和灭火方法，火势较大时，应先堵截火势蔓延控制燃烧范围，然后逐步扑灭火势。

（6）对有可能发生的爆炸、爆裂、喷溅等特别危险的情况时，应按照统一的撤退信号（手持高音话筒）和撤退路线及时撤退。

三、培训及演练

（1）定期进行应急预案相关知识和火灾、爆炸应急救援常识的学习，火灾、爆炸应急处置卡见表 9-2。

（2）加强对员工火灾、爆炸知识的宣传教育和培训。

（3）每次动火作业，发现问题立即整改或上报处理。

表 9-2　火灾、爆炸应急处置卡

序号	操作步骤	图　示	标准
1	出现火灾		
2	火势不大用灭火器材灭火		

表9-2(续)

<table>
<tr><th>序号</th><th>操作步骤</th><th>图　示</th><th>标准</th></tr>
<tr><td>3</td><td>有伤员及时抢救并拨打 120</td><td>

</td><td></td></tr>
<tr><td>4</td><td>对火灾现场进行控制，防止火势蔓延并拨打 119</td><td>

</td><td></td></tr>
<tr><td>5</td><td>发生爆炸人员及时撤离</td><td></td><td></td></tr>
</table>

第五节　烫伤事故应急处置

一、事故类型和危害程度分析

在日常生活和工作中，烫伤事故屡见不鲜，尤其夏天，如热水瓶的爆破或被打翻，冲开水时彼此相撞，车间使用蒸汽时误伤或管线破裂烫伤等情况，都易造成烫伤事故。

二、应急处理

1. 事故应急处置程序

烫伤事故应急处置流程如图 9-5 所示。

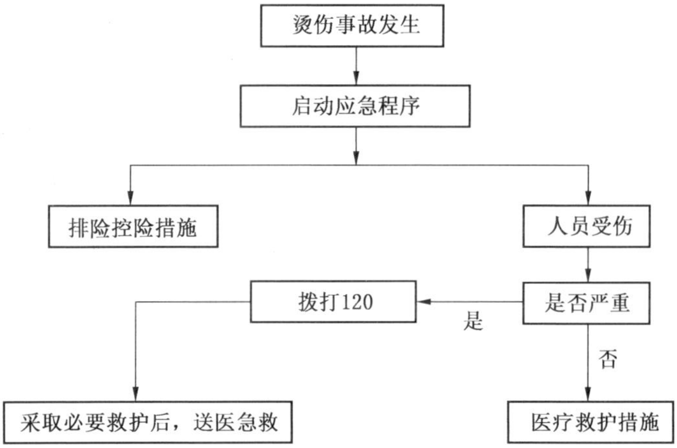

图 9-5　烫伤事故应急处置流程图

2. 采取有效的现场应急处置措施

（1）发生烫伤，首先不要惊慌，也不要急于脱掉贴身单薄的诸如汗衫、丝袜之类衣服，应迅速用冷水冲洗。等冷却后再小心地将贴身衣服脱去，以免撕破烫伤后形成的水泡。冷水冲洗的目的是止痛、减少渗出和肿胀，从而避免或减少水泡形成。冲洗时间约半小时以上，以停止冲洗时不感到疼痛为止，一般水温约 20 ℃即可，切忌用冰水，以免冻伤。

（2）如果烫伤在手指，可用冷水浸浴。

（3）面部等不能冲洗或浸浴的部位可用冷敷。

（4）冷水处理后把创面拭干，然后薄薄地涂些蓝油烃、绿药膏等油膏类药物，再适当包扎 1~2 天，以防止起水泡。但面部需要暴露，不必包扎。

（5）如有水泡形成可用消毒针筒抽吸或剪个小孔放出水液即可；如水泡已破则用消毒棉球拭干，保持干燥，不能使水液积聚成块。

（6）烫伤后切忌用紫药水或红汞涂抹，以免影响观察伤后创面的变化。

（7）大面积或严重的烫伤紧急护理后立即送医院。

三、培训

定期进行烫伤相关知识和救援常识的学习（表 9-3）。

表 9-3 烫伤的应急处置

序号	操作步骤	图示	标准
一、蒸汽烫伤			
1	停止作业或关闭工艺		
2	冷水冲洗降温	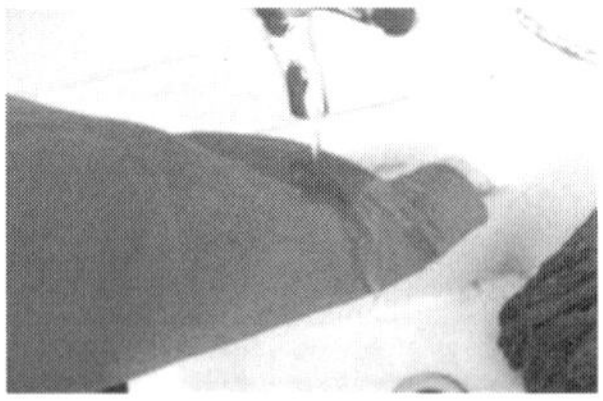	水温越低效果越好，但不能低于-6 ℃。用冷水浸泡时间一般应持续 10~15 min
3	脱去，或剪开衣物	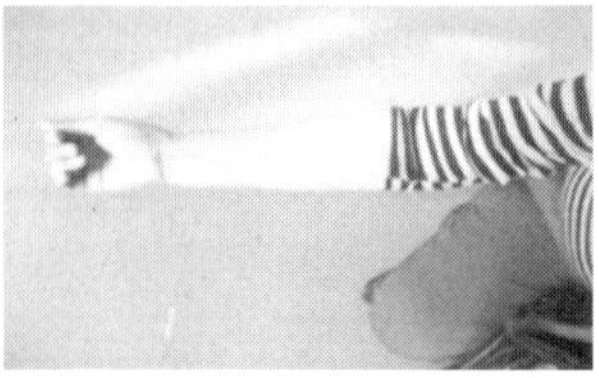	

表9-3(续)

序号	操作步骤	图示	标准
4	产生水疱时：用消过毒的针穿透，涂烫伤膏	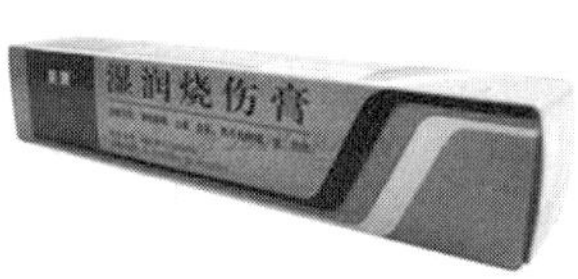	千万不要把皮肤擦破，因为这些皮肤有保护创面的作用
5	用消毒的纱布覆盖伤口，严重者就医	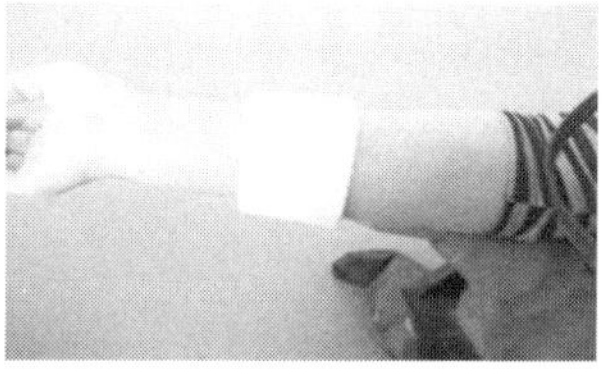	
6	冬季现场处置后应遮盖保暖		
二、物料烫伤			
1	脱去，或剪开衣物	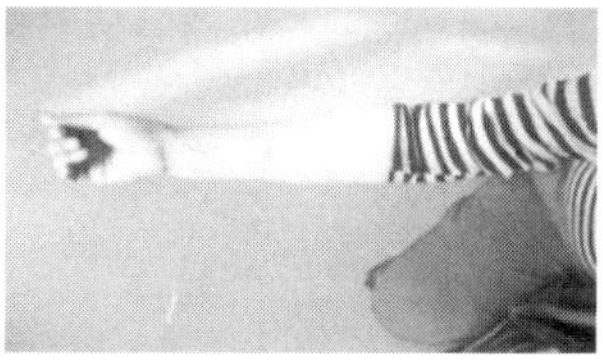	
2	用流动的清水冲洗清理污染物，如有水疱时：用消过毒的针穿透，涂烫伤膏	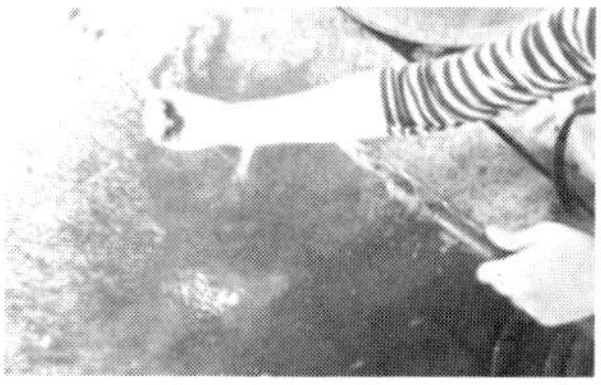	1. 清洗至无物料 2. 千万不要把皮肤擦破，因为这些皮肤有保护创面的作用
3	涂抹烫伤膏，覆盖消毒纱布后送医院	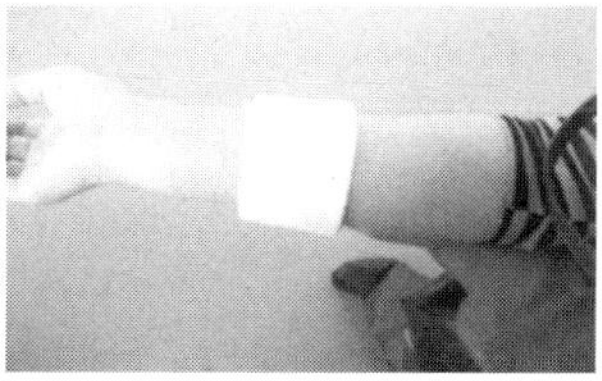	

第六节　弧光灼伤事故应急处置

一、事故类型和危害程度分析

弧光灼伤事故是指电焊工在没有正确安全防护进行电焊时，易出现“电焊打眼”症状，或瞬间视野一片漆黑的症状，俗称“电焊打眼”或“弧光打眼”。电焊伤眼后被伤者会出现眼疼、流泪、眼中有沙等症状，轻者在使用相关消炎药物有效治疗一天半后便可恢复，重者则需多天才能恢复（期间会睁不开眼、怕光），电焊伤眼严重者需及时就医接受正规合理有效的治疗。

二、应急处理

1. 事故应急处置程序

眼睛灼伤事故应急处置流程如图 9-6 所示。

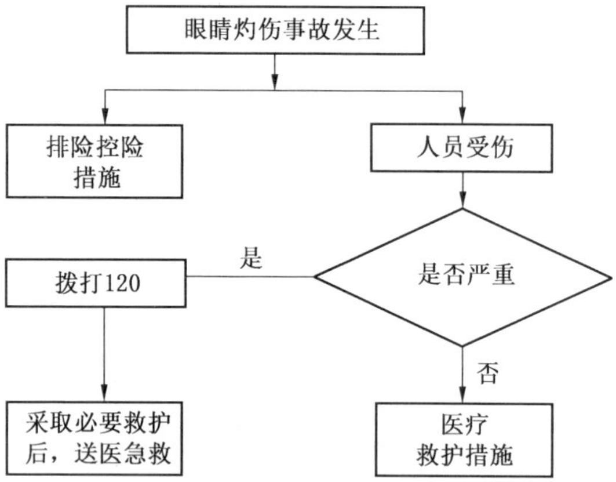

图 9-6　眼睛灼伤事故应急处置流程图

2. 采取有效的处置措施（表 9-4）

（1）发生了电光性眼炎后，其简便的应急措施是用煮过而又冷却的人乳或鲜牛奶点眼止痛。还可用毛巾浸冷水敷眼，闭目休息。

（2）经过应急处理后，除了休息外，还要注意减少光的刺激，并尽量减少眼球转动和摩擦，一般经过一、二天便可痊愈。

表 9-4 弧光灼伤眼睛应急处置

序号	操作步骤	图 示	标准
1	人员电焊作业		
2	弧光灼伤眼睛，眼睛疼痛流泪，视物不清		
3	用煮过而又冷却的人乳或鲜牛奶点眼，能止痛，也可用毛巾浸冷水敷眼，闭目休息	 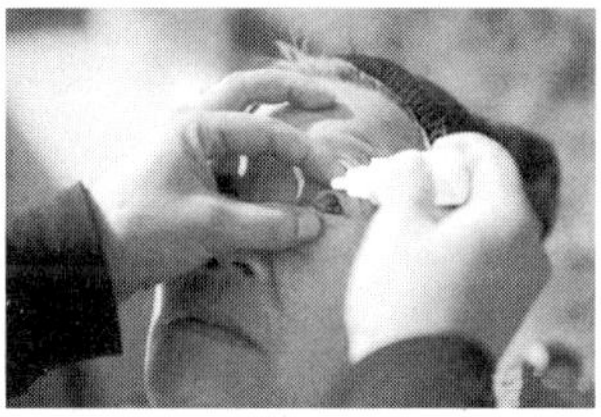	
4	如严重者，拨打 120 急救电话		

表9-4(续)

序号	操作步骤	图 示	标准
5	送医		

第七节 窒息事故应急处置

一、事故类型和危害程度分析

窒息事故是指在清理油罐、维修自卸车后桥等作业项目中，由于通风不良导致作业环境中严重缺氧，以及有毒气体急剧增加，造成作业人员昏倒、急性中毒、窒息等伤害。

二、应急处理

1. 事故应急处置程序

人员中毒和窒息事故应急处置流程如图 9-7 所示。

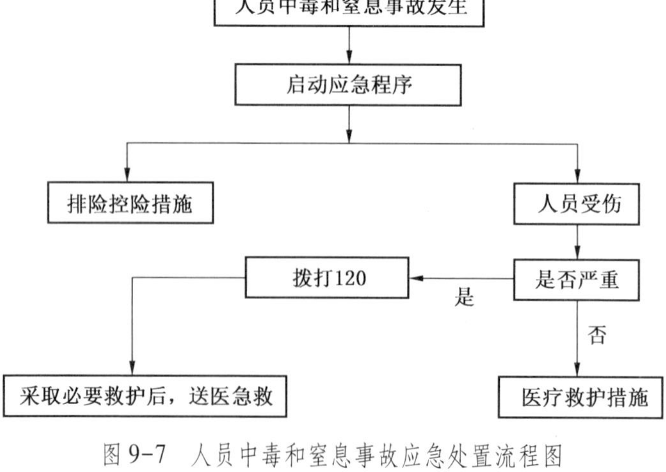

图 9-7 人员中毒和窒息事故应急处置流程图

2. 人员抢救措施

（1）对于在有毒化学药品的地点发生人员窒息的事故时，救援人员应携带隔离式呼吸器到达事故现场，正确戴好呼吸器后，再进入现场进行施救。

（2）对于密闭空间内由于缺氧导致人员窒息的事故时，施救人员应先向空间内部通风换气后方可进入进行施救。

（3）对于电缆沟、排污井、排水井等地下通道内可能产生有毒气体的地点时，救援人员在施救前应先进行有毒气体检测，确认安全或者现场有防毒面具则应正确戴好防毒面具后进入进行施救。

（4）施救人员做好自身防护措施后，将窒息人员救离受害地点至地面以上或通风良好的地点，然后等待医务人员或在医务人员没有到场的情况进行紧急救助。

（5）在密闭空间中毒窒息的伤员如意识丧失，应在 10 s 内用看、听、试的方法判定伤员呼吸心跳情况。

①看——伤员的胸部、腹部有无起伏动作。

②听——用耳贴近伤员的口鼻处，听有无呼气声音。

③试——试测口鼻有无呼气的气流。再用两手指轻试一侧（左或右）喉结旁凹陷处的颈动脉有无搏动。

若看、听、试结果，既无呼吸又无颈动脉搏动，可判定呼吸心跳停止。

（6）若密闭空间中毒窒息伤员呼吸和心跳均停止时，应立即按心肺复苏法支持生命的三项基本措施，就地进行抢救。

（7）人工呼吸的方法：

①伤者取仰卧位，即胸腹朝天。

②救护人站在其头部的一侧，自己深吸一口气，对着伤者的口（两嘴要对紧不要漏气）将气吹入，造成吸气。为使空气不从鼻孔漏出，此时可用一手将其鼻孔捏住，然后救护人嘴离开，将捏住的鼻孔放开，并用一手压其胸部，以帮助呼气。这样反复进行，每分钟进行 14~16 次。

③如果伤者口腔有严重外伤或牙关紧闭时，可对其鼻孔吹气（必须堵住口）即为口对鼻吹气。救护人吹气力量的大小，依伤者的具体情况而定。一般以吹进气后，伤者的胸廓稍微隆起为最合适。口对口之间，如果有纱布。则放一块叠二层厚的纱布，或一块一层的薄手帕，但注意，不要因此影响空气出入。

（8）心肺复苏的方法：

①判断伤者的意识。用双手轻拍病人双肩，问：“喂！你怎么了？”

②检查伤者呼吸。观察病人胸部起伏 5~10 s。

③进行呼救。

④判断伤者是否有颈动脉搏动。用右手的中指和食指从气管正中环状软骨划向近侧颈动脉搏动处（判断 5 s 以上 10 s 以下）。

⑤松解伤者衣领及裤带。

⑥人工呼吸：每次送气 400~600 mL，频率 10~12 次/min。

⑦持续 2 min 的高效率的 CPR：以心脏按压：人工呼吸 = 30：2 的比例进行，操作 5 个周期。（心脏按压开始送气结束）

⑧对伤者进行胸外心脏按压。两乳头连线中点（胸骨中下 1/3 处），用左手掌跟紧贴病人的胸部，两手重叠，左手五指翘起，用上身力量用力按压 30 次（按压频率至少 100~120 次/min，按压深度至少 5 cm）。

⑨打开伤者气道。仰头抬颌法。口腔无分泌物，无假牙。

⑩判断复苏是否有效（听是否有呼吸音，同时触摸是否有颈动脉搏动）。

⑪根据伤者情况，进一步生命支持。

（9）抢救过程中的再判定：

①按压吹气 1 min 后，应用看、听、试方法在 5~7 s 时间内完成对伤员呼吸和心跳是否恢复的再判定。

②若判定颈动脉已有搏动但无呼吸，则暂停胸外按压，而再进行 2 次口对口人工呼吸，接着每 5 s 吹气一次（即每分钟 12 次）。如脉搏和呼吸均未恢复，则继续坚持心肺复苏法抢救。

③在抢救过程中，要每隔数分钟再判定一次，每次判定时间均不得超过 5~7 s。在医务人员未接替抢救前，现场抢救人员不得放弃现场抢救。

三、培训及演练

（1）定期进行触电相关知识和应急救援常识的学习。

（2）加强对员工的安全用电知识的宣传教育和培训。

（3）定期巡检用电设备和线路，发现问题后及时整改或上报处理。

（4）定期检验电工工具和器材，保持性能完好、可靠。

（5）定期组织员工进行触电事故应急演练。

第八节 车辆运输事故应急处置

一、事故类型和危害程度分析

露天矿的矿用自卸车、场内机动车在作业时，因误操作或违章作业导致发生车辆碰撞造成人员伤亡、设备损坏等为车辆运输事故。

二、应急处理

1. 事故应急处置程序

车辆运输事故应急处置流程如图 9-8 所示。

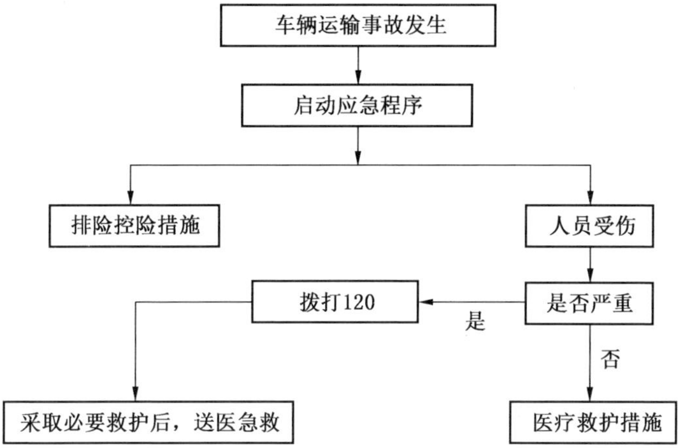

图 9-8　车辆运输事故应急处置流程图

2. 就地施救

发生车辆运输事故后，为保障伤员的生命，减轻伤员的痛苦，现场人员拨打报警后可以进行现场紧急施救。

（1）检查伤员的呼吸、神志是否清楚，若发现心跳呼吸停止应立即复苏。

（2）若受伤者呼吸短促或微弱，胸部无明显呼吸起伏，应立即给其作口对口人工呼吸，频率为 14～16 次/min；如脉搏微弱，应立即对其进行人工心脏按压，在心脏部位不断按压、松开，频率为 60 次/min，帮助窒息者恢复心脏跳动。

（3）如有出血、立即止血包扎。

（4）把伤员搬运到安全地带，搬运时要有多人同时搬运，禁止一人抬腿，另一人抬腋下的搬运方法，尽可能使用担架、门板等工具，防止受伤人员加重伤情。

3. 迅速就医

（1）如无能力救护，尽快将受伤人员采取就地施救方法，送往医院或等待医务人员救治。

（2）肢体骨折尽快固定伤肢，减少骨折断端对周围组织的进一步损伤。如没有任何物品可做固定器材，可使用伤者侧肢体，躯干与伤肢绑在一起，再送往医院。

4. 逐级上报

发生车辆运输事故后，要立即向直接领导和调度室报告事故情况，并按领导或调度室的指示和要求落实下一步工作。

三、培训及演练

（1）定期进行运输作业相关知识和救援常识的学习。

（2）加强对员工三大规程的宣传教育和培训。

（3）加强班前、班中对作业车辆的检查，发现问题立即整改或上报处理。

第九节　边坡滑移事故应急处置

一、事故类型和危害程度分析

露天煤矿受矿体的地质构造影响，如断层、岩层走向、倾向、倾角的大小，层理、节理产状数量等因素，可以决定整体岩层的强度、相对岩层倾向、走向的方向、边坡构成要素、边坡形状、开采程序、采矿工作线的推进方向，也可能影响最终边坡形成的时间。边坡暴露在空气中的时间长短、岩体抗风化能力的大小、露天煤矿爆破震动作用都是影响露天矿采场边坡稳定的因素，导致边坡失稳，造成边坡滑移。

二、应急处理

1. 事故应急处置程序

边坡滑移事故应急处置流程如图 9-9 所示。

2. 处置措施

（1）矿工在工作面发现有边坡滑坡、坍塌预兆时，要以最快的速度通知人员迅速撤离。无法撤离时，必须迅速撤至相对较安全位置等待救援，并设法与外界保持联系。

（2）救灾人员进入现场后要立即设立安全岗哨，禁止非救灾人员进人灾区。

（3）救灾人员应在保证自身安全的情况下迅速挖掘被掩埋伤员，在进行简易包扎、止血或简易骨折固定后及时脱离危险区域。

（4）对呼吸、心跳停止的伤员予以心脏复苏。

（5）加强采区排水、降水措施；迅速运走边坡弃土、材料机械设备等重物；对边坡薄弱环节进行加固处理；削去部分坡体，减小边坡坡度。

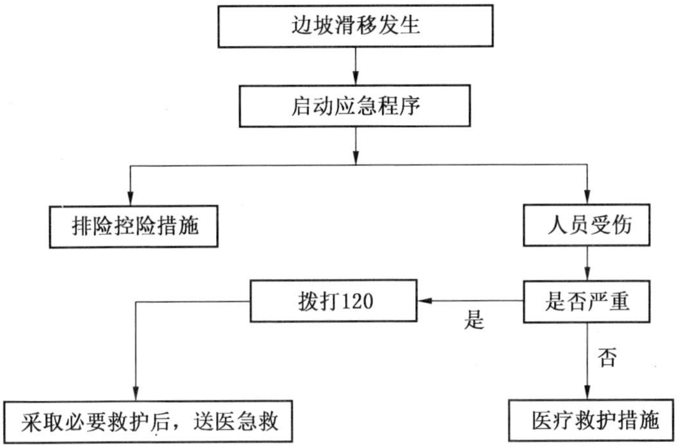

图9-9 边坡滑移事故应急处置流程图

（6）为保障伤员的生命，减轻伤员的痛苦，现场人员拨打报警后可以进行现场施救。

3. 迅速就医

（1）如无能力救护，尽快将受伤人员送往医院或等待医务人员救治。

（2）肢体骨折尽快固定伤肢，减少骨折断端对周围组织的进一步损伤，如没有任何物品可做固定器材，可使用伤者侧肢体，躯干与伤肢绑在一起，再送往医院。

（3）逐级上报。发生边坡滑移事故后，要立即向直接领导和调度室报告事故情况，并按领导或调度室的指示和要求落实下一步工作。

三、培训及演练

（1）定期进行滑坡事故相关知识和救援常识的学习。

（2）加强对员工防治滑坡的宣传教育和培训。

（3）加强班前、班中对作业车辆的检查，发现问题立即整改或上报处理。

（4）定期组织演练，强化员工的应急处置能力。

第十章 内蒙古公司露天煤矿智能化发展现状及趋势

目前以人工智能、互联网+、大数据等技术为代表的新一轮科技革命给中国煤炭工业带来了新的挑战与机遇，露天煤矿智能化将是我国矿山建设发展的最新目标。国家电投集团内蒙古能源有限公司以习近平新时代中国特色社会主义思想为指导，新发展理念为指引，深入贯彻国家能源安全新战略，全面贯彻落实国家电投集团公司“2035 一流战略”，加快建设“绿色、零碳、智慧、无人”的行业一流露天矿，实现本质安全、清洁绿色智能开采，推动露天煤矿全生命周期的高质量发展。

第一节 国内外露天矿山智能化发展现状及趋势

一、国外建设情况总结与分析

从 20 世纪 90 年代开始，美国、加拿大、芬兰、澳大利亚等世界发达国家不断加大在露天矿山开采自动化、信息化等方面的研究投入，先后制定了“智能化矿山”和“无人化矿山”的发展规划，经过 30 年来的研究与发展，在露天矿山生产中已经初步实现了预期建设目标。根据美国能源信息管理总署公布数据显示，2010 年美国露天煤矿雇员人数为 28709 名，平均单工开采效率（全员劳动生产率）为 9.46 t/h；2017 年美国露天煤矿雇员人数相比 2010 年减少了 25.08%，雇员人数为 21509 名，但平均单工开采效率提高到了 10.92 t/h，增长幅度达 15.43%，“减人增效”成果显著。在过去的 1~2 年中，国外露天煤炭工业更是进入到了跨时代发展的关键阶段。2018 年 8 月，力拓公司（Rio Tinto）宣布在西澳洲 Koodaideri 矿启动全球首个“纯智能化矿山”项目，矿山改造完成后，Koodaideri 矿的生产系统将由一个遍布着机器人、无人驾驶矿车、无人卡车、无人钻机和无人运货火车的智能设备网络组成，成为真正意义上的无人化智慧露天矿山。结合智能化技术特点及露天矿山生产实际需求，可将国外露天矿山智能化发展情况归纳为以下三个方面：

（一）大范围应用露天矿山自动化、智能化装备及系统

发达国家充分发挥自身装备及系统研发制造优势，从20世纪90年代开始对露天矿山自动化、智能化装备及系统中投入了大量研发工作。研发工作主要体现在露天矿山作业环境的动态感知、“穿—采—运”设备的自动化作业，全工艺系统环节的数据采集与分析等方面。

人与设备是露天开采作业中的核心要素，露天矿山科技的发展历程整体呈现出“机械化换人、自动化减人、智能化无人”的趋势特征。在生产过程中，对于重复性、机械性的操作行为及简单的逻辑判断行为，可以通过系统的“机械化、自动化、智能化”升级，逐步减少人的局限性对系统能力造成的限制，促进核心要素所创造的劳动生产率不断提高。

（二）信息化数据链的集成、数据处理和辅助决策

受限于技术手段，露天矿山各个生产环节采用的是碎片化管理，各环节的关键信息往往缺乏采集必须的采集手段，或者无法互联互通，而近十年来国外数字矿山的建设经验为解决这一问题提供了可能。通过利用传感器采集技术、数据分析技术等，对整个生产过程中的人员作业行为、设备作业工况、生产工作环境、生产成本波动等大量数据进行综合分析，实现生产大系统中各生产环节的协同管理、协同作业，进而显著的提升矿山的运行效率，降低作业成本。

目前国外信息化管理的发展主要体现在多环节协同优化、设施设备远程诊断与智能维护、信息共享服务等方面。以设施设备远程诊断与智能维护为例，当前国外先进矿山已经开始应用以预知维修理论、决策理论以及可靠性理论为指导的现代化的设备维检方法，并以设备海量运行参数为基础，进行设备状态的实时监控及仿真预测，再结合专家辅助决策系统，实现设备故障的远程诊断，提高了设备维检作业的针对性、时效性与经济性。

（三）生产设计智能化与矿山工程设计—施工的一体化管控

露天矿山施工工程存在着极为明显的粗放特征，一方面由于开采条件、开采工艺、外部环境的复杂特点，矿山短期、中长期设计工作需要丰富的经验支撑；另一方面受限于以经验为主导的生产组织管理模式，由于生产中对工程掌控程度有限，造成施工工程难以严格按照设计开展。通过数字矿山的建设，国外地质（钻孔、煤质、岩性、采场三维模型等）、装备（作业效率、作业成本等）数据库逐步建设完善，使得矿山设计中可以有效模拟真实环境。因此近年来国外新兴了一批露天矿山虚拟仿真平台，基于仿真模型的推演对多种设计方案进行评价决策、提前预知生产中存在的问题，进而提高设计的准确性与可靠性。

在露天矿山自动化、智能化装备及系统建设的基础上，将生产设计所形成的施工计划直接推送至工程机械上，实现机械作业的智能引导、辅助操作、甚至无

人操作等功能。例如推土机自动找平系统中，推土机利用 GPS、惯性导航等技术手段，实时获取当前自身位置及轨迹信息，严格与无线终端所接收的生产计划采场模型进行比对，以增强现实、虚拟现实等手段将挖掘、回填物料区域、物料量等诸多信息呈现给操作人员，确保了施工精度。

二、国内外建设情况对比分析

结合国外露天矿山智能化发展现状及趋势，对国内智能化发展现状详细分析如下：

1. 矿山装备智能化

国内当前对边坡远程智能监测、卡车防碰撞、超速报警等相对独立的系统模块应用较为成熟，随着钻机自动导航钻孔在神华准公司能有了成功应用，针对特殊工程环境的作业问题，准能公司等单位先后研发了履带车机械臂协作机器人、智能尾线电缆卷放车、智能巡检机器人、激光熔覆焊修机器人等诸多新型设备，有效提高了工程效率，极大地降低了人工作业量。但已经广泛推广应用的卡车调度管理系统并未实现真正意义上的智能化调度功能，在现场中更多是作为车铲位置可视化及生产统计报表系统应用。

未来重点研究方向具体包括：穿孔环节智能化（钻机状态自动检测、钻机自动导航及钻进控制、地层岩性识别）、爆破环节智能化（装药车自动导航及装药、爆破效果自动评价）、采装环节智能化（电铲远程监控功能、在线动态数字化称重、辅助/自主挖掘与装载）、运输环节智能化（卡车安全管理数字化、燃油胎压数字化监控、辅助/无人驾驶卡车、智能化卡车调度系统）、排弃环节智能化（推土机自动找平系统、远程遥控系统）、地面生产系统智能化（破碎站无人值守、胶带输送机集中控制、胶带巡检机器人、自动堆取料机、料场储量监控）以及检修智能化（设备故障自动诊断、预警）等。

2. 矿山管理及安全生产信息化

当前我国露天矿山的智能化发展主要体现在矿山管理及安全生产的信息化，侧重于矿山企业信息采集整理、网络化传输、自动化操控、可视化展示、规范化集成等方面内容。例如华能伊敏煤电公司露天矿从 1997 年开始先后建立了卡车自动化调度系统、管理信息系统（MIS）、生产决策支持系统、生产调度监控系统、管理信息系统、疏干集控系统、破碎—皮带集控系统等，同时建设了以光纤为基础的高速企业网。神华准能公司从 2000 年初逐步开展信息化建设，已经形成了监测系统（地面生产系统集控系统、卡车调度系统、车辆防碰撞预警系统、边坡稳定监测系统等）、生产管理系统（综合监控与调度指挥、生产执行系统、班组管理系统等）、经营管理系统（ERP、OA）等。

然而当前普遍存在一个问题，即现有系统尚处于独立运行状态，仅通过 MIS 系统在一定程度上实现了数据共享，系统综合性能未能充分发挥，因此信息化数据链的集成、数据共享应是未来的重点发展方向。考虑到随着露天矿山数字化进程的不断加快，信息量将呈几何倍数快速增加，因此大型专家知识库和数据仓库技术将成为支撑智慧化露天矿建设的关键。

3. 矿山生产设计智能化

矿山生产设计智能化主要包括地质数据精确化、设计方法精细化等。在地质测绘方面，当前激光扫描仪、无人机倾斜摄影等地表建模手段已经在国内大型露天矿山得到了初步应用，例如中煤平朔公司已经初步构建了露天矿山无人机航测体系，逐渐成为人工测绘的有力补充。在设计软件及方法方面，矿床地质模型及辅助优化设计系统（例如 3Dmine、Surpac、Vulcan 等）已经基本普及，但开采设计相关系统（三维辅助设计系统、地测辅助设计 CAD 系统、采矿计划系统等）在本质上仍是基于矿床模型的土石方算量，对于设备实际作业特性、生产中存在的随机事件等考虑相对较少，与国外当前的开采设计方案预演仿真方法相比落后较大。

值得重视的是，当前国外推行的“矿山工程设计—施工的一体化管控”必然是未来矿山设计生产运营的核心思路。但目前国内尚未形成一整套从地质基础到采矿管控，从企业宏观生产计划到现场具体施工环节的数字化采矿集中管控系统，对生产数据的分析及决策还有待投入更多的关注和开发。

综上所述，与世界发达国家相比，尽管近年来露天开采在中国煤炭开采中的地位不断上升，但由于我国露天采矿起步相对较晚，生产技术水平进步缓慢，开采成本，劳动生产率等方面差距极为显著，体量的增长本质上还是需要依靠生产要素的投入。尤其是在智能化发展新形势下，数字化矿山建设工作尚处于起步阶段，装备的自动化、设计与管理的信息化水平等尚不能满足智能开采要求，在工业智能化改革浪潮中凸显乏力，转型升级和跨越发展的任务紧迫而艰巨。因此面对信息化和工业化深度融合进程中不断涌现的新技术、新理念，应积极探索新形势条件下露天开采转型方向，为露天矿山未来规划发展政策的制定与执行提供依据。

第二节 南露天煤矿建设智能化矿山总体规划

本节是以南露天煤矿为实例编制的智能化露天矿建设的总体规划，其理论架构、技术框架、重点建设内容、实现途径等对其他露天矿智能化建设和露天开采信息化规划研究都具有一定的参考意义。

一、智能化矿山定义

关于智能化矿山的定义，概念较为模糊，许多智能化矿山建设的理论和应用问题还在探索之中。根据国家已发布的智能化煤矿相关技术规范，并结合内蒙古能源有限公司南露天煤矿实际情况，对智能化矿山的定义与内涵归纳如下：基于空间和时间的四维地理信息、泛在网、云计算、大数据、虚拟化、计算机软件及各种网络，以矿山数据数字化、生产自动化、管理信息化为基础，结合新的传感器技术、网络通信技术、空间信息技术、人工智能技术等，实现矿山生产及管理的智能感知、辨识、记忆、分析计算、判断和决策、评估考核改进，为各类决策提供智能化服务的数字化智慧体，并对人—机—环的隐患、故障和危险源提供预知和防治，使整个矿山具有自我学习、分析和决策能力。达到整个矿山的无人化或少人化，实现矿山的绿色、安全、高效。

二、智能化矿山规划目标

南露天煤矿以数字化转型为目标，将设备智能化改造、电铲远程控制、破碎站少人/无人值守、矿卡无人驾驶、换电重卡、配套光伏、储能、生态环境治理等业务相融合，以新兴ICT技术为手段，逐步实现南露天煤矿自动化、智能化、清洁化装备及系统在生产中的应用，实现信息数据链的集成、数据处理和辅助决策，实现采矿设计智能化与生产组织一体化管控。实现绿色生产、低碳排放、智慧高效、少人无人的现代化露天煤矿。

在智慧、无人方面，逐步推进矿卡无人驾驶、电铲远程控制、破碎站无人值守等业务在南矿的推广应用，实现主生产环节的少人/无人，同时，引入云、大、物、移、智、5G等新兴技术，助力矿山生产与管理的感知—分析—决策—执行全过程智慧化转型，赋能矿山生产过程全要素，驱动生产过程智能化，保障生产安全，提升协同作业能力与管理水平，助力企业创新。

在绿色、零碳方面，按步骤、分阶段地做好生态修复治理工作，排土场到界区域治理率达到100%，建成生态环境优美、人与自然和谐共生的矿山企业，建设成生态经济示范区。矿山生态环境得到有效保护、矿区生态修复治理水平全面提升，打造北方高寒地区绿色矿山标杆，建成以景观式为主导的行业内一流绿色矿山企业。拓展换电重卡在露天煤矿的推广使用，提高可再生能源利用率，实现宽体车、百吨级自卸车、工程设备的电能替换。同时，将智慧化手段应用到矿山生态环保与换电重卡中，实现矿山生态环境的自动监测预警与电能的智能管理。

三、南露天煤矿数字化建设情况对比分析

在国家有关智慧矿山政策下发后，各地方政府迅速响应，开始逐步对智能化露天矿山建设进行系统部署和出台相应智能化煤矿建设指南，同时助力全国范围内的露天智能化矿山总体框架和建设内容的构建。当前，国家及各省份均已出台露天智能化矿山建设标准，科学指导露天智能化矿山建设，推动全国传统煤炭行业发展模式向现代化高质量煤炭行业发展模式转型。

2021 年 3 月，国家能源局印发关于征求《智能化煤矿建设指南（2021 年版）（征求意见稿）》意见（简述：国家能源局建设指南，下同）。南露天煤矿结合智能化矿山建设现状，逐条对标国家能源局建设指南，梳理分析南露天煤矿在智能化矿山建设过程中存在的不足之处和创新之处，进而全面掌握和科学布局未来南露天煤矿智能化矿山关于矿山设计版块的建设方向或建设内容，见表 10-1。

表 10-1　南露天煤矿基础建设版块对标

序号	国家能源局建设指南	南露天建设现状
1	智能感知：（传感器、摄像机、无线通信终端、无线定位终端等数字化工具和设备，实现矿山环境数据、采矿装备状态信息、工况参数、移动巡检数据等的全面采集）	卡车驾驶防瞌睡及盲区监测 （监控司机疲劳程度与预警）
2		柴油消耗采集 （剩余、平均、瞬时油耗显示，异常油耗预警）
3		电量采集 （采集记录每日峰谷平电耗数据）
4		煤炭库存及外运数据采集 （上煤刷卡和卡调系统煤破产量统计、火车外运量统计）
5		自卸车料位数据采集 （不同型号卡车料位数据测量、采集、上传、存储、展示）
6		采运设备车载电脑数据采集 ［实现了 20 台车、1 台电铲的数据采集 （运行时间、油温、转速、油位）］
7		地面系统 PLC 状态采集 （对接地面系统接口，实现设备状态信息获取、查询和展示）
8		边坡监测 （监控边坡稳定性与预警）
9		气象数据采集 ［采集温度、湿度、降雨（雪）量、风速等采区内的数据］
10		钻机高精定位

表10-1(续)

序号	国家能源局建设指南	南露天建设现状
11	网络建设： （实现主要办公区、主要采区、受控区域、装备作业区等重点区域的网络全覆盖，具备高系统容量、高传输速率、多容错机制、低延时的高性能网络设备）	4G专网/5G公网 （坑下无线网络覆盖的基础设施）

智能化系统基本建设内容：信息基础设施结合露天煤矿生产工艺流程，应用自动控制、智能感知等技术对钻机、电铲、卡车、破碎机、带式输送机、排土机等设备及其他基础设施进行数字化改造，完善工业网络及信息安全建设，通过生产设备的自动化、集成化、智能化改造逐步替代人工操作，实现节能减排、减员增效，提高劳动生产率和资源综合利用率。

通过对标分析后，主要从关键数据采集、数据传输两方面简要概述或建议：

（1）数据采集方面：在南露天现有数据采集传感器基础上，增设电铲运行参数和作业参数采集，推土机作业运行参数和作业参数采集等其他设备信息化数据指标，以便后续构建各设备运行状态数据库，进而为设备故障诊断和维护作数据支撑。

（2）基于现有的专网4G/5G公网，针对数据主干道、视频主干道等信息传输，建议增设工业以太网等高系统容量、高传输速率的传输渠道。

四、南露天煤矿智能化矿山综合管控平台

智能化矿山技术支撑体系包括智能矿山管控平台、标准体系、数据管理、安全保障四部分，框架如下：

（1）智能矿山管控平台：建设“云网边端”一体化智能矿山生产平台，实现矿山各类设备数据的统一接入和管理，为智慧安全、智慧生产、生产执行、经营管理、智能决策、智能监控、协同管控等应用提供数据及技术支撑服务。

（2）数据管理：汇聚各类业务系统及物联设备数据，打通数据壁垒；统一数据和模型标准，开展矿山数据治理，形成矿山统一数据资产目录，实现矿山数据的集中汇聚和开放共享。

（3）标准体系：制定统一的智能化矿山设备、传输、平台、应用标准规范。

（4）安全保障：优化南露天煤矿安全保障体系，全面构建与南露天煤矿数字化转型相匹配的数字化信息安全保障体系能力，为露天煤矿智能化矿山的建

设、运行提供系统化信息安全保障，保障露天煤矿生产安全，保障数字化南露天煤矿经营办公安全。

（一）五大中心应用规划

为实现矿山智慧大脑的能力目标，拟统一建成 5 个中心和 1 个技术支撑体系，如图 10-1 所示。包括生产管理中心，安全环保中心，管理运营中心，检修服务中心和产业生态中心，以及云网边端一体化平台+数据管理+标准的技术支撑体系。

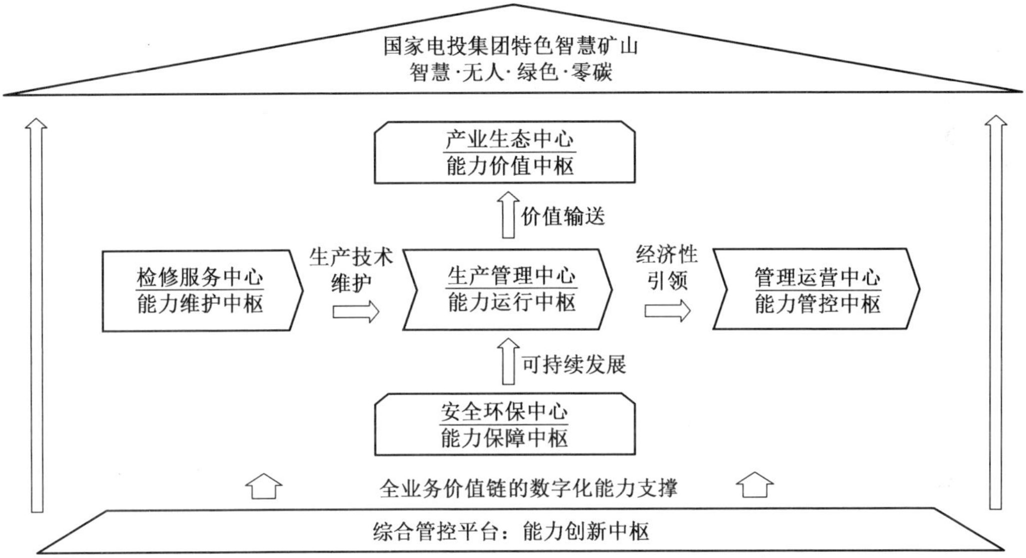

图 10-1　南露天煤矿智能化矿山五大中心应用规划

生产管理中心是智慧大脑中的能力运行中枢，为矿山业务链条提供和输出价值；安全环保中心是智慧大脑中的能力保障中枢，为矿山业务的可持续发展提供保障；检修服务中心是智慧大脑中的能力维护中枢，为矿山业务的运行提供生产技术运维；管理运营中心是智慧大脑中的能力管控中枢，为矿山业务的发展提供经济性的引领；产业生态中心是智慧大脑中的能力价值中枢，为矿山业务的价值变现和创新价值点的连接提供有力支撑。

（二）技术支撑体系规划

技术支撑体系的建设对标国内外先进智能化矿山，围绕智能化矿山“无人、零碳、智慧、绿色”的高阶智能化目标，严格遵循南露天矿的实际建设情况与未来发展需求进行总体建设思路的构建。

通过业务的调研分析同时结合未来的发展路径，设计了生产管理，检修服务，安全环保，管理运营和产业生态 5 大中心，规划 70 余项智能化应用建设内容，提炼出智能化应用的共性技术支撑需求，引入云、大、物、移、智、链、5G、虚技术拟现实等新兴技术，打造具备全面感知、实时互联、分析决策、自助学习、动态预测、协同控制的智能矿山生产管控平台，支撑露天采矿设计开发、运维检修、工艺流程、车辆调度、远程指挥、运营管理等各类智能化应用的构建，如图 10-2 所示。

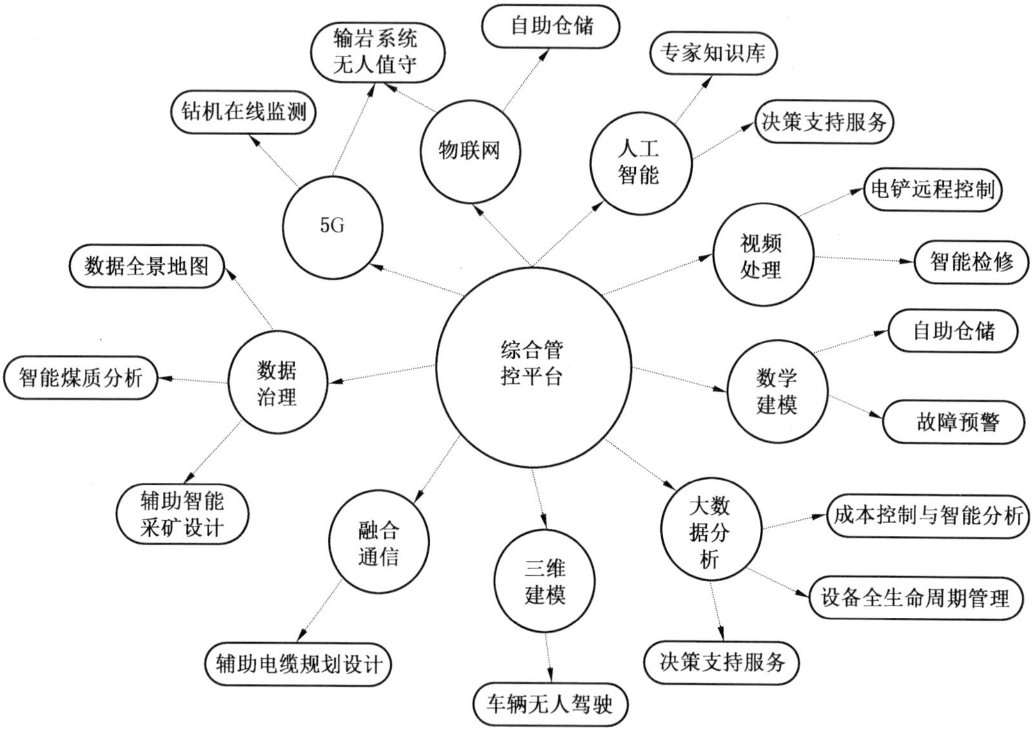

图 10-2　南露天矿智能化矿山生产管控平台构思图

五、南露天煤矿智能化矿山建设目标

智能化露天矿山建设以云计算、大数据、物联网及矿业工程专业技术为基础，以露天矿山工业安全、高效、绿色发展为目标，利用物联网技术实现“人—人”“人—物”“物—物”深度互联能力；基于统一网络传输标准，使爆破、采装、运输、排土、环境等监控系统与机电设备管理、调度通信、工业电视等安全生产技术管理系统得以有机汇接，实现信息共享；利用云计算和大数据技术，对矿山海量数据进行挖掘分析并及时响应，为矿山各管理层面决策提供数据支持；建立统一的矿业协同平台，使矿山爆破、采装、运输、排土等部门协同工作，打破信息孤岛，实现矿山工业的分布式协同工作，最终实现信息采集全覆盖、数据资源全共享、统计分析全自动、业务管理全透明、人机状态全监控、生产过程全记录，形成完整统一的时空框架和信息系统。该目标既提高各业务部门的信息化水平，又实现部门间信息的统一和共享，进一步提高系统的综合应用效果，实现矿山的绿色、安全、高效生产。

实现南露天煤矿智能化矿山可以归结为智慧无人和绿色零碳两个方面：

1. 智慧无人

通过智能化矿山云中心的智能决策模型进行自动决策，保障矿山人、机、环、管全方位的安全，并通过反馈信息主动进行决策再优化。

（1）人员安全方面，应在个体防护和系统防护方面开展研究：个体防护能力方面，应具备人员所处环境参数的实时采集、无线语音通话、视频采集上传与远程调看、危险状态逃生信息的实时获取功能。

（2）系统防护能力方面，应能将矿山环境的实时监测信息、重点区域的安全状态实时评估及预警信息与矿山人员进行实时互联，并具备近感探测功能，从而实现全方位的人员防护。

（3）机电设备安全方面，应具备智能化的设备故障诊断与运维管理能力，具备设备在线点检、损耗性部件周期性更换提示、健康状态实时评估等功能。

（4）环境安全方面，应具备灾害实时在线监测、矿山安全状态实时评估及预测预警、降害措施自动制定能力。

（5）安全管理方面，应具备自动进行风险日常管控、自动定期进行安全风险辨识评估及预警分析、多维度自动统计与分析隐患的能力，具有手持终端现场检查能力，实现隐患排查任务的自动派发、现场落实、实时跟踪、及时闭环管理。

此外，通过智能化露天矿山建设达到少人化的本质安全。主要通过智能化矿山云中心的智能决策模型进行自动决策，保障矿山穿、爆、采、运、排、电的自动高效运行，并通过反馈信息主动进行决策再优化。

露天矿山采掘工作面的设备应具备高效的自动控制能力，从基本的就地控制，到一键启停、远程集控，直至达到理想状态，实现设备的无人化自动控制与巡检；穿爆方面，可实现钻机的自主导航、自主穿孔，装药车炮孔自动定位及智能装药；运输排土方面，应能根据生产计划自动进行智能运输调度、胶带集控、推土机自动找平和智能作业、破碎站工况、消耗件智能监控和无人值守智能作业；供电方面，应能根据生产计划自动实时进行电力调度，且应具备智能防越级跳闸保护功能；排水方面，应具备根据水资源合理利用及峰谷用电负荷、电价等因素自动选择节能排水方式的功能。

2. 绿色零碳

矿上生态修复方面，一是根据排土场作业进度计划，按步骤、分阶段做好生态修复治理工作，开展西排土场、沿帮排土场生态修复专用路、南内排土场提级泵站、煤炭板块生态展览馆等生态修复提档升级建设项目，实现排土场到界区域治理率达到100%。同时，尝试打造特色景区角和排土场经济作物种植工作。二是依托智能矿山管控平台和信息化手段，建设智能化灌溉系统、智能化废水监控和处理系统、智能降尘系统、空天地一体化监控等环境综合管控平台，实时监控矿区粉尘、噪声、污水、土壤、植被生长情况等元素，实现矿山生态环境信息化、精细化、智能化管理。

矿山节能减排方面，一是依托换电重卡、氢能重卡、自卸车、宽体车等设备电气化改造降低柴油消耗总量，同时，建设光伏电站、光储充及氢能示范应用电站，提高可再生能源占比，实现二氧化碳减排目标。二是依托大数据管控平台，实现能耗在线监控及预警分析，实现精细化能源管理，减少能源浪费，同时，按设备技术改造及淘汰更新计划，分阶段、分步骤有序推进电铲、自卸车、工程车等设备的节能技术改造及落后设备的淘汰更新。借助绿色智慧无人矿山大数据管控平台，实施露天采矿设计开发、运维检修、工艺流程、车辆调度、远程指挥、运营管理等各类智能化应用，优化生产参数、优化运输路线，提高爆破、采掘、破碎、运输等过程效率，提升整体开采效率，降低能耗水平。

钻机钻孔作业部分

第十一章　钻机钻孔作业安全技术基础知识

第一节　钻机专业技术基础知识

一、钻机的发展概述

在露天煤矿的生产中，由于采掘设备的挖掘力受到一定的限制，因此，只能对表土、煤和松软的岩石进行直接挖掘，而大部分的岩石则必须先进行爆破，然后再由挖掘机挖起装走。特别是在我国北方的高寒地区，冬季施工时，大部分冻土层就需要进行预先爆破。因此，穿孔爆破工作在露天煤矿生产中具有十分重要的地位。

穿孔爆破就是利用穿孔设备在矿岩中钻出不同规格的孔眼，然后在孔中装入炸药，炸药爆炸将矿岩从整体上分离下来并破碎成一定的块度。这些承担露天煤矿穿孔作业的设备被称为穿孔机，又称钻机。因其在露天煤矿使用，所以也称作露天矿用钻机。露天矿用钻机已有一百多年历史了，它从属于工程设备中的凿岩机械，是当前采矿作业广泛使用的穿孔机械。

（一）国外钻机的发展概况

19 世纪在欧美各国主要使用钢丝绳冲击式钻机。这种钻机结构简单，易于维修，备件充足，在我国有的地方仍在使用，但露天煤矿已经淘汰了这种钻机。

19 世纪 60 年代，法国首先使用转盘回转钻机，以后传入美国并得到迅速发展。回转钻机是借助钻杆把能量传递给钻头，在轴压力和旋转力矩的作用下，由钻头刃部（合金）将孔底岩石刨削下来，再由钻杆上的螺旋片把岩渣排到孔外。回转钻机具有一次成孔、结构简单、排渣方便等优点，广泛应用于露天煤矿中。

1932 年，潜孔凿岩首先用于地下矿钻凿深孔，后来用于露天矿。20 世纪 60 年代后期，由于国外牙轮钻机发展迅速，很快取代了潜孔钻机。70 年代，国外对潜孔钻机进行了大量研制工作，高风压潜孔冲击器及球齿钻头的出现，解决了钻孔偏斜及钻头使用寿命过低这两大问题。作为中、大孔径凿岩设备，高风压潜孔钻机的应用又得以扩大。潜孔钻机具有结构简单、机械化程度高、易于操作等优点，可穿凿控制爆破所要求的炮孔，而且穿孔成本低。70 年代以后，潜孔钻机得到广泛使用。

1907 年，美国石油工业部门开始使用牙轮钻机钻凿油井和天然气井。牙轮钻机是在旋转钻机的基础上发展起来的一种近代新型钻孔设备，因其钻具采用牙轮而得名。美国从 1933 年开始研制开发露天矿牙轮钻机，并于 1939 年开始在露天矿中试用；1946 年研制成功液压传动产生轴压的牙轮钻机；1947 年开始使用利用压缩空气吹渣的牙轮钻机。牙轮钻机具有速度快、效率高、穿凿量大、成本低、安全可靠和使用范围广泛等优点，可用于冶金、煤炭、化工、建材等工业部门的中、大型露天矿穿凿炮孔等。

（二）国内钻机的发展概况

公元前 2 世纪，中国已有使用人力并借助竹弓弹力使锥形钻头冲击地层而钻进的原始冲击式钻机，后曾在中国农村长期使用。直到 1953 年海州矿投产时，从苏联引进了 3 台 6g-20-2 型钢丝绳冲击式钻机，中国露天煤矿才有了名副其实的钻机。

1954 年，我国太原重型机器厂仿造苏联产 6g-20-2 型钢丝绳冲击式钻机，大量生产后在全国露天矿广泛使用。曾被人们称为“太阳钻”的钻机就是太原重型机器厂生产的钢丝绳冲击式钻机。

1963 年我国试制露天潜孔钻机，次年定型并批量生产，首先用于石灰石矿，接着成为冶金、化工、建材、煤炭等的主要钻孔设备之一，取代了钢丝绳冲击式钻机。

1958 年我国开始研制牙轮钻机，到 1966 年以后，才开始系统地实验，并试制了多台。在此基础上于 1972 年试制成功了 HYZ-250A 型矿用牙轮钻机，并进行了工业实验，取得了良好的效果。随着液压技术的不断发展，1970 年以后开始研究液压回转钻机，并取得了快速进步。由于我国大部分露天煤矿的岩石硬度属于中硬以下，因此，牙轮钻机在我国各大、中、小露天煤矿中得到了广泛的应用。

（三）钻机发展趋势

现代化钻机总的趋势是规格向大型化、高效化方向发展，系统向全自动化、智能化方向发展，结构向形式多样、简单化和高可靠性、高适应性方向发展，操作上向提高舒适性和易维修性方向发展。

1. 规格向大型化、高效化方向发展

主要趋势是向大孔径、高轴压、大排渣风量、高效率方向发展。

（1）加大钻孔直径。大型露天矿山钻机的钻孔直径由 310 mm、380 mm 增大到 406 mm、445 mm，目前已发展到 559 mm。49-RⅢ型钻机钻孔直径达 406 mm，59-R 型钻机钻孔直径达 445 mm；P&H 公司的 120A 型钻机钻孔直径达 559 mm。安百拓钻机种类齐全、钻孔孔径范围广，孔径范围涵盖 25～406 mm，可满足客户的各种需要，具体机械及参数选型如图 11-1 所示。

（2）加大轴压力。P&H 公司的 120A 型钻机的轴压力达 680.38 kN，而 B1 公司的 59-R 型钻机的轴压力则达 748.44 kN。安百拓回转式钻机，轴压力范围为 11340～54432 kg，包括 DM25 型、DM30 型、DML 型、DMM 型系列、PV 型系列钻机，以及近年新研发的 DM30Ⅱ型、DM75 型钻机（图 11-2）。

（3）加大排渣风量。如安百拓回转式钻机，依据客户需要选用英格索兰或阿特拉斯科普柯空压机，并根据实际需求可以灵活选择高风压设备或低风压设备，有排风量 25.5 m^3/min、排气压力 7.6 kg 的 DM30Ⅱ型低风压钻机，也有排风量 107.6 m^3/min、排气压力 7.6 kg 的 PV351 型钻机，排风量范围为 25.5～107.6 m^3/min。

（4）改进主参数以提高钻孔效率。提高回转转速，增加回转功率。如 49-R 型钻机的回转转速 0～150 r/min，65（67）-R 型钻机为 0～145 r/min；提高提升速度，如 65（67）-R 钻机的提升速度为 41 m/min；加大行走速度，如 49-R 型钻机的行走速度已达 1.8 km/h。安百拓钻机采用的是拥有阿特拉斯·科普柯专利的滑架式进给系统。滑轮组由上、下两个滑轮构成，分别与进给油缸筒的上、下端相连接。该进给油缸为双动式，油缸筒的油缸杆两端分别与普通活塞相连接。进给油缸杆的两端均固定在钻架组件的顶部和底部附近。当液压油冲向活塞的任何一侧时，油缸筒和上、下滑轮组件沿着钻架上下移动。高强度钢缆与回转头相连接，以钻架组件中心位置附近的可调节定位点为基准，围绕着滑轮组的顶部和底部运转。当滑轮组沿着钻架上下移动时，回转头朝着相同的方向、但以双倍于滑轮组的速度移动。进给速度为 49 m/min，回收速度为 44 m/min，有效地提高了钻孔速率。

2. 系统向全自动化、智能化方向发展

（1）采用包括计算机、通信网络、彩色显示装置和数据输入盘在内的集成网络控制系统，可使钻机达到最优的钻机性能。计算机控制装置能感知岩层条件变化，可相应地调节推进和冲击速度。操纵杆控制装置可使得这类钻机更易于使用，而且钻杆的接拆和更换、推进方向的找准和炮孔深度的自动控制功能可改善炮孔直度和岩石破碎效果。

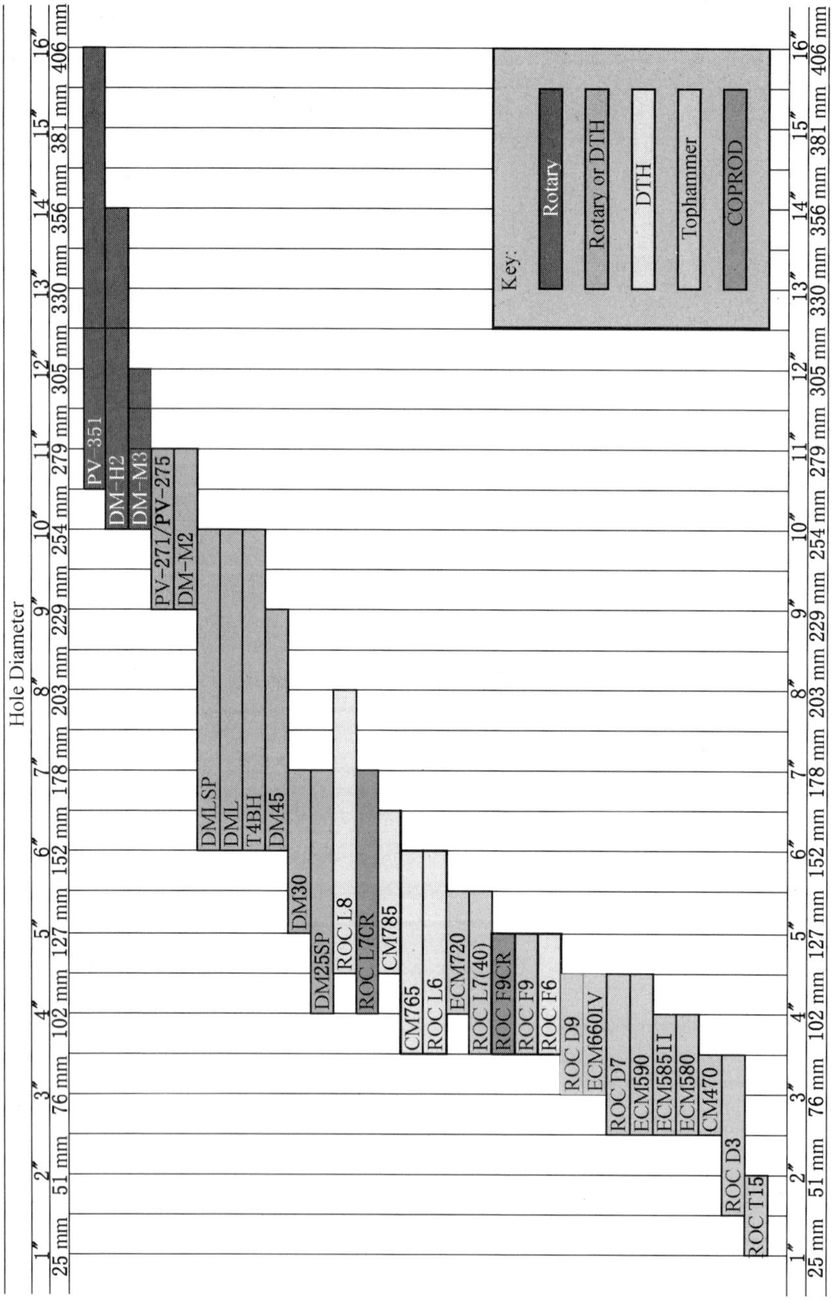

图 11-1 安百拓钻机参数选型图表

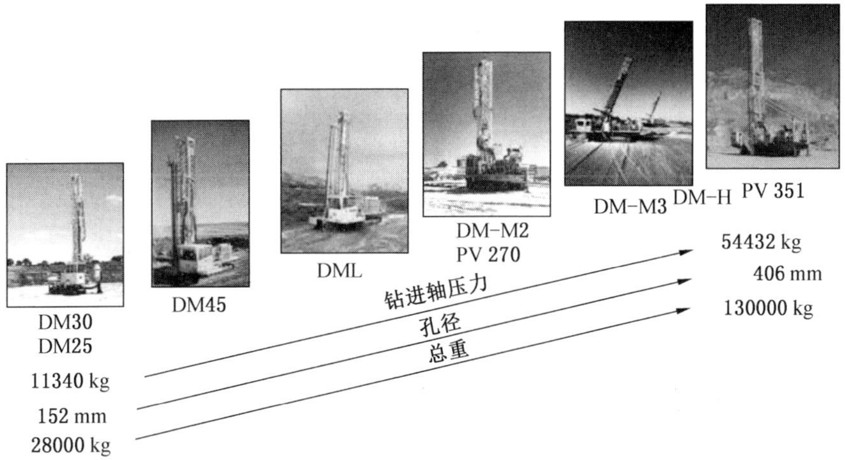

图 11-2　安百拓回转式钻机轴压力范围图

计算机软件编程针对布孔规划、设备行走路径选择进行设计，可对钻进过程进行监控，诊断各种故障等。特别路径设计规划，便于实现设备自主运行，更适合钻机向无人化、自动化应用方向发展。

以计算机为基础的屏幕显示监视器取代了传统仪表盘，除监视设备作业状态外还有许多监测和故障诊断功能，通过各种传感器可随时向司机提供作业参数和各种信息，保证钻机无故障作业；由可编程逻辑控制器和显示器组成的 PLC 视屏系统使钻机的穿孔钻进深度、穿孔速度、钻进参数、故障、空压机风压和油温等在司机室内显示屏显示，并可通过通信线路将数据传输到控制中心。

(2) 采用整套高技术电子设备，连续控制轴压力、回转速度和排渣风量，选择最佳钻机工作制度，以最小钻头磨损达到最大的钻孔速度；钻机作业自动化由局部自动化（如自动定位、找平）、自动化安卸钻杆等逐步向全自动化发展；程序自动钻进和调节、自动调平和润滑、炮孔定位、故障诊断、检测和预防维修均可安全监控。

(3) 能在最小作业成本的基础上使钻进参数最佳化：为露天矿现代化管理提供信息（矿岩中煤层的精确分布、矿岩可钻性、可爆性和可挖性等），钻孔时能识别矿岩特性；能记录炮孔的方位、倾角等参数，便于以后对每个炮孔进行爆破分析；接杆钻进时能自动控制和更换钻杆；钻机可自动调平，GPS 卫星定位系统可对钻机现场定位导航及障碍探测，为履带行走装置编制控制程序，从而实现炮孔精确定位和钻机位置控制。

(4) 能够连续监测显示所有钻孔参数，以便为采矿和爆破设计提供有关信息：能够监控钻孔方向，随时改变轴压力修正偏移；能够监测、诊断和报警各工作系统的故障；可进行设备完好状态的监视，如故障诊断、监测、趋势分析和预防性维修等。

3. 结构向形式多样化、简单化和高可靠性、高适应性方向发展

（1）电力钻机已开始采用一种新的供电调速方式——静态交流变频调速，它能适应质量较差的矿山电网；电机数字控制调速；采用全数字控制方式，提高直流电机抗冲击振动能力；采用交流变频电机变频调速，在宽范围内实现无级调速。

（2）厂家在淘汰链条传动的基础上，采用新型无链齿条加压提升系统和无链液压推进行走系统、封闭式齿轮箱齿轮等新结构，不仅简化了结构，提高了传动效率，而且使钻头负荷趋于平稳，提高了钻头寿命，减少了维修和停机次数，具有较高的作业效率。由液压马达独立驱动两条履带的行走装置可实现原地转弯，机动性好，可缩短辅助作业时间，提高穿孔效率和可靠性。

例如 BE 公司的 49-R 系列和 P&H 公司的 100A、120A 无链齿轮齿条加压提升系统，克服了顶部回转封闭链条加压断链故障，提高了钻头寿命和钻进效率。钻机无链行走可反转液压马达驱动行星齿轮独立履带行走，故障率低，动作灵活，可原地拐弯，不仅缩短了辅助作业时间，而且便于计算机控制。

二、钻机种类及主要参数

（一）钻机的种类

在不同时期，矿山使用的钻机的类型也不尽相同。钻机按照结构型式、动力装置、钻头破碎岩石的方式可分为以下几种类型。

1. 按照结构型式划分

钻机按照结构型式可分为架式和臂式两种类型，其外观如图 11-3、图 11-4 所示。

图 11-3 架式钻机示意图

图 11-4　臂式钻机（潜孔钻机）示意图

2. 按照动力装置划分

钻机的动力装置按输出动力源不同可分为电动机驱动钻机和柴油机驱动钻机两种：①电动机驱动钻机是以电动机为动力源驱动各装置，又称电钻；②柴油机驱动钻机是以柴油机为动力源驱动各装置，又称油钻。

3. 按照钻头破碎岩石的方式划分

钻头破碎岩石的方式有冲击式、旋转式和旋转冲击式（图 11-5）。

1）冲击式钻机

它是垂直于岩石表面，向钻头施加冲击力，钻头垂直于岩石表面向岩石内运动，形成一个破碎漏斗（或凿沟），从而使岩石破碎。属于这类破碎岩石方式的钻机有钢绳冲击式钻机，即凿岩机。

2）旋转式钻机

它是向钻头施加回转力的同时，施以轴压力，使钻头平行于岩石表面运动，利用切削力将岩石破碎。属于这类破岩方式的钻机有多刃钻头钻机，即回转钻机。

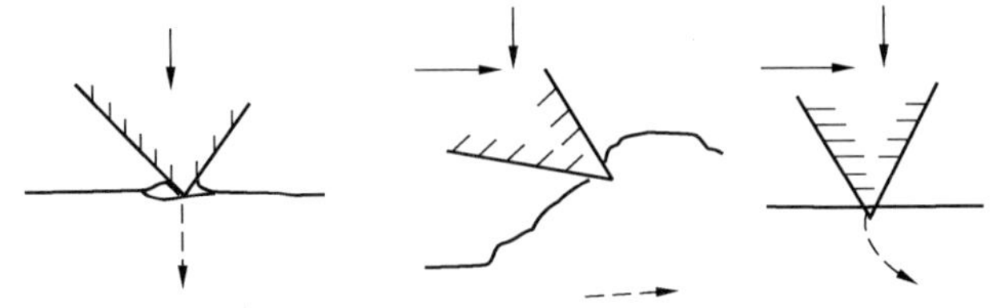

图 11-5 钻头破碎岩石方式示意图

3）旋转冲击式钻机

它是上述两种方法联合作用的，即同时向钻头施加回转力矩、轴压力和冲击力，利用切削力和冲击力的共同作用而将岩石破碎。属于这类破碎岩石方式的钻机有牙轮钻机、潜孔钻机等。

（二）各种钻机主要技术参数

（1）钢绳冲击式钻机主要技术参数见表 11-1。

表 11-1 国产钢绳冲击式钻机主要技术参数

型号	CZ-2	CZ2-20-2
孔径/mm	230~300	190~230
钻具重量/kg	1500~2700	900~1200
冲击次数/(次·min^{-1})	48~52	56~58
电动机功率/kW	23. 5	12. 1
钻机工作时外形尺寸/(m×m×m)	7. 063×3. 5×15. 05	5. 85×2. 62×12
行走速度/(km·h^{-1})	0. 7	0. 9
最大允许走行坡度/(°)	30	30

（2）潜孔钻机主要技术参数见表 11-2。

表 11-2 常见潜孔钻机的主要技术参数

型号	KQ-200	KQ-150
钻孔直径/mm	200	150
钻孔倾角/(°)	60~90	60/75/~90

表11-2(续)

型号	KQ-200	KQ-150
硬度系数*f*	6~8　10~12　12~14	6~10
爬坡能力/(°)	14	14
冲击器的冲击功/J	≥260	≥400
冲击器冲击次数/(次·min^{-1})	≥750	≥850
钻孔深度/m	19.3	17.5
电动机功率/kW	311	41
钻机工作时外形尺寸/(m×m×m)	9.76×5.74×14.33	5.83×3.45×11.75
钻机重量/t	41.6	16

注：1. KQ—150：K—穿孔设备中的“孔”字字母大写；Q—潜孔锤的“潜”字母大写；150—孔径。
2. KQ—200：K—穿孔设备中的“孔”字字母大写；Q—潜孔锤的“潜”字母大写；200—孔径。

（3）回转钻机主要技术参数见表11-3。

表11-3　常见回转钻机的主要技术参数

型号	DM30	DM45
钻孔直径/mm	150~165	200~225
钻孔角度/(°)	60~90	60~90
最大轴压/kg	0~13608	0~20412
钻具提升速度/(m·min^{-1})	30.5	62.5
钻具回转速度/(r·min^{-1})	0~100	0~160
钻杆直径/mm	127	139~178
功率/kW	317	354
钻机重量/t	30.8	36.28

注：1. DM30：D—dill 钻孔；M—Master 专家；30 推进压力 30000 磅。
2. DM45：D—dill 钻孔；M—Master 专家；45 推进压力 45000 磅。

（4）牙轮钻机主要技术参数见表11-4。

表11-4　常用牙轮钻机的主要参数

型号	KY-250C	KY-250D	KY-310
钻孔直径/mm	225~250	250	250~310
钻孔角度/(°)	90	90	90

表11-4(续)

型号	KY-250C	KY-250D	KY-310
最大轴压/t	42	37.4	90
钻具提升速度/($m \cdot min^{-1}$)	9.8	0~21	0~20
钻具回转速度/($r \cdot min^{-1}$)	62	0~80	0~100
钻杆直径/mm	159、203	250	250~310
电机功率/kW	383.3	390	392
钻机工作时的尺寸/(m×m×m)	11.9×4.8×17.9	12.107×6.22×25.06	13.84×5.77×26.33
钻机重量/t	84	105	150

注：1. KY-250C：K—穿孔设备中的“孔”字母大写；Y—牙轮的“牙”字母大写；250—孔径；C—产品改进换代代号。

2. KY-250D：K—穿孔设备中的“孔”字字母大写；Y 牙轮的“牙”字母大写；250—孔径；D—产品改进换代代号。

3. KY-310：K—穿孔设备中的“孔”字字母大写；Y 牙轮的“牙”字母大写；310—孔径。

三、钻机的主要结构与工作原理

露天矿使用的钻机由机体和行走机构组成。机体安装在履带行走机构上，它由主机架、司机室和工作装置组成。工作装置由钻具（钻杆和钻头）、回转机构、加压/提升机构、钻架及起落架机构和接卸钻杆机构等组成。DM30 型和 DM45 型钻机总体结构相同，我们仅以 DM45 型钻机为例来进行介绍。

DM45 型钻机主要由动力装置、工作机构、行走机构、风压系统、液压系统、排渣和除尘装置、电气系统和附属装置组成。

（一）动力装置

动力装置是钻机动力输出的重要组成部分。它分为柴油发动机（以下简称柴油机）和电动机两种形式。DM30 型和 DM45 型钻机均采用柴油机作为动力装置。

采用柴油机作为动力装置的钻机多为中小型钻机，其优点是机动灵活性强，但其成本和故障率较高。从钻机的发展趋势来看，动力装置已向电力拖动方向发展。目前，大型钻机采用的是电力拖动方式。

柴油机在实际工作中，利用的是气体燃烧受热膨胀的特点，将燃料燃烧产生的热能转变为机械能。能量的转换通过进气、压缩、做功（爆发）和排气四个过程来完成，把这四个过程称为柴油机的实际工作过程（也称为一个工作循环，这是对于单缸柴油机来说的）。工作循环不断地重复，不断地产生运动，使发动机持续向外输出动力。

柴油机分为二冲程柴油机和四冲程柴油机。钻机使用四冲程柴油机。

1. 柴油机的基本构造及原理

四冲程柴油机从其外部来看，可以将其分为三部分：气缸盖、机体和曲轴箱。从其内部来说，在发动机的机体中镶有气缸套，活塞则装在气缸套内。活塞通过活塞销与连杆小头相连接，连杆大头滑套在曲轴的曲柄销上，曲轴装在曲轴箱轴承上。活塞可以沿着气缸的中心线做往复运动，活塞的往复运动就可以带动曲轴。在曲轴的后端装有飞轮，气缸盖压在机体上，它与活塞的顶部构成一个密闭的空间作为燃烧室。在气缸盖上还装有喷油器、进气门和排气门。进气门和排气门定时开启和关闭。

1）曲柄连杆机构

曲柄连杆机构包括活塞组、连杆组、曲轴飞轮组等主要部件。它的作用是用来传递动力和改变运动方向，也就是将活塞的往复直线运动改变为曲轴的旋转运动，并将作用在活塞上的气体压力转变为扭矩，通过曲轴传递出去，对外做功。

（1）活塞组包括活塞、活塞环。活塞的材料一般选用铸铁和铝合金两种。铸铁的强度高，耐磨性和耐腐蚀性也比较好，膨胀系数较小，但质量大，导热性差。铝合金的质量小，导热性好，但膨胀系数较大，同时耐磨损和耐腐蚀性较差。目前铝合金的性能体现已经得到了很大的改善，应用非常广泛。活塞由顶部、身部、裙部和销座四部分构成。

活塞环分为气环和油环。气环是在高温、高压和化学侵蚀等不利条件下工作的，它安装在活塞的头部。气环有以下三个作用：①密封活塞和气缸壁之间的间隙。防止气缸中的新鲜空气和高温、高压的燃气泄入曲轴箱，对保证启动性能和延长发动机机油的更换周期有着十分重要的作用。②帮助活塞顶部散热。经气环传到气缸壁的热量占活塞吸收热量的70%~80%，这样可以使活塞的顶部热量不致过高。③控制机油。由于柴油机钻速较高，机油上窜问题比较严重，因此，气环可以起到控制机油的辅助作用。为了保证活塞的良好密封，柴油机通常装有三道气环。

油环有刮油、使机油分布均匀和辅助封气三个作用。

（2）连杆组包括连杆、连杆小头衬套、连杆轴瓦和连杆螺栓等。连杆由连杆小头、杆身和连杆大头三部分组成，连杆螺栓必须要按照规定的扭力拧紧。

（3）曲轴飞轮组的主要部件是曲轴和飞轮。曲轴在工作时，带动配气、供油、冷却、润滑等系统的部件及凸轮轴，控制着发动机各缸的工作顺序。曲轴的材料一般采用锻钢，目前采用较多的是用球墨铸铁制造的。飞轮的作用是储存和释放能量，使曲轴转动均匀、平稳。如果飞轮和曲轴装配不好，会引起发动机的振动并加速主轴承的磨损。

2）机体及气缸盖

机体是支撑和固定发动机各零件的主体构架，它包括气缸体、气缸、气缸盖和曲轴箱等。气缸在高温、高压状态下工作，因此必须要耐高温、耐磨损和耐腐蚀。为了保证气缸表面在高温下工作正常，对气缸必须要进行冷却。冷却的方式有两种：一种是用空气来冷却，另一种是用水来冷却。为了提高气缸表面的耐磨性，目前采用在缸体中装入缸套的办法，形成气缸的工作表面。气缸套可以从气缸体中取出，便于修理和更换，并能延长气缸体的使用寿命，水冷发动机采用这种形式。气缸套分为干式缸套和湿式缸套两种。干式缸套是指缸套的外壁不与冷却水直接接触，这种缸套采用的不多。湿式缸套是指缸套的外壁与冷却水直接接触，目前应用非常广泛。湿式缸套的外壁上开有环槽，用来安装封水圈，防止冷水漏入曲轴箱破坏机油。气缸盖是用来封闭气缸的，并与气缸的上部和活塞的顶部构成燃烧室。缸盖上布置有进排气通道和冷却水通孔，在气缸盖上还安装有气门组、喷油器等。

气缸盖工作在高温、高压条件下，承受热应力和预紧力。对于多缸发动机来说，气缸盖有一缸一盖的单体缸盖、两缸或三缸一盖的块状缸盖和全部气缸共用一个整体缸盖这几种结构形式。其中，块状缸盖这种形式应用较多，钻机上的发动机缸盖大多是这种形式。

3）配气机构及进排气系统

配气机构是实现柴油机进气过程和排气过程的控制机构。其主要作用是按照发动机的工作顺序，定时地打开和关闭进气门和排气门，保证及时吸入新鲜空气和排除气缸内的废气。

配气机构主要由气门组和气门传动组构成。配气机构分为顶置式和侧置式两种，汽油发动机多采用侧置式配气机构，柴油发动机则广泛采用顶置式配气机构。

气门传动组由挺杆、推杆、摇臂轴、摇臂座及凸轮轴等零件组成。挺杆的作用是将凸轮轴的推力通过推杆和摇臂轴传到气门；推杆的作用是用来接收挺杆传来的力，它与挺杆相互配合，控制着气门的开启和喷油器喷油；摇臂是推杆和气门间的传动件，其作用是改变推杆的运动方向，它控制着气门的开闭。

凸轮轴与凸轮是一个整体，用来控制气门的运动，并使气门按一定的工作顺序和时间开启和关闭。凸轮轴上有轴颈和凸轮，凸轮除驱动气门外，还驱动油泵、喷油器。

为了使气门在任何情况下都能关闭，气门在冷态时必须留有一定间隙。此间隙不宜过大或过小，间隙过大，会使传动件及气门与气门座之间产生撞击，加速磨损，同时气门开启高度和开启时间也会缩短，使气缸的充气和排气恶化，降低发动机的功率；间隙过小，则发动机传动件受热后有可能顶住气门或发生气门关闭不严、漏气及气门斜面严重积碳，甚至烧蚀。

气门间隙的大小可以用安装在摇臂上的调整螺钉来调整，调整按发动机技术数据进行。

进排气系统由空气滤清器、进气管、排气管、涡轮增压器、中间冷却器和消声器等组成。

空气滤清器的作用是消除空气中的灰尘杂质，将洁净的空气送到气缸中，从而减少活塞与气缸之间、活塞组之间、气门与气门座之间的磨损。空气滤清器分为油浴式、过滤式、惯性式及复合式几种形式。钻机上的柴油机一般使用复合式空气滤清器。复合式空气滤清器由粗过滤器和细过滤器组成。

进、排气管是新鲜空气进入发动机和废气排出气缸的通道。

增压器的形式有两种：一种是机械增压器，另一种废气涡轮增压器。柴油机常用的增压器是废气涡轮增压器。

中间冷却器（又称中冷器）的作用是利用冷却水冷却增压的空气，加大进气量，同时还具有加热进入发动机内的新鲜空气的作用。

消声器的作用：一是消除排气时产生的噪声；二是消除排气中的火焰。

4）柴油供给系统

柴油供给系统的作用是根据柴油机的工作要求，定时、定量地将燃油以雾状形式喷入气缸内，并与气缸内的空气形成良好的混合气以便燃烧。柴油机使用的燃料是柴油。

柴油机的燃油供给系统由两部分组成：一部分为高压油路，其作用是完成燃油的高压喷射工作；另一部分为低压油路，其作用是用来完成燃油的储存、输送和滤清等工作。

高压油路一般包括喷油泵、喷油器、高压油管等部件。

喷油泵的作用是提高柴油的压力，并根据柴油机的工作要求定时、定量地向燃烧室提供柴油。

低压油路一般包括柴油箱、柴油滤清器、输油泵和低压油管等部件。

柴油箱是用来储存燃油和向燃油供给系统提供燃油的附属装置。

柴油滤清器的作用是滤除柴油中的杂质及水分，以提高柴油的洁净度。

输油泵的作用是保证柴油在低压油路中的循环并保证连续不断地向喷油泵供应一定压力和足够的柴油。

目前，钻机上常用的有美国卡特彼勒公司和康明斯公司生产的两种柴油机。DM30 型和 DM45 型钻机上的发动机为康明斯公司生产的 QSX15 型柴油机。

5）润滑系统

在柴油机工作时，有关运动零件的表面间有着高速的相对运动。由于相对运动的存在，一些表面粗糙不平的零件在相互运动接触时就会产生摩擦，从而增加柴油机的内部功率消耗。同时摩擦会造成零件表面的迅速磨损，摩擦还会产生大量的热，很容易造成机件表面熔化，这样会使发动机无法正常工作。

为了避免出现上述情况，保证柴油机在正常工作状态下运转，柴油机设置了润滑系统。润滑系统中所使用的润滑油为内燃机油。内燃机油按其用途分为汽车机油、柴油机油、船用内燃机油等几大类。钻机柴油机润滑系统使用的是柴油机油。

柴油机润滑系统一般由机油泵、机油滤清器、机油冷却器、活塞冷却喷嘴等组成。

机油泵的作用是在发动机工作时，把机油从油底壳中吸上来，并以一定的压力将机油送到发动机有关机件的摩擦表面上去，以保证润滑系统内润滑油的不断循环。目前常用齿轮式机油泵。

机油滤清器的作用是滤除机油中外界侵入的杂质和内部磨损形成的杂质，以及机油受热氧化产生的酸性物质和胶状沉淀物，以保证润滑系统正常工作。

机油冷却器的作用是用来冷却发动机的机油，防止机油温度过高，影响发动机的正常工作。

活塞冷却喷嘴的作用是用来冷却活塞，活塞身部的温度由活塞环和气缸壁表面机油来散热，其裙部的温度则通过活塞冷却喷嘴喷射的机油来散热。

6）冷却系统

发动机在工作时，部分机件在高温状态下工作，特别是与燃烧气体直接接触的机件，如气缸盖、气缸、活塞等，这些机件将吸收大量的热量，如不及时加以冷却，将会产生不良的后果。

发动机如果过热，机件在高温下的机械强度会显著下降，容易损坏，其寿命也会大大缩短，同时还会发生变形卡滞、烧蚀等情况。机件温度过高，还会使机油受到破坏、变稀，甚至是烧焦变质，加剧了机件的磨损。发动机如果过冷，可燃混合气的形成和燃烧条件恶化，燃烧放出的热量减少，而损失的热量过多，使发动机耗油率增加、功率下降。温度过低，还会使机油黏度过大，润滑效果不好，机件在运动中的阻力增大；使燃烧产生的水蒸气凝结在气缸壁上，它和燃烧生成物会形成腐蚀剂，腐蚀缸套、活塞等机件。

冷却系统的作用就是把发动机机件所吸收的热量及时散发出去，使发动机始终保持在适宜的温度下工作。

冷却方式一般分为两种：一种为风冷；另一种为水冷，一般大功率发动机采用水冷却方式。

水冷却系统主要由散热器、风扇、水泵和节温器组成。

散热器（又称水箱）的作用是将冷却水所携带的热量散发到大气当中，以降低冷却水温度。

风扇通常安装在散热器后面，其作用是利用旋转时对空气产生吸力，使空气通过它的轴线方向流向散热器，加速了散热器芯中冷却水的冷却，从而加强了冷却系统对发动机的冷却作用。DM30 型和 DM45 型钻机上的散热器风扇是由液压马达来控制的。

水泵的作用是给冷却水加压，使之在冷却系统中加速循环流动。

节温器的作用是控制流经散热器的水量。柴油机上所用的节温器大多是蜡式节温器。当水温低于 70 ℃时，节温器关闭通向散热水箱的管路，使冷却水在发动机机体内部循环，这种循环称为小循环；当水温超过 70 ℃时，节温器阀门逐渐开启，直到水温达到 80 ℃以上时，阀门完全打开，流经散热水箱的冷却水增多，这种循环称为大循环。

7）启动系统

柴油机不能由静止状态自行转到工作状态，它必须要用外力转动曲轴，使气缸内形成可燃混合气并燃烧膨胀，工作循环才能自动进行。曲轴在外力作用下开始转动并达到发动机转入工作状态的过程，称为发动机的启动过程。完成启动过程所需的装置就是发动机的启动系统。目前，柴油机的启动方法有以下四种：

（1）手摇启动。这种方法就是用手摇把、手柄或绳索等直接转动曲轴和飞轮，它在一般中等功率的发动机上作为后备启动装置，或在调整发动机时使用。

（2）电动机启动。电动机启动是目前广泛在发动机上使用的一种启动方式。它是利用蓄电池供应电能给启动电动机，使之带动曲轴旋转。

启动电动机主要是在柴油机启动时使用，对在定额负载下最大连续运转时间有不同的规定，启动时间可从 15 s 到 30 s 不等。另外启动电动机启动时间也不能过长，否则对蓄电池也有较大的影响。

（3）汽油机启动柴油机。在有些功率较大的柴油机上采用专设的汽油机来启动。

（4）压缩空气启动。这种启动方法适用于功率较大的固定式柴油机。这种方法是利用事先储存在容器中的压缩空气来供给发动机的气缸，通过压缩空气推动活塞而使发动机的曲轴转动，当发动机的转速达到一定转速时，停止供气，发动机也在此时启动起来。

（二）工作机构

DM30 型和 DM45 型钻机的工作机构大致是相同的，一般由钻具、回转机构、加压/提升机构、接卸钻杆机构、钻架及起落机构组成。

1. 钻具

钻机的钻具主要包括钻杆和钻头两大部分（潜孔钻机除外）。

1）钻杆

钻杆是由无缝钢管和两端接头焊接而成的组合体。钻杆的作用是把轴压力和回转扭矩传递给钻头，并将压气从其内孔输送到孔底进行排渣和冷却钻头。

钻机一般设有两根钻杆，第一根是主钻杆，钻杆上接头与回转头连接，下接头连接着钻杆下接头或钻头。第二根钻杆是副钻杆，一般储存在储杆器上面。主副钻杆两端接头有连接螺纹，钻杆接头上有供装、卸钻杆的卡板口。

钻杆承受回转扭矩和轴压力的作用，其外壁又受孔壁和岩渣的强烈摩擦，工作条件比较恶劣。

钻杆的外径尺寸是与炮孔的直径相互匹配的，两者匹配必须适当，以便使钻杆与孔壁之间形成合理的环形空间，保证合理的排渣气流速度。环形空间越大，所需的压气量也越大，过大的环形空间会造成不必要的能量损失；但环形空间过小，会造成排渣困难，而且容易发生夹钻现象。

2）钻头

钻头是直接破碎岩石的工具，凿岩效率、钻进速度及钻头寿命在很大程度上与钻头结构形式及材质状况有关。从受力情况看，钻头承受很大的动力载荷及摩擦作用，因此要求钻头有较高的表面硬度、较好的耐磨性及足够的冲击韧性。就结构而言，钻头可分为整体和分体两种。使用最多的为整体钻头。

DM30 型和 DM45 型钻机使用的钻头从结构型式上可分为两大类型：切削钻头和牙轮钻头。

（1）切削钻头。切削钻头主要由上接头（过渡接头）、下钻头体、刀翼和喷嘴组成。其优点是切削速度较快，合金片修复（焊接）方便，适当增加刃片高度，可以提高钻头的效率；缺点是合金片易损坏，特别是遇到硬岩时，磨损更快。

（2）牙轮钻头。牙轮钻头主要由钻头体、牙轮、滚柱式轴承、中心管、铆钉等组成。它是将塔形锥体牙轮合金体简称牙轮，代替了合金片，且合金轮内有滚柱式轴承。轴承内套由铆钉固定在钻头体上，一般钻头体和牙轮为 3~5 个。气压风由中心管直吹孔底将岩渣吹出孔外。其优点是适用于中硬、特硬岩石，且排渣效果更好；缺点是轴压力不能过大，易伤钻具，不适用于软岩石钻孔。

（3）各种钻头的适用条件。钻头在钻孔时是直接破碎岩石的主要工具，钻头的结构形式不同，适用的条件也不同（表 11-5）。根据岩石的具体情况，选用不同结构形式的钻头，对提高钻孔效率，延长钻头使用寿命极为重要。

表 11-5　各种钻头的适用条件表

钻头类型	适 应 条 件
切削钻头	在腐蚀性小以及中硬 $f=6$ 以下的岩石
牙轮钻头	坚硬矿岩 $f>6$，排渣效果更好

2. 回转机构

回转机构是钻机工作机构的重要组成部分，它的用途是旋转钻具，并通过减速器把马达的扭矩和转速变成符合钻孔工作所需要的扭矩和转速。由于钻孔工作条件比较恶劣（冲击和振动），回转机构极易发生故障，为了保证钻孔工作的正常运行，回转机构各零件应具有足够的强度和耐久性，并且要求维护简单，操作方便，以利于提高钻机的钻孔效率。

使用回转减速器应注意以下几点：

（1）减速器为立式，因此要注意泄漏。

（2）它直接承受钻具的冲击和振动，因此其结构均应有相应的加强措施。

（3）减速器的输出轴承受较大的轴向力以及因钻具横向冲击对它产生的附加力和弯矩，因此输出轴应具有足够的承载能力。

（4）与进风接头连接的输出轴的上端必须有严密的密封装置，防止因压气侵入减速器内造成密封损坏而泄漏。

DM30 型、DM45 型钻机回转机构基本由回转马达、减速器、钻杆连接轴头、回转加压小车以及进风接头等部件组成。

回转马达经过减速后把动力传给减速器的中空主轴，后者带动钻杆使整个钻具实现回转。需要压气排渣的钻机，压气由压气管路经减速器上部的进风接头引入，再经中空主轴、钻杆和钻头进入炮孔进行排渣和冷却钻头。

3. 加压/提升机构

加压/提升机构是钻机的主要机构之一。其作用是给钻具施加足够大的轴压力，并在回转机构的配合下实现破碎，完成钻孔工作，同时也用该机构完成钻具的提升和下放。

加压/提升机构的类型较多，按其传动的方式不同又分为封闭链条-齿条式、钢绳-油缸式、链条-油缸式和链条-链轮组式。

DM30 型钻机采用钢绳-油缸式。DM45 型钻机采用链条/钢绳-油缸式。

采用钢绳传动具有质量轻的特点，但当传递很大的轴压力时，钢绳容易变形，出现钢绳断丝或断股现象，更换和调整钢绳都比较麻烦。

钢绳属于易损材料，它的好坏关系到安全问题。作为司机来说，必须要加强对钢绳的检查和维护，同时也要注意对钢绳的正确操作，防止发生旋转头脱落。在检查钢绳时，可通过其外来观察使用的状况，看是否有下列情况：扭结或严重扭转，断丝，变形、磨损或压扁的钢丝，被腐蚀的钢绳轮面或磨损的钢绳轮面。当出现上述情况时，应针对不同情况做出不同的处理。如钢绳轮发生不正常的磨损或损坏，应及时更换。

当发现钢绳有下面任何情况出现时，必须更换钢绳：

(1) 在钢绳一捻内有六根钢丝断裂。

(2) 在钢绳一根绞线内有三根钢丝断裂。

(3) 钢绳的外部原始直径有 1/3 被磨损。

(4) 钢绳严重扭结、被压扁或被切割。

(5) 绞线间的凹陷处有严重腐蚀。

4. 接卸钻杆机构

钻机的接卸钻杆机构全部安装在钻架上。接卸钻杆的动作是由接卸钻杆机构与回转机构共同完成的。

1) 结构形式与工作原理

接卸钻杆机构由送杆器、托杆器、卡杆器及定心环等组成。它主要是根据送杆机构的结构形式与所用动力的不同来分类。

根据送杆机构工作原理分为转臂式送杆机构、直推式送杆机构和平行连杆式送杆机构三种类型。

根据送杆机构所用动力的不同为液压式、气动式和电动式三种类型。

2) 接卸钻杆构的维护和运转注意事项

(1) 送杆器的上、下转臂必须保持结构同心、运转同步，发生变形应及时处理。

(2) 经常检查托杆器齿轮和齿条的啮合状态，及时清理其上的积垢和灰尘，以免影响推拉效果；在托杆器安装时，托轮架轴心位置可用地脚螺钉进行调节，以保证托轮与副钻杆的正确接触。

(3) 在卡杆时，卡杆器的卡板与钻杆的扳口必须卡牢，发现卡板或钻杆扳口磨钝时应及时处理，避免因工作失灵将钻具掉入孔中。

(4) 定心的轴承应转动灵活可靠，发现问题应及时处理。

5. 钻架及起落机构

1) 钻架

钻架一般用于安装回转机构，接卸钻杆机构，加压与提升机构的链条、钢绳及其均衡张紧装置等。它是钻机钻孔过程中的承载装置，也是钻具和回转小车的导向装置。

钻架一般采用槽钢或方管钢焊接而成。DM30 型、DM45 型钻机钻架是采用方管钢焊接而成的。其下部用销轴与主机架铰接，利用两个钻架起落油缸使其立起或放倒。当钻架立起时，利用钻架的锁紧装置将钻架固定在所需的工作状态下，以确保钻架的安全。钻架的倾斜角度有的可以通过打斜孔装置调整，有的则不能进行调整。

有的钻机在钻架的中部装有钻杆定位器（又称支杆器），它的作用是将钻杆保持在钻孔的中心位置上，以避免在打斜孔时，因钻杆自重下垂而影响接卸钻杆，另外，当钻架放倒时，也用它来支撑钻杆。

2）钻架起落机构

当钻机在进行长距离的行走、升降工作台阶、调整炮孔钻进角度以及检修钻架上某些部件时，都需要将钻架放下，因此在钻机上设有钻架起落机构。钻架起落机构是钻机的辅助工作机构，它是间断动作的，间歇时间较长。另外，由于该机构长期裸露在机体外部，经常受自然条件影响，所以要求钻架起落机构具备以下条件：

（1）起落时要平稳可靠。

（2）起架后要有稳妥可靠的固定装置，确保在钻进过程中钻架对地面的倾角不随时间推移而变化。

（3）由于钻架起落速度较低，起落时间较长，所以宜于采用较大传动比和较低传动效率的传动机构。

钻架起落机构根据动力装置和执行机构的不同分为钢丝绳式、齿条式、螺杆式和液压缸式等几种类型。

钢绳式钻架起落机构是靠卷扬机带动缠绕在定滑轮和动滑轮上的钢绳实现起落动作。这种机构结构简单，体积小，重量轻，但安全性低、可靠性差，并且在正常工作时，这种机构对钻架不起稳定作用，尚需配以支撑杆件。目前已基本淘汰。

螺杆式钻架起落机构最早应用在钢绳冲击式钻机上，现在已逐渐被齿条式起落架机构和液压缸式钻架起落机构所取代。

齿条式钻架起落机构是由齿条、齿轮、蜗轮蜗杆减速器组成。起落钻架时启动电动机，经蜗轮减速带动齿轮回转，从而推动齿条运动，使钻架实现起落动作。齿条式钻架起落机构具有工作可靠，支撑稳定性好等优点，但它的机构庞大，传动零部件多，只有在重型钻机上采用。

液压缸式钻架起落机构由于体积小、质量轻、结构简单、操作方便，而且具有很大的工作力矩，所以是比较理想的，也是钻机上广泛使用的钻架起落机构。

（三）行走机构

钻机行走机构的作用是使钻机能够在采矿场内自由移动（走车），以适应调换孔（稳孔）、转移工作场地（长途走车）和躲炮等不同工作的要求。

为了充分发挥钻机的工作效率，行走机构应满足以下几点要求：

①足够的牵引力，能适应采场内的转弯和爬坡；②有合理的行走速度；③底盘有足够的支承面积，以适应在各种地表条件下行走或稳车；④操作控制方便，制动灵活可靠；⑤有足够的强度和刚度，以支承上部机体。

钻机按其行走的方式不同分为履带式和轮胎式两种，其中履带式是应用最广泛的一种。

履带式行走装置具有以下优点：通过性能好，有足够大的附着力，能适应不平整和坡度大的路面；机动性好，不需要铺设轨道和平整路面，并且爬坡度和急转弯性能好；对地比压小。

1. 履带式行走传动机构构造

钻机的行走机构大多为刚性多支点的履带装置，根据钻机机重和性能要求的不同，多采用液压挖掘机底盘装置。DM30/45 型钻机采用卡特彼勒公司生产的底盘。它主要由履带、履带架、导向轮、支重轮、托带轮、横梁、履带张紧装置、驱动轮及驱动装置组成。

履带是由履带板铰接成的封闭链；支重轮支承整体机重并传给路面；托带轮的作用是承担上段履带重量并使其免于过度下垂；驱动轮及驱动装置装在履带架的一端，行走机构的动力通过它传给履带；履带张紧装置的作用是使履带张紧；导向轮、横梁的作用是使履带在正确的位置上运行。

液压挖掘机底盘的车架没有底架，由横梁和履带架组成。横梁由前梁和后梁组成，后梁又称为平衡梁也称摆动梁。平衡梁断面呈长方形，其两端通过销轴与履带架铰接，中间用销轴与主机架铰接：前梁为圆轴又称死轴或行走大轴，其两端轴颈通过轴承座与履带架相连，中间两点与主机架固接。这样，主机架经过三点支承在前、后梁上，履带可以绕着后梁轴颈前后转动。当钻机在高低不平的路面行走时，平衡梁可以随着路面的变化情况进行摆动，使履带能够均匀着地，自动调节并减少机身的倾斜，从而适应不同路面的行驶要求。

履带架是履带行走装置的支承机构，除履带外，行走机构的零件都装在履带架上，它承受着上部机架的全部重力负荷。在工作中由于地表条件的变化，会造成履带架开裂现象。所以，司机在操作钻机过程中要加强对该部位的检查，发现有开裂现象应及时进行焊修处理。

2. 行走机构的传动机构

行走传动机构负责把动力或扭矩经过合理的调整后，传给履带行走装置。行走传动机构由行走（电机）马达、制动器、联轴节、减速箱、行走减速箱等组成。

DM30 型、DM45 型钻机的行走采用马达—制动器—行走减速箱—驱动轮机构来实现。这种传动系统效率高、寿命长、维修方便。

（四）风压系统

钻机在钻进时，利用压缩空气进行排渣，这一系统被称为风压（或供风）系统，其主要由螺杆式压缩机、螺杆式压缩机的润滑及冷却系统、螺杆式压缩机的分离系统和螺杆式压缩机调节系统等组成，核心是螺杆式压缩机。螺杆式压缩机工作性能的好坏，直接影响到钻机的钻孔效率及维修成本。

1. 螺杆式压缩机的构造及原理

1）螺杆式压缩机的构造

DM30 型、DM45 型钻机所采的空气压缩机属于单级喷油螺杆式压缩机，它主要由主动转子（阳转子）从动转子（阴转子）及机身（气缸）组成。在主机机壳体内装有不同齿数和齿形并互相啮合的主动转子和从动转子。主动转子为四个凸螺旋形齿，从动转子为六个凹螺旋形齿。在主动转子一端的轴头上装有供给整个机组所有循环油路用油的油泵。

2）螺杆式压缩机的工作原理

螺杆式压缩机是容积式回转压缩机的一种。螺杆式空气压缩机的基本工作原理与其他类型的空气压缩机相同，即空气经过压缩后，由于体积的缩小而使压力增大。螺杆式空气压缩机的主动转子带动从动转子旋转时，两转子螺旋齿的啮合部位随转子的转动而沿转子轴向向前运动，处于两螺旋齿啮合部位的前方齿槽的容积，随啮合部位的前移而逐渐减小，齿槽内的气体逐渐被压缩。当前方齿槽旋转到排气口位置时，被压缩的气体达到额定压力，从排气口排出。随着两个转子啮合部位前移，其后方齿槽空间的容积逐渐扩大，并形成局部真空状态，而此时后方齿槽正好与压缩机的进气口相通，空气被吸入，这样随着转子的连续旋转形成了齿间容积周期性变化，气体便不断地被吸入并被压缩。

2. 螺杆式压缩机的润滑及冷却系统

螺杆式压缩机的润滑油是通过滤油器、油冷却器、进油阀等来实现润滑和冷却的。

（1）滤油器。滤油器主要由盖体和机油滤清器组成，其作用是滤除润滑油中的杂质，在使用中要定期更换滤清器。

（2）油冷却器。油冷式螺杆压缩机一般采用管壳式冷却器，主要由壳体、封头和芯子部件组成。其作用是冷却螺杆式压缩机的润滑油。

（3）进油阀。进油阀主要由阀体、阀芯、密封等组成。它装于主机底部的油分配室前。进油阀的开、关由单向阀前的气体压力来控制。

冷却方式主要有两种：一是风冷，利用风扇；二是水冷，利用循环水装置。风冷装置中风扇一般为轴流组合式，主要由扇叶和夹盘组成，通过皮带轮和皮带，由主机的阳转子传给动力。DM30 型、DM45 型钻机采用液压马达驱动风扇为油冷却器散热。

3. 螺杆式压缩机的油气分离系统

1）螺杆式压缩机的油气分离系统的组成及作用

螺杆式压缩机的油气分离系统主要包括油气分离器和管路，从机体排出的气体是油气混合物，不能直接使用，必须经过油气分离系统的处理。

油气分离器主要由盖体、罐体和滤芯组成，其作用是分离混合的油气，储存分离后的润滑油和纯洁的空气。

2）螺杆式压缩机的油气分离系统的工作原理

来自主机排气口的油气混合气进入油分离器罐体空间，经离心处理，大部分油落入罐体下部，含有少量润滑油的压缩空气经过滤芯分离，使润滑油得到回收和洁净。油分离器收集到的润滑油储于罐的底部。

4. 螺杆式压缩机的调节系统

1）空气压缩机的调节系统构造

空气压缩机的调节系统主要由压力表、调压阀、排放止回阀等部分组成。其作用是根据空气的消耗量来自动控制压缩机的排气量，保持压缩机在预定的压力范围内工作。

2）螺杆式压缩机的调节系统工作原理及调节过程

调节系统是依据压缩空气的压力变化来达到自动调节的目的。下面以 DM45 钻机为例简单介绍螺杆式压缩机调节系统的调节过程。

（1）开始位置。控制手柄处于“OFF”位置，入口蝶阀关闭。在压缩机启动时，少量空气通过蝶阀小孔进入空压机，空压机真空增大，控制阀的螺线管启动。控制阀打开后，压力降低，放空阀弹簧将阀移动到打开位置。接受储罐中的压力可以通过放空阀溢出。接受储罐中的空气压力被维持在最小，保证空压机建立稳定油压，空压机保持在一个较低背压下空载运行。

（2）运行位置。在钻孔时，拉动控制手柄并打开入口蝶阀。造成真空开关开路而控制阀被弹簧压力移动到打开位置。控制放空阀关闭并截止通过放空阀溢出的所有空气。然后所有空气压力通过最小压力阀被输送给钻头。

（3）钻头被卡住的位置。在钻机钻头被堵塞卡住的情况下，系统中的压力会上升直到它将安全阀打开。为了防止此种情况发生，在系统中安装了一个止回阀和气缸。只要接收器压力接近安全设定值，止回阀打开并让压力流到气缸处。气缸被接到入口蝶阀处并在空气压力恢复到止回阀设定值时气缸中的弹簧才关闭。

（五）液压系统

目前，钻机的辅助工作机构如起落钻架机构、接卸钻具、起落捕尘罩、加压/推进装置等均采用了液压传动系统。液压传动系统可以在较大调速范围内实现无级调速；在输出相同功率的前提下，装置体积小、质量轻、结构紧凑；动作灵敏、承载能力大、运转平稳、冲击较小，便于实现频繁换向；操作简单，便于实现自动化等优点，在减轻工人劳动强度方面，起到了很大的作用。

1. 液压传动系统组成

液压传动系统的组成基本相同，由动力元件（油泵）、执行元件（油缸）、控制元件（各种控制阀）和辅助元件（油箱、滤油器及油加热器等）所组成（图 11-6）。

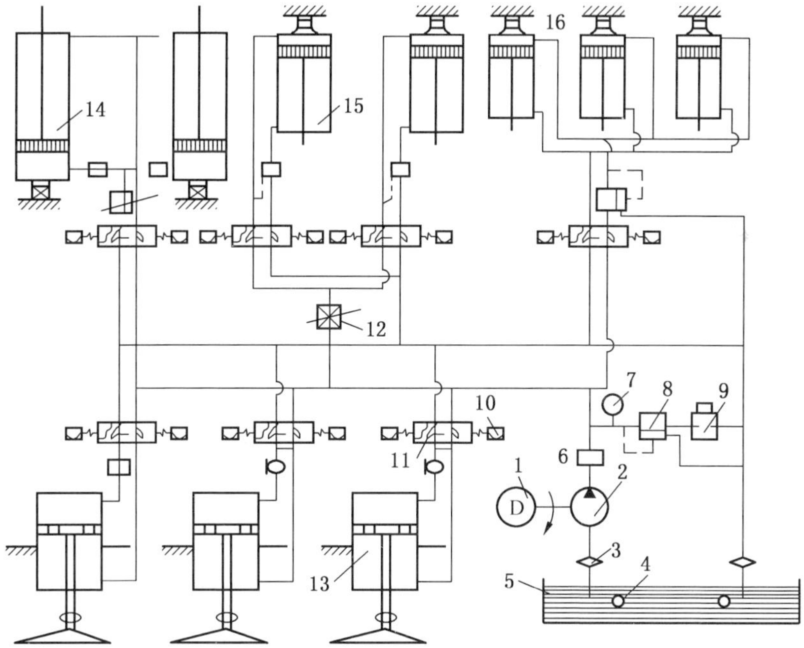

1—油泵电动机；2—油泵；3—过滤器；4—油加热器；5—油箱；6—直通单向阀；7—油压表；
8—溢流阀；9—电磁单向阀；10—电液单向阀；11—液控单向阀；12—节流阀；
13—千斤顶油缸；14—钻架起落油缸；15—钻杆摆动油缸；16—液压卡头油缸

图 11-6　钻机液压系统图

钻机工作时，油泵从油箱吸油，供给油缸进行工作，然后再排回油箱，根据各个油缸的工作特点，在系统中设置了不同的控制装置。

2. 液压传动系统的主要元件及功能

1）动力元件

动力元件主要是液压泵，它供给液压系统压力油，将发动机传出的机械能转换为油液的压力能，用压力油推动整个液压系统工作。

2）执行元件

执行元件主要包括液压缸和液压马达。液压缸是将液体压力能转变为机械能，机械能驱动油缸做直线往复机械运动，来实现各部的动作；液压马达是将液体的压力能转变成旋转的机械能。在钻机中主要使用的是液压缸。

3）控制元件

控制元件主要包括各种控制阀，如压力阀、流量阀、方向阀等。通过这些阀来控制和调节液流的压力、流量和方向，以满足对传动的要求。

4）辅助元件

辅助元件包括滤油器、油箱、冷却器、加热器、管路、接头、压力表和其他控制仪表等。

3. 钻机的液压控制系统

1）钻机液压系统的压力控制

钻机液压系统的压力控制包括限压、保压和卸压（图 11-7）。当油泵启动或油泵运转而液压系统暂不工作时，需要使油泵卸荷，这既可保护发动机，又能延长油泵的使用寿命，同时也节省动力消耗，减少系统的发热量和提高效率。为了达到这个目的，在回路中装有电磁换向阀 5，它与溢流阀的遥控口连接。在启动或非工作循环时，操作电器控制开关，使电磁换向阀通路，则油泵出来的油，经过溢流阀和电磁换向阀直接流回油箱而卸荷。回路中装有溢流阀，起限压保护作用，可防止系统工作时过载。当油泵停止时，系统内要产生高压冲击，为了防止高压油冲击油泵，在回路中装有一个直通单向阀，用来锁紧油路，保护油泵的安全。

2）钻机起落钻架系统

钻机起落钻架系统如图 11-8 所示，回路中是一个电液换向阀同时控制两个油缸同步工作（也有单油缸，其原理相同）。由于油缸活塞杆刚性连接在钻架上，为了能使钻架升起时停在适当位置，在通往油缸下腔的油路中接入了液控单向阀。这就保证了在钻架自重的作用下，油腔下腔回路自动锁紧，从而使钻架停在任意的位置上。为了控制钻架的起落速度，在回路中串联了一个可调式节流阀。

3）钻机液压支腿系统

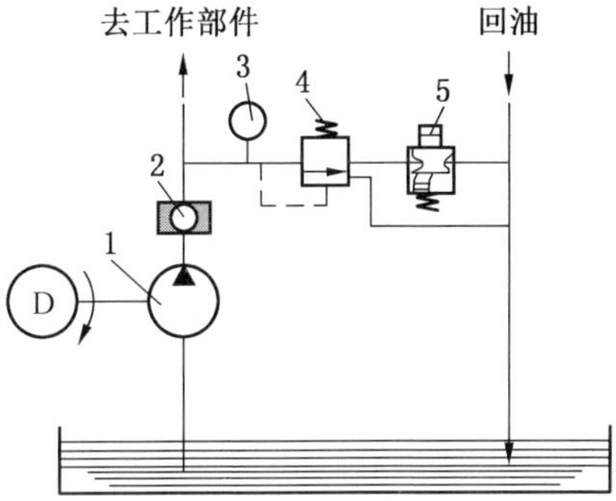

1—油泵；2—直通单向阀；3—油压表；
4—溢流阀；5—电磁换向阀

图 11-7　压力控制回路

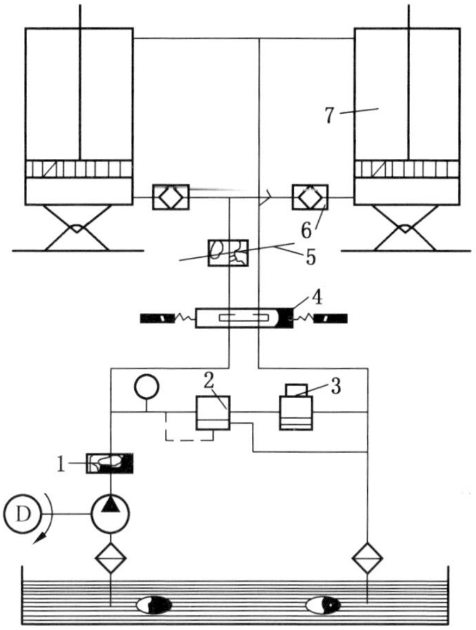

1—直通单向阀；2—溢流阀；3—电磁换向阀；
4—电液换向阀；5—节流阀；6—液控单向阀；
7—油缸

图 11-8　钻机钻架起落回路

钻机液压支腿系统主要有支腿油缸、液控单向阀、换向阀、溢流阀和管路等组成（图 11-9）。在稳平机身时，由于各支腿将机身顶起时的行程不同，因此各支腿都有单独的液压回路。为了使支腿油缸能在升起的任意位置锁紧，在通往油缸上腔的回路中设有液控单向阀，当支腿油缸处于工作状态时，单向阀锁紧油缸上腔回路，使油不能泄漏，保证钻机平稳工作。因液控单向阀的控制油与通往下腔的油路连通，所以只有当收起液压支腿时，压力油经换阀进入油缸下腔的同时将单向阀打开，使上腔与换向阀接通并经单向阀、换向阀流回油箱。

（六）排渣和除尘装置

钻机在钻孔作业时，会产生大量的岩粉，这些岩粉必须及时地排出孔外，以保证钻机正常工作。将岩粉从孔底排到地面的过程，称为“排渣”。

排出孔外的岩粉，如不采取有效的除尘措施，粉尘将会扩散在周围的空气中而影响工作人员的健康，因此，钻机需要装备除尘装置。所谓除尘，就是使排出孔外的岩粉通过一套机械设备将其捕集起来，不让它散布到周围的大气中。除尘工作的重点是解决细小粉尘的捕集和清除问题。

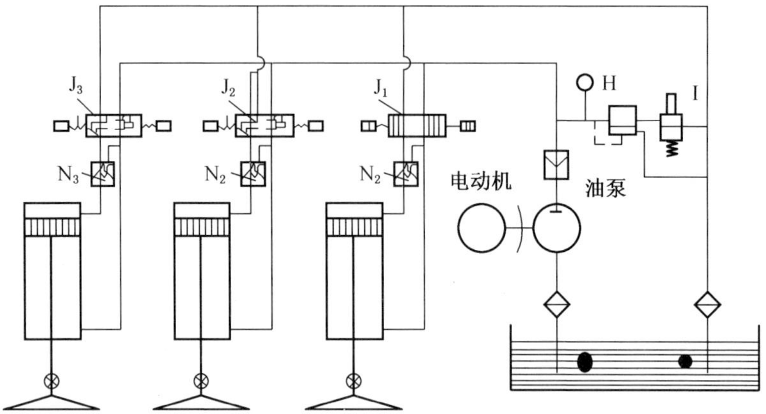

N—液控单向阀；J—电液换向阀；I—电磁换向阀；H—溢流阀

图 11-9 液压支腿控制系统

根据除尘方式的不同，可将除尘装置分为三类，即干式除尘、湿式除尘和混合式除尘。

1. 干式除尘

1）干式除尘装置的组成

干式除尘装置是由捕尘罩、沉降箱、旋风除尘器及脉冲布袋或纸质滤芯除尘器等组成。

干式除尘是利用捕尘罩、沉降箱、旋风除尘器及脉冲布袋除尘器或干式纸芯过滤器等设备将岩粉捕集起来，从而降低空气中粉尘浓度的一种除尘方法。干式除尘对于高寒、缺水地区的钻孔作业是非常适用的，而且除尘效果比较好。但这种除尘方式的设备构造复杂，维护检修也不方便，捕集后的粉尘落在地上还会形成二次污染源。

2）干式排渣除尘系统的工作原理

干式排渣除尘系统的工作原理是：压缩空气从加压小车上的孔口进入到钻杆，并经钻头的喷嘴吹到孔底，然后加速扩散，将岩粉吹起，使之沿着杆和孔壁之间的环形空间向上运动，最后被吹到孔口处用捕尘罩与外界隔离。当岩渣喷出孔口后，经通风机的作用继续运动，经沉降箱、旋流器或脉冲布袋除尘器、干式纸芯过滤器，最后排到大气中。

捕尘罩和沉降箱属于由重力作用而沉降岩粉的重力除尘器；旋流器属于由惯性力作用而分离岩粉的惯性力除尘器；脉冲布袋除尘器属于由多孔介质过滤作用的过滤式除尘器；干式纸芯过滤器属于筒状过滤器，它是过滤经沉降后较细小的尘粒。纸式滤芯要经常检查过滤效果及有无破损。

由于干式脉冲布袋除尘采用得较多，因此，在使用脉冲布袋除尘器时要注意以下几点：

（1）经常检查过滤袋，发现有破损现象时要立即更换。

（2）为达到除尘的效果，可以提高压缩空气压力，并增加压气的脉冲次数。

（3）除尘器的导管最少半年检查一次，主要检查有无堵塞现象。

（4）马达和轴承的润滑要及时。

DM30、DM45 钻机采用干式纸芯过滤器排渣除尘系统

2. 湿式除尘

湿式除尘是指对排出的岩粉进行湿化的一种除尘方式。根据湿化位置的不同，可将湿式除尘分为孔底湿化法和孔口湿化法。

（1）孔底湿化法是在压缩空气进入钻杆前，用风水混合器将水雾化，水雾在进入孔底后将岩粉湿化，再利用压气将其排到地面，然后用通风机将颗粒状的岩粉吹到钻机的一边，采用这种方法除尘，可以比较好地控制粉尘飞散的问题，但其排渣效果不理想，对钻机的钻孔效率和钻头的使用寿命都有影响，同时，这种除尘方式在我国北方高寒地区极易发生水箱和管路冻结现象。

（2）孔口湿化法是将排出的岩粉在孔口进行喷湿的一种方法，又称为干排湿除法。采用这种方法，能够发挥出干式除尘的优越性，同时还可克服孔底湿化的缺点。但这种方法同样不适合我国北方高寒地区的使用。

湿式除尘方法的缺点是影响钻机的钻进速度和钻头的使用寿命；其优点是结构简单、使用方便和除尘效果较好。

采用湿式除尘的矿山，在寒冷季节作业时，要注意以下两个问题：一是必须要采用加热器；二是在停机或备停状态下，必须要将管路中的水全部放出或用压气吹出。

3. 混合式除尘

混合式除尘就是将以上两种除尘方式相结合的除尘方式。混合式除尘比较适合在我国南方温暖地区使用。

（七）电气系统

钻机电气系统是钻机的重要组成部分，它不仅仅担负着启动、照明、信号、监测等工作。随着钻机的大型化、现代化、经济性、舒适性、安全性、可靠性及节能、低污染的提高和钻机电子技术的迅速发展，电气设备的日益更新，电气系统也日趋复杂。它不仅功率不断增大、数量不断增多，质量和性能不断提高，而且向组合式、小型化、自动化方向发展，尤其是微机的应用，更使其进入一个崭新的阶段。所以，钻机电气系统工作的好坏，对保证钻机的动力性、经济性和安

全性越来越重要，同时也给我们工程技术人员、设备司机提出向更高、更新的电器知识学习的要求。

1. 钻机的电气设备组成

钻机的电气设备可划分为七大部分：

（1）充电系统。由蓄电池、发电机和调节器等组成。

（2）启动系统。主要由启动机和继电器组成。其任务是启动发动机。

（3）照明及信号装置。包括各种照明和信号灯及喇叭等。其任务是确保车内照明和保证各种运行条件下的人车安全。

（4）监测系统。有电压表、机油压力表、水温表、燃油表、发动机计时表和发动机转速表等。

（5）舒适系统。主要有空气净化机、空调装置等，其任务是为操作者提供良好的工作条件和舒适的环境。

（6）微机控制系统。目前 DM30 型、DM45 型钻机的发动机均采用电子控制燃油喷射系统。

（7）辅助电器。包括电动刮水器、挡风玻璃喷水器等。

钻机电气系统看起来十分复杂，但其基本原理和其他工程设备（推土机等）是相同的，电气系统的特点也基本一致，可用十六字概括，即“两个电源、低压直流、并联单线、负极搭铁”。

（1）两个电源。两个电源是指蓄电池和发电机。蓄电池主要在启动时供电。发电机是主要电源，它在钻机正常运行时向用电设备供电，同时还给蓄电池充电。

（2）低压直流。钻机电源电压基本是 24 V，属于安全电压。直流主要是指电流的大小和方向不随时间而改变。

（3）并联单线。钻机上的所有用电设备均采用并联连接。发动机、底盘等金属体可成为各种电器的一条公用线路，这样由用电器到电源就只需一条导线了。这就是所谓单线制。

（4）负极搭铁。负极搭铁是指利用发动机、底盘等金属体作为各种电器的一条公用线路，减少了一条导线，电器回路称为负极搭铁。

2. 主要电气部件

1）蓄电池

蓄电池是一种把化学能转换成电能的装置。钻用蓄电池多采用铅蓄电池，它的极板主要是铅和铅的氧化物。它采用的电解液是硫酸溶液，故也称为铅酸蓄电池。

（1）蓄电池的组成。蓄电池主要由电池箱（外壳）、电解液和极板组成。

（2）蓄电池的功用。蓄电池主要在启动时供电。正常情况下，发电机运转起来后，其电压都会高于蓄电池的电动势。此时，发电机单独向用电设备供电，蓄电池处于被充电状态。

2）发电机

（1）发电机的组成。钻机发电机主要采用直流硅整流发电机，直流硅整流发电机主要由三相同步发电机和硅二极管整流器两大部分组成。

（2）用途。机用电源，并给蓄电池充电，作为发动机停止时的电源。

3）起动机

钻机起动机采用直流串激电动机。它是指定子激磁绕组与转子（电枢）绕组采取串联连接方式的一类直流电动机。起动机的作用是发动机启动，多小时工作制。

（1）起动机的组成。起动机由直流电动机、传动机构和控制装置组成。

（2）起动机组成部件的作用如下：

①直流电动机的作用是把电能转换为机械能，产生电磁转矩。

②传动机构的作用是在发动机启动时，使起动机小齿轮与发动机飞轮齿圈啮合，将起动机转矩传给发动机曲轴；当发动机启动后使起动机与飞轮齿圈自动脱离。

③控制装置的作用是接通或断开起动机与蓄电池之间的电路，实质是起动机的开关。

（3）按照传动机构进入啮合方式可将起动机分为齿轮移动式和电枢移动式。

①齿轮移动式起动机。依靠人力或电磁力拉动杠杆强制传动机构小齿轮啮入发动机飞轮齿圈。因为其具有结构简单、操作方便等优点，被工程机械广泛采用。

②电枢移动式起动机。依靠起动机磁极线圈通电后产生的电磁力，使电枢轴向移动推动驱动小齿轮啮入飞轮齿圈；发动机启动后由回位弹簧使电枢回位，带动驱动齿轮退出啮合。

（八）附属装置

DM30 型和 DM45 型钻机附属装置包括平台、司机室和液压支腿。

1. 平台

平台是钻机各部件的安装基础和操作、维护场地。它承受着部分机重（行走时底盘着地）或全部机重（钻孔时整机由液压支腿支起）以及工作时的部分工作载荷。因此，要求平台要有足够的强度、刚度以及必要的面积，另外，各部件在平台上的布置要合理对称，平台受力要均匀。

钻机工作时，平台承受了较大的荷载，因此，要求平台的结构具有较高的强度和刚性。一般钻机平台采用深梁工字钢作为构架，平台组件的材料多用合金钢并焊接成一个整体。平台的前部与履带行走装置的前轴铰接在一起，平台后部支承在后梁上。

2. 液压支腿

液压支腿是钻机钻孔时将机身抬起和调平的装置，它能使钻机在比较稳固的基础上进行钻孔作业。

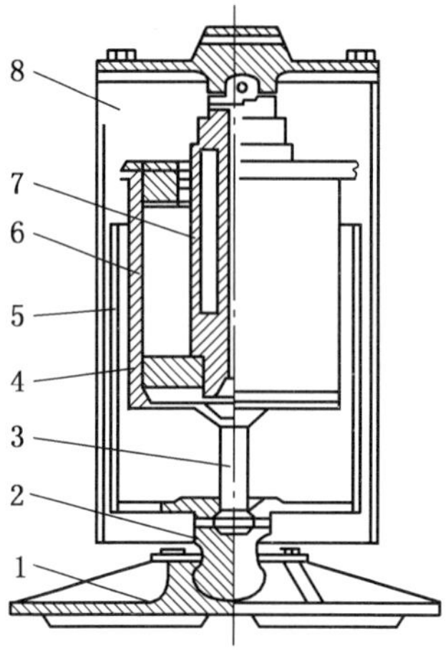

1—支撑盘；2—下支铰；3—缸体支铰；4—活塞；5—内套；6—缸体；7—活塞杆；8—护罩

图 11-10　液压支腿示意图

DM30 型、DM45 型钻机有 3 个支腿，3 个支腿（前 2 后 1）方式易使钻机沿纵向中心线倾斜，需要操作者熟练掌握。

液压支腿一般由油缸、支撑盘和保护罩等组成，其结构如图 11-10 所示。为了能在不平的地面上保持液压支腿的正常工作，油缸与支撑盘之间用球铰联结。

液压支腿的工作原理如下：高压油进入缸体下腔后，迫使缸体、内套和支撑盘一起向下移动，当支撑盘与地面接触后如下支铰继续进油，则钻机就被抬起。当缸下腔回油时，则机体将落下。

钻机在工作现场钻孔时，工作表面往往高低不平，为了保证钻机能够调平，要求油缸有足够大的行程。当钻机上坡时，为防止碰坏支撑盘，一般都使前支腿抬起高度大于后大腿。

3. 司机室

司机室为钢板、型钢焊接而成的框形结构，一般设有二门四窗，四壁附有隔热消声层或保温层，玻璃为中空玻璃，内设操纵台、取暖装置、风扇、主副司机座椅、增压净化装置等。地面铺有橡胶地板，能起到绝缘和防滑作用。

四、钻机操作基础知识

熟悉钻机的操作基础知识，可以提高司机的操作技术水平，保证人身及设备的安全，同时还能提高设备的完好率及穿孔工作效率，延长钻具的使用寿命，降低穿孔成本。因此，钻机操作基础知识是每个司机必须学习和掌握的。钻机操作基础知识包括岩石的性质与分级、钻孔原理、地层变化和钻头破碎岩石能力四个方面。

（一）岩石的性质与分级

在露天采矿工作中，钻孔机械的工作对象是岩石。

钻孔爆破是把岩石从岩体上破碎下来，钻孔机械的作用就是在岩石上钻出炮孔，以供爆破时装填炸药。一方面机器要克服岩石的阻力，保证钻孔工作的正常进行；另一方面岩石是机器站立的地基，其稳定性也是需要考虑的。有效破碎岩石和可靠维护岩体都要求我们必须对岩石的物理机械性质有所了解。

岩石的物理机械性质是采矿工程的基础资料，是精心设计和制造新型钻机以及探求高效率、低能耗的钻孔方法的依据，也是合理选择设备和工艺的指南，对生产和建设所取得的技术经济效果有直接密切的关系。如岩石可钻性的差异可使钻孔速度和钻头寿命产生 1~5 倍的差别。钻机是在不同的岩石上进行钻孔的，岩石的物理机械性质是选择钻头类型、决定钻孔参数的重要依据。

岩石的物理机械性质是比较复杂的，它随着岩石的赋存条件，生成原因和组成、成分的不同而异，故对钻进的影响也各不相同。为了更好地进行穿孔工作和提高钻进效率，必须对岩石的物理机械性质有所了解，掌握其规律性，并以此为依据，正确地使用穿孔设备及工具和合理地确定穿孔工作制度。

1. *岩石的性质*

岩石的物理性质包括密度、比重、重力密度、孔隙率等。

岩石在外力作用下所表现的性能称作机械性质。

岩石的主要物理机械性质有：重力密度、松散性、强度、弹性、脆性、研磨性、可凿性、稳定性、韧性，硬度等 10 种。

（1）重力密度。岩石在干燥状态下单位体积的重量。岩石一般容重为 2.3~3.5 t/m^3。几种常见岩石的重力密度见表 11-6。

表 11-6　常见岩石的重力密度表

岩　石	花岗岩	砂岩	石灰岩
容重/($t \cdot m^{-3}$)	2.56~2.67	2.11~2.14	2.46~2.68

（2）岩石的松散性。岩石的松散性是指整体的岩石破碎成碎块后，体积增大的性能，通常用松散系数 K 来表示，即表示破碎后的容积和原岩石容积之比值。岩石越坚硬破碎后岩石块度越粗越均匀，则松散系数也越大，否则相反，一般 $K=1.2~1.6$。几种岩石的松散系数见表 11-7。

表 11-7　岩石的松散系数表

岩石名称	松散系数
纯砂和砾石	1.05~1.2
中等坚硬的煤	1.4

表11-7(续)

岩石名称	松散系数
石灰和砂岩	1.25~1.5
坚固的岩石	1.8~2.5

(3) 强度。强度是指岩石抵抗压应力、拉应力、剪切应力等性能。

强度在结构力学中是表示一种材料抵抗以上几种简单应力的性能常量，但岩石破碎和一般材料的破坏却有着本质上的不同。此外岩石的强度视石块的方向和尺寸的大小有着很大的变化，所以强度在钻凿过程中只是一种坚固性的指标而不是唯一的物理常量；通常来说岩石的抗压强度最大，抗拉强度仅为抗压强度的1/10~1/50，而抗剪强度仅为抗压强度的1/8~1/12。

(4) 岩石的硬度。岩石的硬度是指岩石抵抗尖锐工具侵入的性能，硬度越大，钻凿就越困难。史立涅尔的硬度测量方法对钻凿工作有实际意义。这种方法是用端面积1~3 mm^2 的圆柱形平端压头来压入岩石，以岩石发生破裂或发生塑性变形时所承受的压力强度作为岩石的硬度（表11-8）。这种岩石硬度的数值比岩石试块的强度大出几十倍。

表11-8 岩石的史氏硬度和强度表 kg/cm^2

岩石名称	史氏硬度	抗压强度
石英岩	70.000~100.000	3.000~5.000
花岗岩	35.000~60.000	800~2.500
碳酸盐类岩石	3.00~50.000	50~2.600
硬石膏	20.000	271.200

(5) 岩石的弹性。岩石的弹性是指当加给岩石的外力撤去后，它能恢复为原来形状和体积的性能。此种性能使岩石遭受冲击力时不易破碎，使钎子发生弹回的现象。岩石的弹性越大钻凿则越困难。

(6) 岩石的脆性。岩石在被破坏时不带残余变形的性能叫作岩石的脆性。脆性越大的岩石消耗于岩石产生变形的功越少，钻凿越容易。此外岩石的这种性质与载荷的速度有关。载荷的速度越大，脆性就越显著。由于凿岩是冲击载荷，故岩石一般是脆性破坏。脆性岩石容易炸破，但不易支护。

(7) 岩石的韧性。岩石的韧性是指岩石抵抗外力作用使其分裂成碎块的能力。韧性大的岩石，不利于炸破，但有利于支护工作。

(8) 岩石的研磨性。岩石腐蚀工具的性能叫研磨性。岩石的研磨性可用在单位压力下工具移动单位长度后被磨损的体积来表示。

（9）岩石的可凿性。在凿岩石时岩石受外力而被破碎的性能叫作岩石的可凿性。

（10）岩石的稳定性。岩石的稳定性是指当岩石暴露出自由表面以后，不至于塌陷的性能。这种性质在进行斜坡挖掘时尤为重要和明显。它对采空场和井巷的维护有着十分重要的意义。根据稳定性不同，岩石可分为：极不稳固、不稳固、中等稳固、稳固和极稳固的五种。

2. *岩石的坚固性及其分级*

人们在长期的生产实践中认识到有些岩石很容易破碎，有些岩石难以破碎。难以破碎的岩石一般也难于凿岩，难于爆破，其强度、硬度也比较大。概括地说就是比较坚固。因此人们用岩石坚固性这个概念来表示岩石在破碎时的难易程度，其大小用岩石坚固性系数来表示。岩石坚固性系数又称普氏系数，通常用下式计算：$f=R/100$（R 单位 kg/cm^2），其中 R 为岩石标准试样的单向极限抗压强度值。

坚固性越大的岩石，坚固性系数也越大，岩石的坚固性系数一般为 $f=1\sim20$。

岩石的物理机械性质，如强度、弹性以及脆性等，虽然对钻孔时破碎岩石有某种程度的影响，但在生产实践中，还不能利用某一种性质来表示出岩石破碎的难易程度。苏联 MM 普洛托齐亚诺夫提出了岩石的坚固性这一综合概念。它是岩石抵抗拉、压、剪切、弯曲等作用的综合表现。普氏的基本观点是岩石的坚固性在各方面的表现趋于一致，即可以用岩石在某种破坏方式下所表现的坚固性指标来表示其他破坏情况下的坚固性。假定一种岩石比另一种岩石在可钻方面坚固 f 倍，那么它将在其他机械性方面（如爆破性、抗压、强度等）也比另一种岩石坚固 f 倍。根据这一观点，普氏将岩石按坚固性分成 10 级，用坚固性系数 f 来表示岩石的坚固性，并用 $f=20$ 表示最高的 Ⅰ 级和 $f=0.3$ 表示 X 级。$F=1/100\cdot\delta=$ 岩石单向抗压强度（kg/cm^2）。

坚固性系数 f 的分级见表 11-9。这种岩石分级方法，在目前国内矿山仍在普遍应用，它的优点是概念简明用途广泛，但由于要照顾到岩石在破碎方面和稳定方面的各种特征，因此比较笼统粗糙，只能大体上反映岩石的难易程度。经过多年生产实践证明还存在比较严重的缺陷。

表 11-9 普氏岩石分级表

等级	坚固性程度	岩 石	f
Ⅰ	最坚硬岩石	很坚硬，细致和有韧性的石英岩和玄武岩，其他各种最坚固的岩石	20
Ⅱ	很坚硬岩石	很坚硬的花岗岩、石英班岩，很坚固的花岗岩、砂质砂岩，比上级稍软的石英岩，最坚固的砂岩和石灰岩	15

表11-9(续)

等级	坚固性程度	岩　石	f
Ⅲ	坚硬岩石	致密的花岗岩和花岗岩质岩石，很坚固的砂岩和石英岩，石英质矿脉石，坚固的砾岩	10
Ⅲa	坚固岩石	坚固的石灰岩，不坚固的花岗岩，坚固的砂岩、大理石和白云岩	8
Ⅳ	颇坚固岩石	一般的砂岩	6
Ⅳa	----------------	砂质页岩，页岩质砂岩	5
Ⅴ	中等岩石	坚固的黏土质岩石、不坚固的砂岩和石灰岩	4
Ⅴa	---------------	各种不坚固的页岩、致密的泥灰岩	3
Ⅵ	颇软弱岩石	软弱的页岩、很弱的石灰岩、岩盐、冻结土壤，石膏、无烟煤、普通泥灰岩、破碎的页岩、石质土壤	2
Ⅵa	颇软弱岩石	碎石质土壤、破碎的页岩，凝结成块的砾石和碎后坚固的煤、硬化的黏土	1.5
Ⅶ	软弱岩石	致密的黏土，软弱的烟煤、坚固的冲击层、黏土质土壤	1.0
Ⅶa	----------------	轻砂质黏土、黄土、砾石	0.8
Ⅷ	土质岩石	腐殖土、泥煤、轻砂质土壤	0.6
Ⅸ	松散性岩石	采下的煤、松土、细砾石	0.5
Ⅹ	流动性岩石	流沙、沼泽土壤、含水黄土及其他含水土壤	0.3

注：在分析表中，所指出的数字是针对某一类岩石的，而不是针对一类岩石中个别岩石而言，因此，在特定的情况下f值的确定必须十分慎重。

（二）钻孔原理

1. *破碎地层*

钻头在破碎地层时，要经过三个阶段，即疲劳破碎过渡阶段、钻削破岩阶段和阻塞阶段。

（1）疲劳破碎过渡阶段。根据岩石的性质可知，当轴压力小于某一界值时，岩石破碎仅具有表面研磨的性质。在这个阶段内，钻速是很低的，而比功耗（钻进单位体积岩石所消耗的能量）却很大。当轴压力超过临界值后，岩石进入疲劳破碎过渡阶段，此时钻速开始缓慢增加，比功耗明显下降。

（2）钻削破岩阶段。当轴压力使钻头的割刃顶端与岩石接触面上的压力大于岩石抗压力强度时，割刃开始压入岩石进行破碎，切割的厚度和钻速也会随着轴压力的增大直线上升，比功率此时继续下降，这个过程称为钻削破岩阶段。

（3）阻塞阶段。当轴压力超过某极限值后，钻头的磨损增大，钻速也不会再增加，甚至出现下降，比功耗开始增加，这个阶段称为阻塞阶段。

2. 破碎地层的物理效应及方式

根据钻头在破碎地层过程中，经过三个阶段，即疲劳破碎阶段、钻削破岩阶段、阻塞阶段。可知钻头在破碎地层如图 11-11 中要产生四种物理效应及方式，即摩擦效应、挤压效应、剪切效应和冲击效应，其中摩擦效应和挤压效应称为不完全破碎方式，剪切效应和冲击效应称为完全破碎方式。

(a) 不完全破碎地层示意图（摩擦效应、挤压效应）

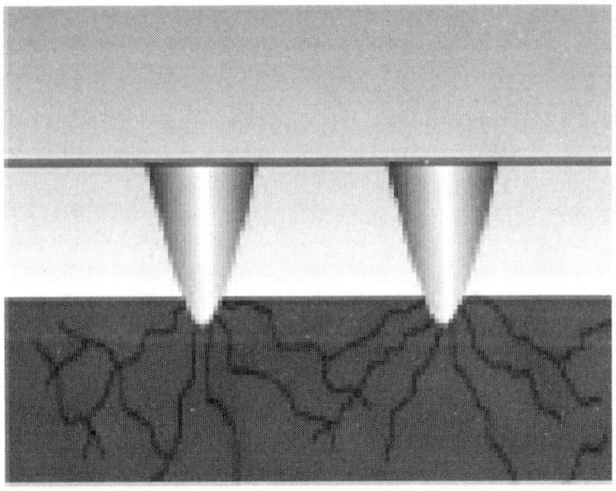

(b) 较彻底破碎地层示意图（剪切效应、冲击效应）

图 11-11 破碎地层示意图

3. 排出岩渣

钻机在穿孔作业中由于连续向岩层深度推进，会产生大量的岩渣，这些岩渣可分为岩屑和粉尘。岩渣产生必然堆积于孔底，如果不及时排出，将会严重影响着钻机的钻进速度，甚至会发生“夹钻”事故，无法使钻机继续钻进，所以孔底的岩渣必须从孔底排出。而钻孔速度越快，排出孔口的岩渣量就越多。因此，岩渣及时排出是穿孔过程中的重要问题。它直接影响着钻孔的质量问题，同时，钻机司机在操作过程中也本着“钻进为辅、排渣为主”的原则操作，避免“夹钻”事故的发生。

如果不能及时清除孔内岩粉屑会被再次粉碎成更小的碎片。再次粉碎既浪费能量又增加钻头磨损。

（三）地层变化

地层特征上的许多变化会对钻机的操作有着很大影响，也关系到当班的工作任务能否顺利完成。司机在操作过程中要根据地层变化的不同，选择合理的操作方法进行穿孔作业，来延长钻头的使用寿命，保证钻孔效果，这对钻机的效率、效益都有着重大意义。

地层变化包括以下三个方面：矿岩石硬度、矿岩石结构和其他。

1. 矿岩石硬度：软、中、硬

（1）软岩。在质软、容易钻孔的地层中钻孔时，严禁使用过高的轴压力，因为在此情况下钻头有被磨圆的趋势，从而降低钻头的效率。但是通常可以用增加旋转速度的方式来补偿轴压力的减少。

（2）中硬。在低强度结构地层中，钻头受损的情况降低，旋转速度的变化情况受岩石的性质和孔内岩屑及时排除的能力所制约。在旋转速度过大的情况下，岩石和孔内岩粉对钻具结构或钻头轴承会产生永久性腐蚀及磨损。

（3）硬岩。在硬质结构地层中，需要用较高的轴压力来克服岩石结构的抗压强度，由于岩石不均匀的破碎而造成钻头在硬质岩石内的运行变得复杂化。当旋转速度过高时，岩渣无法彻底排出孔外。如果旋转速度太快，会增大钻具和钻架的磨损，并对钻具和钻架产生过大的振动、载荷，因此合理调节旋转速度可以使钻机平稳，减少振动，稳定穿透率，并提高钻头的使用寿命，来保证钻孔效果。

2. 矿岩石结构：裂隙、完整

（1）裂隙。由于地质构造、成岩、变质作用岩体内具有一定的方向，延展性较大，厚度较小的二维连续或不连续结构面，包括原生结构面、构造结构面和次生结构面等，进而发展成为裂隙。裂隙的存在严重影响了岩体的完整性，使其强度大大降低。

当钻孔中遇到岩体裂隙时，其表现为在钻速不变时，轴压力突然增大，给进速度也突然加快。钻具快速穿过岩石裂隙区域，此时，孔内无岩渣、无粉尘排出，这是因钻具快速穿过岩石裂隙区域，产生的岩渣和粉尘被气压风吹到裂隙中去，容易使孔内片帮或塌孔，造成“夹钻”事故发生，或因岩石中有裂隙，孔内岩渣或粉尘吹不净，不彻底，岩渣不能排出孔口外，达不到孔内深度要求，易造成“拉底”，影响爆破质量。

（2）完整。在工程上常用岩体与岩石试件内的波速比值的平方来评价岩体的完整性，称为岩体的完整系数。它是与岩体裂隙性相比较而言的。通常裂隙越大，岩石完整性越差。当岩体完整性越好，裂隙性越差。

岩体的完整性主要通过五个方面表现出来，即岩石的强度、岩石的硬度、岩石的研磨性、岩石的弹性、岩石的脆性。这五个方面也是岩石的主要物理机械性质，其中岩石的强度、岩石的硬度、岩石的研磨性都直接影响钻机的工作效率及穿孔成本，例如：一般来说，岩石的强度和岩石的硬度越大的岩石就越难以穿凿炮孔，岩石的研磨性的强与弱直接影响钻头的使用寿命的长短。总之，岩体的完整性直接影响着岩石的可钻性。同时，对岩石可钻性的评定有着很大的内在联系，对钻机的效率、效益都有着重大意义。

3. 其他：水、黏土

（1）水。水是岩石的主要组成部分。按水在岩石中的不同可分为：岩石透水性和岩石含水性两种性能。

岩石透水性是指岩石透水的性能。它以单位面积和时间内通过岩石的水量来表示。一般岩石孔隙越大，透水性越高。岩石的强度和稳定性越低。由于水是一种溶剂，当水透过岩石时，会溶解岩石中的某些成分而形成大孔隙或溶洞，因此，在透水性强的岩石中钻进时极易发生卡钻或堵钻事故。

岩石的含水性是指由于岩石中有孔隙存在，水便会浸入岩体，从而使岩石含水，岩石含水性的多少取决于孔隙的大小和数量。岩石的含水性一般用湿度或含水率来表示。一般用占干燥岩石质量的百分数来表示。如砂岩为60%，石灰岩为2.5%。因各种岩石的含水率差别大，同一种岩石在不同的环境下有不同的含水率，一般情况下人们通常认为岩石含水率是45%～52%。在含水性较大的岩石中钻进时极易发生卡钻或堵钻事故。

（2）黏土。黏土是岩石中一种含水铝硅酸盐产物。是由地壳中含长石类岩石经过长期风化和地质的作用而生成。在岩石中含有黏土层，钻进时极易发生“泥包”、卡钻和堵钻事故。

（四）钻头破碎岩石能力

钻头破碎岩石能力包括轴压和转速两个方面。轴压和转速的最佳配合就是钻头破碎岩石能力最大化发挥。

1. 轴压

轴压是指在穿孔时钻头施加于孔底的压力。轴压力的大小直接影响着钻速。

轴压小、钻速低时钻头磨损较轻；只有当轴压力增大时，钻速才会增加，与此同时钻头的磨损程度也相应增大。但此时，轴压并不是最高的，而当轴压力超过调整范围达到最大时，钻速将会下降，甚至出现钻杆突然停转现象。因此钻头不应在很大的轴压力下回转，否则钻头在回转时会引起钻头的硬质合金发生严重磨损脱落，由于轴压力对穿孔效率影响很大，在选用轴压力时必须考虑到岩石的物理性质是否具有可钻性、钻杆与钻头的性能等因素。在考虑到这些因素的情况下，司机就需要根据岩性的不同，选择合理的轴压力进行穿孔作业，以达到最佳经济性能指标。

2. 转速

转速是指钻机工作时钻具的回转速度。转速的大小对钻孔速度和钻头寿命有很大影响。

钻头的转速必须保证钻头的合金片或轮齿与岩石有足够的接触时间，从而达到岩石的有效破碎。在较软岩石中，由于硬质合金损坏的可能性相应减小，因此可以采用高转速回转，以达到高钻速状态；在中硬岩石中，转速与钻速可以调节成正比，以达到钻速与转速相同的状态；在硬岩中硬质合金损坏的可能性增大，因此选择的转速相应地减小，如果转速过高不仅磨损硬质合金使钻头径向磨损加重，最终导致钻头报废，这样不仅降低了钻孔速度，而且增加了穿孔成本。

目前，还没有具体的标准来对轴压与转速进行规定。这还需司机在现场实际工作中的摸索和总结，不断积累经验，从而提高钻机司机的操作水平，提高钻机穿孔效率。

第二节 岗位责任制

一、岗位责任制的概念和作用

岗位责任制，是指员工在某个岗位需要完成的工作内容以及所应承担的责任范围。岗位是由工种、职务、职称和等级内容组成的来完成某项任务的职位；责任制则是由授权范围及相应责任两部分组成的，以达到职务与责任的统一。

岗位责任制充分考虑了企业的自身岗位职责特点，根据企业各个岗位的工作性质和业务特点来设置，明确规定岗位职责、权限，并定期按照规定的工作标准进行相关考核及奖惩。实行岗位责任制，有助于工作的科学化、制度化。

二、钻机作业人员岗位责任制

钻机作业人员岗位责任制主要包括安全生产岗位责任制、交接班岗位责任制、班中巡检岗位责任制和设备日常维护保养责任制四大制度。

（一）钻机作业人员岗位安全生产责任制

1）落实安全生产责任

（1）签订本岗位安全生产责任书，并严格执行。

（2）学习掌握本岗位安全职责，并考试合格。

（3）辨识本岗位的安全风险，掌握并落实安全风险管控措施。

（4）岗位人员出现违反以上要求的情形，按规定给予相应的考核。

2）参加安全生产教育培训

（1）按时参加煤矿从业人员安全培训，考试合格取得相应证书，并持证上岗。

（2）按时参加矿、车间、班组组织的安全培训和班组“三会一课活动”。

（3）岗位人员出现违反以上要求的情形，按规定给予相应的考核。

3）参与应急救援演练

（1）每年参加应急预案培训，掌握本岗位现场应急处置卡，熟知处置程序。

（2）按照要求参加应急救援演练。

（3）岗位人员出现违反以上要求的情形，按规定给予相应的考核。

4）开展本岗位生产安全事故隐患排查

（1）每班开展生产安全事故隐患排查，发现问题隐患及时处理、汇报、记录。

（2）岗位人员出现违反以上要求的情形，按规定给予相应的考核。

5）按规程作业，制止和纠正违章指挥、强令冒险作业、违反规程的行为

（1）严格执行规程和各项规章制度，不违章作业。

（2）开展本岗位反“三违”检查，有权拒绝违章指挥和强令冒险作业。

（3）岗位人员出现违反以上要求的情形，按规定给予相应的考核。

6）及时、如实报告生产安全事故。

（1）发生事故事件第一时间汇报，并保护现场，在确保安全的前提下进行应急处置。

（2）配合对发生的安全事故事件进行调查，落实防范措施。

（3）学习事故事件通报、快报、安全警示卡。

（4）岗位人员出现违反以上要求的情形，按规定给予相应的考核。

（二）交接班岗位责任制

交接班是工作顺利延续的保证，工作现场对职交接，交接班质量的好坏直接影响到工作质量的好坏，也是便于司机与司机之间分清责任，确保工作任务顺利完成的作业制度。因此，司机在交接班时，要做好以下几方面：

（1）交班前，交班司机认真做好设备交班前的检查即：设备运行情况、有无磕碰、刮伤并详细填写记录卡。

（2）交接前，交班司机要清扫司机室、挡风玻璃及各部位灯具，并做好设备清洁保养工作。

（3）交班司机认真详细地填好交接班日志。当面交清工作现场的注意事项、设备的各部运行状态、上级的指示和操作中的安全注意事项。

（4）司机交接班时，要当面交清随车的一切工具、备品及防火用具等。

（5）司机交接班时，交接双方必须共同按钻机运行记录所列项目进行检查，严禁信用交接班或口头交接班。

（6）司机在交接检查过程中发现问题应共同处理，不能处理时应及时向上级请示，严禁带病作业。

（7）经双方交接检查并确认情况一致后，接班司机将检查结果如实填写在日报上，并且双方确定无误。

（8）由于交接司机交代问题不清，或者问题没向接班司机交代，擅自离开，所发生的问题由交班司机负责；由于接班司机检查不周、疏忽所发生的问题，由接班司机负责。

（9）接班司机不到岗，交班司机不得擅自离开岗位，应向有关领导请示安排接班人员。

（10）车载终端。①交班司机在车载终端上点击“退网申请”退出登录；②接班司机在车载终端上点击入网申请登录主副工号完成登录。

（三）班中巡检岗位责任制

钻机上班中巡检的主要部位包括有影响安全的部位、清洗和注油部位、易松动部位、调整部位、指示部位、易损坏部位及经常出现不正常现象的部位。大体可分为以下几点：

（1）检查钻机四周及钻机下部是否有泄漏现象，如果有问题存在则进行处理。

（2）检查履带销是否松动；履带的张紧度是否适中；履带支重轮润滑是否正常，是否磨损；履带架是否有裂纹或磨损。

（3）检查挡尘帘是否有磨损或裂缝。

（4）检查是否有松动或丢失的螺栓，如果有则必须进行处理。

（5）检查空气滤清器进气管路的连接和密封情况是否正常。如果密封不好应及时处理，防止灰尘进入发动机或空压缩机系统中，造成系统元件的异常磨损。

（6）检查散热器和油冷却器连接管有无老化或裂纹，散热器和油冷却器是否泄漏。

（7）应仔细地检查所有的液压系统零部件（泵、马达、阀、软管等），如发现有松动渗油或漏油的现象，应及时处理，防止故障扩大。

（8）检查发动机皮带有无裂纹、损伤或油脂。

（9）检查钻机各部位油位是否在规定的位置，不足时应及时补加，严禁超量加注。

（10）检查所有轴销点的润滑及磨损情况。

（11）检查各系统润滑是否正常。

（12）检查发动机、传动轴和空气压缩机的螺栓紧固是否正常，螺栓有无丢失。

（13）检查钢丝绳有无断丝断股或磨损严重的现象，如果有并超过其标准应更换，防止旋转头在工作中脱落，造成设备或人员的伤害。

（14）检查各控制手柄是否灵活，各开关动作是否正常。

（15）检查外部电线和电气控制柜内的接线有无松动，元器件有无损坏。

（16）检查控制电路的接触点有无烧蚀现象。

（17）检查钻头是否磨损或损坏，当硬质合金磨损严重时应更换钻头，以提高钻孔效率。

（18）检查所有系统的仪表显示是否正常。

（19）钻机在运转中，如果出现异常现象（异音、异味、异状）应立即停机检查。

（四）设备日常维护保养责任制

钻机日常维护保养工作的主要内容包括检查与紧固、清扫和润滑。下面以 DM45 钻机的日常维护保养为例详细介绍。

1. 日常检查与紧固

日常检查与紧固是司机的日常维护工作内容。在日常工作时，司机应加强对钻机的检查，同时要对钻机的各部螺栓或部件如果发生松动及时紧固，防止发生丢失或引发其他故障。

1）检查管线、管子和软管

（1）检查所有管路，发现老化、磨损或渗漏的油管，应及时更换，否则泄漏容易引起火灾。

（2）检查所有管路接头，发现松动应拧紧至规定的拧紧力矩。

（3）检查所有夹块、护罩是否齐全紧固，避免在运行期间振动、摩擦和过热。

（4）检查管件有无损坏、泄漏或移位并处理。

在检查中应注意避免高温油液或零部件造成人员烫伤，因此要避免使皮肤接触高温油液或高温零部件。

2）检查发动机机油油位

由于钻机使用的是发动机，每天应检查发动机的机油油位。在检查机油油位时，必须在发动机停机的情况下进行，而且要保证钻机停在平坦的位置。如果场地不平坦或在坡道上，应在停机前，利用液压支腿将钻机支起并调平。如果在热机状态下停机，应在停机 15 min 后进行检查，这主要是保证发动机内的机油回流到曲轴箱（油底壳）。在检查机油油位时，利用机油油尺检查，具体方法是：

（1）在检查机油液位时钻机必须位于平坦、稳定的地面上，保证正确的测量值。

（2）发动机关机后检查油位时，至少等待 15 min，使机油完全排入油底壳。

（3）拉出机油油尺（油位计），利用无绒屑的干布将它擦拭干净并推回机油油尺。

（4）再次抽出机油油尺并检查其上的油位。

（5）正常的机油油位应保持在油尺标记的“L”（下限）和“H”（上限）之间。当机油不足时，应及时添加相同牌号和规格的发动机油，严禁曲轴箱加油油位高于标记的“上限”。

（6）清洁加油口盖并盖好加油口。

3）检查传动皮带

为保证发动机工作正常，应仔细检查皮带张力及磨损、断裂、裂纹或其他损坏。

当发现皮带有开裂或擦伤现象时，应立即更换开裂或擦伤的皮带。对有光泽或磨光的皮带应进行调整，这些迹象表明皮带打滑。具体操作方法如下：

（1）检查皮带张力或更换皮带时取下皮带护罩。

（2）用拉力器在皮带轮跨距中心测量皮带张力，按皮带宽度和发动机相关数据来确定皮带张紧值是否达到标准。

（3）也可以用大拇指按压皮带的方法来检查皮带张力，具体做法是在皮带轮之间中点的三角皮带上施加 1 kg 左右的力，如果皮带下凹度超过 1 个皮带的厚度，就必须调节皮带。

4）排放发动机燃油/水分离器中的积水或沉淀物

燃油含水会使发动机运行不平稳。如果燃油中有水，就应在正常的规定时间（250~500 h）以前更换燃油/水分离器滤芯。目前钻机使用的发动机，在其燃油系统上使用的油过滤器，大多数带有水分离器，司机每天都应及时排出分离器中的水和沉积物。在排放燃油/水分离器积水和更换燃油滤清器期间应将发动机熄火，同时熄灭所有的明火并不得吸烟。在将水排出并有燃油流出后，应立即擦除所有溢出的燃油。具体步骤如下：

（1）将发动机熄火。

（2）用手打开排水阀，逆时针方向旋转该阀约 2~1/2 圈，排出滤清器壳中的水和所有沉渣，直到排出澄清的燃油为止。

（3）顺时针方向旋转排放阀约 2~1/2 圈，关闭排水阀。

（4）在拧排放阀时不得过度拧紧，否则容易造成螺纹的损坏。

5）冷却系统维护

（1）检查发动机冷却液液位。检查时应在观察窗口或上水槽见到液体，如果冷却剂液位过低，就通过水箱口补充。需要注意的是，在检查液位时，必须要将水温降到 50 ℃才可以进行，否则会造成高温的液体排出或有热的蒸汽喷出而造成人员的烫伤。在拧开水箱盖时，应慢慢地打开并取下盖帽，这样可以将系统冷却的压力释放出去。

（2）在补加冷却液时，所加入的冷却液应含有添加剂成分，避免发动机损坏。即使是在野外作业，严禁将河水加注到冷却系统中。

6）清洁散热器和机油冷却器

（1）每天通过目视检查压缩机油和液压油冷却器中有无其他污物，如果存在污物应及时清理，否则会造成冷却效果的降低。

（2）在对冷却器清理时，可使用压缩空气或带有压力的水。在使用压缩空气时，严禁将喷气嘴对着人体的任何部位，喷嘴距翅片 6 mm 左右为适宜；在使用高压水清洗时，水的最大压力应小于 275 kPa。在用水清洁时，要避免电气元件受到水的侵袭。

（3）检查冷却器有无漏油现象，如果有应及时查找原因并进行修理。修理后的冷却器应进行清洗。

7）燃油系统维护

（1）排放燃油箱中的水和沉积物。

（2）检查燃油液位，可通过控制台上的燃油液位计进行。对于其他型号的钻机，可以通过检查油箱油位的方法进行。燃油不足时应及时补加，防止出现由于缺油造成的发动机自动熄火现象。

（3）每天在交班前应及时将燃油箱加满，避免油箱中有冷凝水形成。

（4）在添加燃油时，打开加油口盖前应清洁加油口盖附近的卫生。

（5）将相同牌号的燃油加入燃油箱，燃油的牌号应随季节的变化来选用。

（6）燃油加注完成后，盖好油箱盖并用干净的绒布擦拭油口盖附近的燃油。

8）油气分离器

由于油气分离器中有水凝结，因此必须每天排放一次分离器箱底部的积水。如果凝结的水进入空气压缩机，将会大大缩短机油和轴承的使用寿命。油气分离器分为立式和卧式两种，各种钻机可根据其具体形式来确定。但在排放前，必须将发动机熄火。同时排空油气分离器中的压气。排放的具体方法如下：

（1）打开油气分离器的排水阀排放罐体中的凝结水。

（2）在看到空压机机油开始流出时，关闭排水阀。

（3）利用油位计检查空压机机油油位，如果不足应补加相同牌号的空压机机油到规定的标准。

9）液压系统维护

（1）将钻机停放在平坦的地面上。

（2）通过油箱油位计检查液压油至规定的标准。严禁过量加注，会造成油封或人身伤害。同时，不得在液压油缸伸出的情况下为液压油箱加油。

（3）无论钻机处于运转或停机状态，油位计中必须可以看到油，油位计的最低位置不得低于油泵的安装高度。如需要补加油，应加注相同牌号的液压油至规定的标准。

（4）检查液压系统回油滤清器。DM45 钻机液压系统装有滤芯指示器，如果滤清器指示窗口显示红色，则表明滤清器堵塞；显示绿色则为正常。当显示红色时，应更换滤清器。如果液压油没有使用到换油时间，且污染度不高，则可将液压油进行过滤后重新加入油箱使用。如果液压油污染度较高或已接近换油时间，则应立即更换液压油，并对液压系统进行清洗。如果钻机没有滤清器指示器，则可以省略这一步骤。

10）旋转头的维护

每日检查一次旋转头。在钻架升高和旋转头位于钻架底部时执行这一维护。

（1）将钻架升高使旋转头位于钻架底部。

（2）通过减速器观察窗来检查旋转头油位的，在观察窗上必须看到减速器中的油。如果钻机没有观察窗，应检查最低的油位点，有的钻机上有最高和最低油位油堵，通过打开油堵来检查有无油流出。

（3）如果油位过低，应通过加油口加注相同牌号规格的齿轮油，直到油位出现在观察窗中或在最高油位中看到或流出。

（4）用干净的绒布将加油口擦净。

11）除尘器的维护

（1）检查排放软管与上部连接是否紧固，软管有无破损。

（2）检查吸入软管有无堵塞或扭结。

（3）检查鼓风机组件和钻杆密封件有无破损，如果有损坏应及时更换，避免灰尘进入造成鼓风机叶轮的损坏。

（4）检查滤清器滤芯，如果出现磨损、撕裂或破碎，应立即更换。

12）电瓶的维护

（1）检查电瓶电解液液位。检查时应戴耐酸手套，如果液位过低应补加到标准液位，加注时应注意防止电解液溢出而造成人员的伤害。

（2）清洁电瓶表面，发现有结冰现象应立即将冰除去，防止发生电瓶爆炸。

（3）在检查电瓶电解液液位时不得吸烟。

2. 钻机的清扫

司机必须每班对钻机进行一次清扫，如果有泥土等污物黏结在钻架或履带部件上，应随时进行清扫。

（1）保证司机室内部的清洁。

（2）检查履带链轮和履带张紧装置之间有无泥土并清扫。

（3）检查钻进装置，清理绳轮周围的积聚岩屑。

（4）利用高压水清洗整机时，要避免电气元件受到水的侵袭。

（5）检查空气滤清器管道有无裂纹并及时处理灰尘。

3. 日常润滑

润滑是钻机日常维护另一个重要的工作内容，司机必须要做好润滑工作，保证机件具有良好的润滑，防止出现因润滑条件不好所引起的异常磨损，甚至出现机械事故。

钻机的日常润滑包括以下内容：

（1）传动轴的润滑。

（2）旋转头轴承的润滑。

（3）回转小车滑轮及绳轮的润滑。

（4）钻架枢轴销的润滑。

（5）储杆器各注油点的润滑。

（6）液压支腿的润滑。

（7）履带枢轴点的润滑。

（8）链条的润滑。

（9）当履带松弛时，用油枪进行张紧。

（10）对拖带轮的润滑。当钻机在通过水域后，应及时用油枪将浸水部位的注油点重新注油。

（11）各部减速器、发动机、空压机缺油时，应补加到规定值。

（12）钻头、钻杆螺纹的润滑。

第三节　钻机作业风险预控

做好钻机风险预控管理对减少钻机事故的发生具有十分重要的意义。钻机司机在日常工作中，首先要学会钻机作业危险源辨识的基本知识，其次做好钻机风险数据库。

一、钻机作业危险源辨识

（一）观察作业环境

（1）孔位距挡墙太近。

（2）作业面不平。
（3）观察不仔细或未观察。
（4）作业范围内存在异常情况未及时发现。
（5）钻机作业位置没有挡墙。
（6）作业环境不符合要求时强行作业。

（二）上下设备

（1）没有梯子或梯子破损攀登。
（2）梯子和扶手上有积水、冰雪或油污。
（3）未清理梯子攀登。

（三）启动设备

（1）设备转动部位有人员。
（2）未按规定启动设备。

（四）对孔位

（1）对孔位时没有地面指挥人员或指挥人员指挥不当。
（2）操作人员不听从地面人员指挥。
（3）未按规定对孔位。

（五）穿孔

（1）钻孔时钻杆受力不均。
（2）钻机未调平。
（3）钻机作业未按规定进行巡回检查及监护。
（4）无法及时发现异常。
（5）进给压力和回转速度太大。
（6）开孔时没有打开供风阀或进给压力。
（7）钻杆丝扣异常磨损。
（8）接卸钻杆时未清理丝扣和涂抹润滑脂。
（9）钻杆、卡爪磨损严重。
（10）未按规定接卸钻杆。
（11）钻具与地表剐蹭。
（12）钻具提升不到位。
（13）千斤顶未完全收起走车。
（14）未收回千斤顶走车。
（15）穿孔深度不符合或未按设计要求。
（16）未按规定钻孔。
（17）钻机摩擦过热。

(18) 未按规定在拒爆处补孔。
(19) 打穿炮孔。
(20) 钻孔位置不当。
(21) 未按规定补孔。
(22) 未按规定在抛掷爆破区域前排孔作业。
(23) 掉块。
(24) 未按规定护孔。

(六) 卸杆

(1) 钻机未动。
(2) 未按规定卸杆。

(七) 关闭抱 (支) 杆器

(1) 未打开抱杆器。
(2) 未关闭抱杆器。

(八) 观察钻架

(1) 钻架上有异物。
(2) 监护人员站在钻机侧面 10 m 以内。
(3) 未观察钻架上异物。

(九) 调整锁销

(1) 锁销位置不正确。
(2) 未按规定调整。

(十) 起落钻架

(1) 钻架和其他物体刮碰。
(2) 未按规定监护。
(3) 无法及时发现异常。
(4) 设备失控。
(5) 未按规定起落钻架，操作不当。

(十一) 钻机自行长距离走车

(1) 钻架未平放在钻架支承座上。
(2) 没有落下钻架走车。
(3) 钻机走动地面无人员指挥或指挥不当。
(4) 冰雪泥泞路面。
(5) 冰雪泥泞路面走车时没有观察好路线。
(6) 路面湿滑。
(7) 冰雪泥泞路面走车。

(8) 钻机沿坡顶线平行方向行走，爬行坡度过陡。

(9) 未按规定在坡道上走车。

(十二) 避炮

(1) 台阶塌落。

(2) 爆破时，未按规定在抛掷爆破作业平盘进行前排孔作业。

(3) 爆破时，未按规定在抛掷爆破煤台阶进行后排孔作业。

(4) 钻机和人员未在安全地点。

(5) 钻机及操作人员未按规定避炮。

(十三) 点检设备

(1) 钻机故障或缺陷。

(2) 未按规定点检设备。

(3) 无法及时发现故障隐患。

(十四) 配合维修人员点检、维修、保养设备

(1) 点检、维修、取样、保养。

(2) 未按《设备操作和维修人员联合作业规程》配合。

(3) 呼唤应答不到位。

(十五) 配合维修人员操作设备

(1) 钻机部件。

(2) 未按规定操作设备。

(3) 呼唤应答不到位。

(十六) 停机

(1) 取暖设备周围有可燃物。

(2) 设备停放在安全距离以内、坡道处设备位置不正确。

(3) 车况信息传递不准确。

(4) 设备不清洁。

(5) 储气罐有积水。

(6) 未按规定停机。

(十七) 清扫设备卫生

(1) 司机室内有杂物，有岩粉堆积。

(2) 未按规定清扫设备。

二、钻机作业风险评估

1. 采用作业条件危险性分析法

采用作业条件危险性分析法。风险分析包含三个评价因素：事故发生的可能

性 L、事故产生的后果 C 和暴露在危险条件中的频繁程度 E。

风险评价采用公式 $D=L\cdot E\cdot C$ 来计算风险大小。将事故发生的可能性 L、人体暴露在危险条件中的频繁程度 E、一旦发生事故会造成的损失后果 C 分别分为若干等级，并赋予一定的相应分值。风险程度为三者的乘积，亦分为若干等级。针对某种特定的作业条件恰当选取 L、E、C 的值，根据相乘后的积确定风险程度 D 的级别。

2. 钻机作业风险评估表（表 11-10）

表 11-10 钻机作业风险评估表

危险源	风险描述	风险分析	后果及影响	风险评估				风险等级
				L（事故发生的可能性）	E（暴露危险条件的频繁程度）	C（事故产生的后果）	D（风险程度）	
通勤车辆	通勤车辆违章行驶（超速、超员、酒后驾驶）或与其他车辆交叉运行	通勤车辆违章行驶或与其他车辆交叉运行易发生交通事故，可能造成乘车人员受伤	人员伤亡	1	6	40	240	较大风险
台阶	交接班时，将设备停放在台阶坡顶线或坡底线	设备停放在作业平盘坡顶线或坡底线，可能造成大块掉落使设备损坏，人员受伤	设备损坏	1	6	7	42	低风险
			人员伤害	1	6	7	42	低风险
梯子	上下设备动作不规范	动作不规范、手提重物等可能导致人员坠落	人员伤害	3	6	3	54	低风险
平台	检查各类润滑油油位，平台湿滑	平台湿滑可能导致人员摔伤	人员伤害	3	6	3	54	低风险
高温油水	检查油位时，高温油水喷溅	高温油水喷溅可能导致人员烫伤	人员伤害	3	6	3	54	低风险
提升钻杆	钻机行走时，钻杆未提到指定位置	钻机行走时，司机未确认钻杆位置，造成钻杆变形	设备损坏	1	6	3	18	低风险（可接受风险）

表11-10(续)

危险源	风险描述	风险分析	后果及影响	风险评估				风险等级
				L(事故发生的可能性)	E(暴露危险条件的频繁程度)	C(事故产生的后果)	D(风险程度)	
收千斤顶	钻孔结束后未按要求收千斤顶	钻机司机违章操作，造成设备损坏	设备损坏	1	6	3	18	低风险(可接受风险)
不平整的场地	行走时无人监护	钻机在移动时，未指定专人在地面进行监护指挥	人员伤害	1	1	7	7	低风险(可接受风险)
冰雪路面	钻机在冰雪路面上作业行驶	钻机履带与冰雪接触摩擦力会大大减小，可能造成钻机失控滑溜、侧翻，造成设备损坏和人员伤害	设备损坏	3	1	3	9	低风险(可接受风险)
上下挂车	钻机通过辅助平台上下挂车	钻机上下挂车监护不到位或辅助平台不合格，可能造成设备倾倒	设备损坏	1	3	15	45	低风险
			人员伤害	1	3	15	45	低风险
支千斤顶	1. 钻孔前未支千斤顶或支护不牢 2. 机身未调平	1. 钻孔前未支千斤顶或支护不牢，可能造成钻机侧翻 2. 机身未调平作业，可能造成钻具损坏	设备损坏	1	6	3	18	低风险(可接受风险)
涡轮、进气管	钻机运行时涡轮和进气管产生高温	运行过程中泄漏的油液喷射到涡轮或排烟管上易发生火灾	设备损坏	3	6	3	54	低风险
台阶	钻机在台阶边缘作业	作业时距离台阶边缘过近或遇到不稳定台阶，可能造成设备坠落	设备损坏	1	6	15	90	一般风险
钻头	作业时，钻头发生堵塞	清理钻头时，未将钻杆内空气排出，产生飞石可能造成人员伤害	人员伤害	3	6	3	54	低风险

表11-10(续)

危险源	风险描述	风险分析	后果及影响	风险评估				风险等级
				L(事故发生的可能性)	E(暴露危险条件的频繁程度)	C(事故产生的后果)	D(风险程度)	
钻杆	接卸钻杆时钻杆脱落	接卸钻杆时因操作不当导致钻杆脱落砸坏设备	设备损坏	3	6	3	54	低风险
起落钻架	起落钻架误操作或刮碰空中障碍物	司机违章操作，起落钻架前未观察周围环境	设备损坏	1	6	7	42	低风险
大锤敲击钻头	设备司机在更换钻头过程中用大锤击打钻头产生飞屑造成人员伤害	司机未按要求穿戴劳动防护用品	人员伤害	3	6	7	126	一般风险
搬运钻头	搬运钻头中存在扎伤脚	钻头在搬运过程中脱落砸伤人员	人员伤害	3	6	3	54	低风险
调试启动设备	沟通协调及呼唤应答不及时	配合检修人员检修设备时，有时麻痹大意，未进行呼唤应答，可能发生误操作造成人员伤害	人员伤害	1	6	3	18	低风险(可接受风险)

三、钻机作业风险数据库

某矿山钻机风险数据库见表11-11。

表11-11　某矿山钻机作业风险数据库

危险源		风险描述	预　控　措　施
观察作业环境	1. 观察不仔细或未观察	作业范围内存在异常情况未能及时发现，造成钻机在不安全的状态下作业，容易造成设备损坏	1. 作业前确认作业面平整，无障碍物 2. 工作面30 m内凸凹不得超出±0.5 m 3. 若工作面不符合要求，钻机司机上报工长处理

表11-11(续)

危险源		风险描述	预控措施
观察作业环境	2. 作业环境不符合作业条件	作业范围内存在异常情况，造成钻机在不安全的状态下作业，容易造成设备损坏	1. 作业面平整，无障碍物 2. 工作面 30 m 内凸凹不得超出±0. 5 m
上下设备	1. 未按规定上下设备	人员从梯子上滑落，造成人员摔伤	操作人员上下设备时，要面对设备（采用台阶式梯子的设备除外）扶好把手，严禁背向设备上下或跳下
	2. 没有梯子或梯子破损	人员从设备上滑落，造成人员摔伤	1. 梯子台阶完整 2. 扶手齐全，无开焊，无裂缝 3. 软梯螺丝齐全、紧固 4. 连接件完好 5. 若发现梯子破损，上报工长处理
	3. 梯子和扶手上有积水、冰雪或油污	人员从梯子上滑落，造成人员摔伤	1. 梯子和扶手上无积水、冰雪或油污 2. 梯子和扶手上有积水、冰雪或油污及时清扫
点检设备	未按规定点检设备	设备故障、隐患无法及时发现，带病作业，造成设备损坏	1. 检查行走结构件无开焊、断裂、变形、松动及损坏 2. 检查履带板销轴无窜动、断裂、变形 3. 检查孔口罩无破裂、被岩渣压住、冻结在地上 4. 检查线缆排列整齐，无破损 5. 检查牙轮钻头的牙轮转动灵活，喷嘴畅通，轮齿无磨损过限 6. 检查钻架无开焊、断裂、变形及损坏，各部销轴及连接情况正常 7. 检查各润滑部位的润滑良好 8. 检查液压系统无漏油 9. 检查干式除尘系统无漏气 10. 空压机油箱放水，自动润滑集水杯放水 11. 检查各部油位正常，检查各指示灯及指示器正常 12. 所有的手柄及开关都应在中间或关闭位置，所有仪表指示为零 13. 如发现不正常时及时汇报工长
清扫卫生	未按规定清扫设备	司机室杂物着火引起设备火灾；岩粉堆积过多，造成设备损坏	1. 司机室无杂物，下班前必须关闭取暖设备 2. 无岩粉堆积

表11-11(续)

危险源		风险描述	预控措施
配合检修	1. 未按《设备操作和维修人员联合作业规程》配合	配合不当，呼唤应答不到位，造成误操作，导致人员伤害或设备损坏	1. 钻机司机为操作负责人，确认维修负责人后，双方在点检卡和维修任务单上签字确认，并注明点检、维修起始时间 2. 操作负责人向维修负责人描述设备运行状况和故障情况 3. 点检、维修前，操作负责人安排把设备停放在安全位置 4. 点检、维修期间需要启动设备时，必须经维修负责人允许，双方负责人签字确认 5. 点检、维修期间，双方负责人必须明确双方作业人员所处位置，确认互不影响情况下，方可作业 6. 操作负责人确认所有点检、维修项目完成后，在点检、维修卡上签字，并标明点检、维修结束时间 7. 油脂取样人员抽取油样前，设备必须停止运转并停放在安全位置。设备操作负责人在取样单上签字并注明取样开始时间。取样结束后，操作负责人在取样单上签字并注明取样结束时间 8. 操作负责人确认检修工作牌摘下，点检、维修人员、取样人员全部撤离后，方可启动设备
	2. 未按规定操作设备	配合不当，呼唤应答不到位，造成误操作，导致人员伤害或设备损坏	1. 设备检查或维修时，需要启动或局部启动设备，操作负责人必须在点检、维修卡上签字确认并记录准确时间 2. 启动前必须确认设备各转动部位、隐蔽部位周围有无人员或其他障碍物 3. 启机前，操作负责人必须与相关人员做好呼唤应答 4. 确认安全后，发出报警信号且不得小于 10 s，方可启机 5. 操作人员必须按照维修负责人的指令操作
启动设备	未按规定启动设备	设备转动部有人员未撤到安全位置，启动设备造成人身伤害；未按标准启动内燃设备造成发动机损坏	1. 鸣笛示意，确认安全后，接通钥匙门开关，检查各仪表、指示灯正常 2. 按启动按钮启动发动机，检查所有仪表的指示值在正常范围，检查各指示灯正常 3. 检查无异味、漏油等异常现象
对孔位	1. 操作人员不听从地面人员指挥	造成设备损坏；设备侧翻或滑落掌子下，造成设备损坏或人身伤害	1. 操作人员要与地面指挥人员做好呼唤应答，要始终能看到地面指挥人员 2. 操作人员必须按照地面指挥人员指令操作设备
	2. 未按规定对孔位	打成穿孔，造成废孔	1. 钻机走车时，必须有人指挥，应鸣笛示意，确认周围没有人员、千斤顶完全收回和钻杆完全提起方可行走 2. 钻孔方向、角度符合设计要求 3. 钻孔位置误差不得超 20 cm

表11-11(续)

危险源		风险描述	预控措施
穿孔	1. 钻机未调平	钻孔时钻杆受力不均，造成夹杆、卡钻、钻杆弯曲等	1. 千斤顶的底盘不应落在凹凸不平的地方，必要时可用碎石或其他承重物垫平 2. 利用水平仪、千斤顶调平钻机
	2. 开孔时没有打开钻具供风阀或进给压力和回转速度太大	下放速度太快，造成短接、扩孔器断裂等	开孔时，回转速度在30~50 r/min，进给压力适当小些，慢速下放钻具，打开钻具供风阀，令其回转，当钻头接近地面时，闭合干式除尘开关，水孔作业时不准使用干式除尘装置，适当调整进给压力，当稳杆器进入钻孔后，适当加大进给压力和回转速度
	3. 未按规定进行巡回检查及监护	对异常情况无法及时发现，造成夹杆、火灾等	1. 打孔作业过程中，对钻机运行情况及作业环境进行巡回检查及监护 2. 发现异常情况及时停机上报矿调度处理
	4. 接卸钻杆时未清理丝扣和涂抹润滑脂	造成钻杆丝扣损坏，导致钻杆脱落	接卸钻杆时清理丝扣和涂抹润滑脂
	5. 未按规定接卸钻杆	造成钻杆丝扣损坏，导致钻杆脱落	1. 打完一根杆后，将钻杆用卡钳卡住，给回转反转，卸开钻杆，检查丝扣，如有杂质，应该先清理干净后，在丝扣上涂抹润滑脂，将回转小车提到顶部，转动储杆器使要接的钻杆中心与回转接头中心对正，用护杆器抱住钻杆，慢速下放小车，慢慢给回转，待钻杆与回转接头接上后将钻杆提出储杆器，收回储杆器。然后慢速下放小车，将钻杆与上一根钻杆接上 2. 当钻孔达到要求的深度后，应继续向孔底供风，待岩渣排尽后，进给手柄扳到中间位置，给上旁通旋转，给上快速提升，提升钻杆。当提升到钻杆接头超出平台时停止供风，用卡钳卡住下面一根钻杆，用护杆器支住上面一根钻杆，用反转拧开钻杆，然后提升小车到顶部，转动储杆器使钻杆与托杯对正将钻杆放入托杯内，给回转反转，卸开钻杆，将回转小车提到顶部，收回储杆器 3. 钻杆全部卸完放到储杆器后，才能收起千斤顶
	6. 钻具提升不到位走车	钻具未完全提升到位走车，与地表剐蹭，导致钻头、钻杆、短接、扩孔器、平台损坏	钻具提升完全到位后方可走车。保证钻头离开地面，并保持50 cm以上的安全距离
	7. 未收回千斤顶走车	千斤顶损坏	
	8. 穿孔深度不符合或未按设计要求	爆破效果达不到要求	1. 钻孔方向、角度符合设计要求 2. 钻孔位置误差不得超过20 cm 3. 孔深误差不得超过50 cm

表11-11(续)

危险源		风险描述	预　控　措　施
穿孔	9. 未按规定在拒爆处补孔	打穿炮孔，导致孔内炸药爆炸伤人及损坏设备	1. 在距拒爆孔口不少于10倍炮孔直径处另打平行孔装药起爆 2. 爆破参数由爆破工程技术人员确定并经炮区负责人批准
	10. 未按规定补孔	打成穿孔，造成废孔	1. 钻孔方向、角度符合设计要求 2. 钻孔位置误差不得超过20 cm 3. 孔深误差不得超过50 cm
	11. 爆破区域前排孔作业	台阶塌落，造成人员伤害或设备损坏	钻机在高台阶上打靠近坡顶第一排孔时，必须白天作业，并由钻机副司机在地面观察钻孔位置地面裂纹情况，发现异常，应及时撤出人员和设备，采取安全措施后方可恢复作业
	12. 未按规定护孔	造成孔深不符合要求或孔内积水	1. 孔口周围无岩粉 2. 孔口周围30 cm内见硬底 3. 岩粉形成环状挡水墙
避炮	1. 爆破时，未按规定在高台阶爆破作业平盘进行前排孔作业	设备侧翻或滑落掌子下，造成人员伤害或设备损坏	爆破时，距离高台阶坡顶线10 m以内禁止有设备和人员
	2. 爆破时，未按规定在高台阶下进行后排孔作业	台阶塌落，造成人员伤害或设备损坏	爆破时，距离高台阶坡底线30 m以内禁止有设备和人员
	3. 钻机及操作人员未按规定避炮	爆破飞石造成人员伤害或设备损坏	1. 爆破时，钻机司机应听从爆破人员指挥。把钻机停放在安全地点，司机室背向炮区 2. 设备操作人员应躲避在机械室内
调平钻机	未按规定调平	造成设备损坏	1. 尽量选择在地表平整处调平钻机 2. 千斤顶的底盘不应落在凹凸不平的地方，必要时可用碎石或其他承重物垫平 3. 利用水平仪、千斤顶调平钻机
卸杆	未按规定卸杆	钻架摔落，造成钻架损坏，钻杆接头断裂	1. 长距离行走（升降段）时，要将钻架平放，放钻架前要卸一根钻杆，放到储杆器内 2. 处理故障时听从维修负责人要求
关闭抱杆器	未关闭抱杆器	钻杆颤动，造成钻杆变形，钻杆接头断裂	必须关闭抱杆器
观察钻架	未观察钻架上异物	异物坠落，砸伤人员或砸坏设备	1. 起落钻架前观察确认钻架无异物 2. 监护人员站在钻机侧面10 m以外地点 3. 发现异常情况及时上报工长处理

表11-11(续)

危险源		风险描述	预控措施
调整锁销	未按规定调整	锁销位置不正确，造成钻架、背拉杆、锁销、锁销座变形	1. 升降钻架前，首先检查钻架锁销是否在正确位置 2. 升降钻架后，检查钻架锁销是否在正确位置
起落钻架	1. 未按规定监护	异常情况无法及时发现，造成设备损坏	1. 车下监护人员要密切注意设备周围有无不安全因素及监护好设备，根据实际情况示意车上操作人员升降钻架 2. 与车上操作人员做好呼唤应答
	2. 未按规定起落钻架	操作不当造成钻架、举升油缸、锁销、锁销座、平台等损坏	1. 举升钻架时，将手柄扳到下降位置1~2 s，以便使油缸上腔充满油，然后再举升钻架，当钻架垂直后，锁上锁销 2. 下降钻架时，将手柄扳到举升位置1~2 s，以便使油缸下腔充满油，然后再下降钻架，钻架必须平放在钻架支承座上 3. 升降钻架时，应缓慢进行，注意观察钻架升降液压油缸工作情况，有异常立即停止升降 4. 五级以上大风及雨雾天气禁止上钻架作业
钻机自行长距离走车	1. 没有放落钻架走车	钻架摔落，设备倾倒，造成设备损坏	1. 长距离行走（升降段）时，要将钻架平放到钻架座上 2. 遵守矿内交通规则
	2. 地面无人员指挥或指挥不当	监护不到位，造成设备损坏或其他设施损坏	1. 车下指挥人员要密切注意掌子面有无不安全因素，根据实际情况示意车上操作人员操作设备 2. 与车上操作人员做好呼唤应答 3. 遵守矿内交通规则
	3. 不听从地面人员指挥	操作不当，造成设备损坏或其他设施损坏	1. 与地面指挥人员做好呼唤应答，要始终看到地面指挥人员 2. 按照地面指挥人员指令操作设备 3. 遵守矿内交通规则
	4. 冰雪泥泞路面走车时没有观察好路线	溜、陷钻机或造成设备损坏	1. 选择粗糙、平坦路面 2. 遵守矿内交通规则
	5. 冰雪泥泞路面走车	溜、陷钻机或造成设备损坏	路面粗糙、平坦
	6. 未按规定在坡道上走车	溜车、翻车	1. 在抛掷爆破台阶距离坡顶线10 m以内，严禁钻机沿坡顶线平行方向行走。在有伞檐、裂缝地段，要适当加大距离 2. 钻机放倒钻架行走时，爬行坡度不得超过25°，侧坡道行走时，钻机放倒钻架时坡度不得超过18° 3. 遵守矿内交通规则

表11-11(续)

危险源		风险描述	预　控　措　施
停机	未按规定停放钻机	造成设备损坏	1. 作业完成后，提起钻杆，收起捕尘罩，收回千斤顶，将钻机开到平整、安全的位置 2. 将所有手柄扳到中间位置 3. 按下停止按钮 4. 无特殊情况禁止使用紧急停机按钮 5. 排放油气分离器积水 6. 清理卫生，检查各部有无异常，填写交接班记录 7. 待令停机时，钻机停放在距离坡顶线 20 m 以外、距离坡底线 30 m 以外。雨季选择平坦的高处停放钻机 8. 如特殊情况在坡道停放钻机时，要采取防护措施

第四节　钻机作业隐患排查

钻机司机在工作中除了做好钻机风险预控管理，还要时时做好钻机隐患排查工作。使其能及时发现和消除隐患，避免钻机安全事故发生。

隐患排查是煤矿安全生产工作的重中之重。如果用“发现问题、解决问题”的思路来看安全生产工作的话，那么隐患排查就是发现问题的环节，而隐患治理则是解决问题的环节。

有时，解决问题很容易，但是发现问题却很难，所以隐患排查在隐患治理之前是非常重要的。那么作为钻机操作人员要怎样能及时发现隐患呢？钻机操作人员除了要积累丰富的工作经验外，还要熟悉隐患排查的基础知识，并且要做好钻机岗位隐患排查治理清单并逐步完善。

一、隐患排查治理清单

“一企业一标准，一岗位一清单”，是企业依据国家相关法律法规、标准规定，结合企业生产经营活动特点和岗位实际，从危险源辨识及风险评价入手，逐一梳理隐患排查的内容、标准、责任、周期，形成适应本企业生产经营特点、个性化的隐患自查标准。企业可以根据管理需要，对事故隐患进行内部分级管理，即“一企业一标准”；生产经营单位将个性化隐患自查标准按照岗位或者场所分解制定车间、班组和岗位的隐患排查清单，明确排查内容、排查周期、责任部门和责任人员等内容，即“一岗位一清单”。

编制“一企业一标准，一岗位一清单”，其目的在于解决“谁来查，查什么，何时查，怎么查，如何改”的问题，从而实现企业隐患排查治理标准的具体化、岗位化和规范化。

二、钻机岗位隐患排查治理清单

钻机岗位隐患排查清单参考《煤矿安全监管监察检查实施清单（2022年版）》检查内容，并结合内蒙古公司煤矿实际特点完善。钻机岗位隐患排查清单见表11-12。

表11-12 钻机岗位隐患排查清单表

项目	隐患排查清单
天气	1. 是否高温天气连续施工作业 2. 低温天气，人员是否被冻伤、行驶中的设备是否失控 3. 作业中突遇特殊天气，设备是否及时撤离
观察作业环境	1. 孔位距挡墙太近 2. 作业面不平 3. 观察不仔细或未观察 4. 作业范围内存在异常情况未及时发现 5. 钻机作业位置没有挡墙 6. 作业环境不符合要求时强行作业
上下设备	1. 没有梯子或梯子破损攀登 2. 梯子和扶手上有积水、冰雪或油污，未清理梯子攀登
启动设备	1. 设备转动部位有人员 2. 未按规定启动设备
对孔位	1. 对孔位时没有地面指挥人员或指挥人员指挥不当 2. 操作人员不听从地面人员指挥 3. 未按规定对孔位
穿孔	1. 钻机未调平 2. 钻机作业未按规定进行巡回检查及监护 3. 无法及时发现异常 4. 钻孔时钻杆受力不均 5. 进给压力和回转速度太大 6. 开孔时没有打开供风阀或进给压力 7. 钻杆丝扣异常磨损 8. 接卸钻杆时未清理丝扣和涂抹润滑脂 9. 钻杆、卡爪磨损严重 10. 未按规定接卸钻杆 11. 钻具与地表剐蹭 12. 钻具提升不到位 13. 千斤顶未完全收起走车 14. 未收回千斤顶走车

表11-12(续)

项目	隐患排查清单
穿孔	15. 穿孔深度不符合或未按设计要求 16. 未按规定钻孔 17. 钻机摩擦过热 18. 未按规定在拒爆处补孔 19. 打穿炮孔 20. 钻孔位置不当 21. 未按规定补孔 22. 未按规定在抛掷爆破区域前排孔作业 23. 掉块 24. 未按规定护孔
卸杆	1. 钻机未动 2. 未按规定卸杆
关闭抱（支）杆器	1. 未打开的抱杆器 2. 未关闭抱杆器
观察钻架	1. 钻架上有异物 2. 监护人员站在钻机侧面 10 m 以内 3. 未观察钻架上异物
调整锁销	1. 锁销位置不正确 2. 未按规定调整
起落钻架	1. 钻架和其他物体刮碰 2. 未按规定监护 3. 无法及时发现异常 4. 设备失控 5. 未按规定起落钻架，操作不当
钻机自行长距离走车	1. 钻架未平放在钻架支承座上 2. 没有落下钻架走车 3. 钻机走动地面无人员指挥或指挥不当 4. 冰雪泥泞路面 5. 冰雪泥泞路面走车时没有观察好路线 6. 路面湿滑 7. 冰雪泥泞路面走车 8. 钻机沿坡顶线平行方向行走，爬行坡度过陡 9. 未按规定在坡道上走车
避炮	1. 台阶塌落 2. 爆破时，未按规定在抛掷爆破作业平盘进行前排孔作业 3. 爆破时，未按规定在抛掷爆破煤台阶进行后排孔作业 4. 钻机和人员未在安全地点 5. 钻机及操作人员未按规定避炮

表11-12(续)

项目	隐患排查清单
点检设备	1. 钻机故障或缺陷 2. 未按规定点检设备 3. 无法及时发现故障隐患
配合维修人员点检、维修、保养设备	1. 点检、维修、取样、保养 2. 未按《设备操作和维修人员联合作业规程》配合 3. 呼唤应答不到位
配合维修人员操作设备	1. 钻机部件 2. 未按规定操作设备 3. 呼唤应答不到位
停机	1. 取暖设备周围有可燃物 2. 设备停放在安全距离以内、坡道处设备位置不正确 3. 车况信息传递不准确 4. 设备不清洁 5. 储气罐有积水 6. 未按规定停机
清扫设备卫生	1. 司机室内有杂物，有岩粉堆积 2. 未按规定清扫设备

第五节 《煤矿安全规程》及安全生产标准化相关规定

一、《煤矿安全规程》对钻机作业的相关规定

（一）通用要求

1. 入坑前的注意事项

（1）非本矿员工和车辆未经矿（企业）允许不准入坑；外来参观人员或实习人员进入矿坑的，必须得到批准并学习有关安全规定后有专人带领方可进入矿坑。

（2）进入矿坑的各作业人员，必须认真学习和遵守各项安全生产规章制度，严格遵守人身安全十大禁令、防火防爆十大禁令等安全生产的各项禁令和规定。

（3）进入矿区作业的新员工，必须经过岗前技能培训及安全教育培训合格后方能入坑。

（4）严禁酒后上岗、疲劳上岗、带病上岗进入矿坑作业。

（5）上下台阶（掌子）要走人行通道或人行梯子，上下人行梯子时，不允许两人同时上下。

（6）无关人员均不得进入生产作业区，特别是爆破工作面、采掘工作面、运输专用线等区域。

（7）矿内人员不得私自带领矿外人员进入矿坑，不得在矿坑工作地接待亲友，严禁带小孩进入矿坑。

（8）入坑作业人员不得乘坐自卸矿车、自卸汽车等非载人车辆进入矿坑，工程设备严禁载人进入矿坑。

（9）进入矿坑作业的员工，必须乘坐矿区专用交通车上下班，若需步行进入矿区时，应按指定的路线行走或在确保安全的前提下通过生产作业区，并遵守相关规定。

（10）夜班人员进入矿区，必须按安全路线通行。严禁从防洪排水沟（渠）、台阶边缘或底部、生产运输道（铁）路上、带式输送机线上行走，以免发生意外。

（11）进入矿坑，必须按规定佩戴相应的劳动安全防护用品，严禁穿拖鞋、高跟鞋或未按规定着装进入矿坑。

（12）入坑车辆必须遵守坑内交通规则，按规定安全行车。

2. 在汽车道路上行走时的注意事项

一般情况，矿区汽车运输道路上禁止行人，若特殊情况需在汽车道路上行走时，必须注意以下事项：

（1）沿坑下道路行走时要靠道路边缘行走。

（2）两人以上在道路上行走时不准闲谈、说笑、打闹，应由一人负责监护。

（3）因工作需要横跨道路时，必须遵守“一停、二看、三确定、四通过”的规则。

（4）遇到大型车辆或载货汽车通过时，与车必须保持足够的安全距离，以防车上掉物伤人。

（5）在高段道路行走时，要注意掌子片落，滚块伤人。

3. 在机电设备附近及警戒区域内行走时的注意事项

（1）非工作人员不准穿越用钢丝绳、木杆、草绳等材料围起来的区域。

（2）非工作人员不准触动坑内各电气设备。

（3）非工作人员不准触摸或折断裸露的电缆、电线。

（4）采掘、运输、排土等机械设备作业时，严禁人员上下设备；在危及人身安全的作业范围内，禁止人员停留或通过。

（5）非工作人员不准擅自进入设有境界标志的生产、作业区域。

（6）入坑人员遇到爆破时，应听从爆破警戒人员的指挥，不准强行通过，待警戒信号解除后，方可通过。

（7）非爆破作业人员，不得在爆破区域及爆破器材存放地附近逗留。

4. 在台阶（掌子）上行走时的注意事项

（1）不准在台阶根部行走，遇到台阶滑落，片帮时，要到安全地点行走。

（2）要戴好安全帽，不准在高段路下及火区附近逗留。

（3）要时刻注意台阶变化，出现滑落、片帮、裂隙、浮块等危险迹象时，要立即撤离，不许通过或逗留。

（4）要注意瞭望，时刻注意台阶上方滚块，掉块。

（5）严禁在有塌落的坡顶、坡底行走或逗留。

5. 其他注意事项

（1）每一个入坑的工作人员都必须熟悉本矿规定的各种信号并爱护信号设备，听从信号指挥。

（2）熟悉并爱护矿山安全标志。

（3）各作业人员进入矿坑，必须熟悉作业环境及周围环境，认清相关安全标志，注意边坡（帮）、水池（坑）、排水防洪沟（渠）、变压器、高压电缆线等危险地带，以免发生意外。

（4）爱护机电设备。作业前，必须认真检查各种机电设备、防护设备的状况，确认正常方可作业。

（5）当发生事故时，要听从指挥，履行自己应急救援的权利和义务。

（6）在工作面发现悬浮大块矿岩，拒爆和出现滑坡征兆时，必须停止作业，立即进行处理。

（7）进入矿坑后，不得在煤面上生火；露天电气焊作业时，必须按规定采取防火措施，避免引燃煤面。

（8）各工作作业人员进入矿坑后，须各就各位，坚守岗位，不得私自串岗。严禁搬弄、操作其他岗位的设施、设备等。

（9）作业人员在超过 2 m 的高空作业时，达到六级以上大风必须制定安全措施。雨季进行采掘作业时，必须有切实的安全措施。

（10）因遇大雾、炮烟、尘雾和照明不良而影响能见度，或因暴风雨、雪或有雷击危险不能坚持正常生产时，应立即停止作业；威胁人身安全时，人员应转移到安全地点。

（二）钻机作业安全要求

1. 钻机作业规程要求

（1）钻机司机严格按照作业指导书作业。

（2）作业前详细了解作业地点与作业环境，保证设备和人身安全。检查作业场地是否有不安全的因素，注意不稳定地面及上方掌子的伞檐，掌握好钻机距掌子边缘的距离；注意电缆（尤其是地埋电缆）、电缆箱，以及高压线和配电柜；注意地下排水管道。检查灭火器具是否齐全有效。

（3）钻机作业时必须支起钻机支腿千斤顶作业，并且调平、调牢。履带上不得有任何物品，钻机前后不准站人。

（4）钻机任何部位不得接触电线，防止出现设备带电及人身伤害事故。

（5）司机室内不得放置杂物，并应保持清洁。

（6）严禁在运动和旋转机件附近放置擦车布等杂物。

（7）钻机在运动中不得进行润滑和维修，防止出现意外。

（8）严禁非工作人员操作设备。

（9）钻孔时，所有人员都要离开孔位，严禁非工作人员在机上逗留，未经允许，严禁参观。

（10）穿孔机在高压线下通过时，钻架顶端与高压线的最小垂直距离不得小于 1 m；在作业和行走时，钻架与高压线的水平距离不得小于 2 m。

（11）地表不能有 0.1 m 以上浮货，保证平整，如不符合要求需用工程设备处理。

（12）钻机在运作中，操作人员不准离开岗位，同时要注意观察钻机各部位有无异声、异味、异状。在操作中要经常检查、观看各仪表是否正常。

（13）钻孔时必须注意，应先向孔底供风，再开动回转，然后加压送进，以减小回转启动力矩，避免岩渣将钻头风眼堵死。

（14）当钻具在孔内时，严禁反转，否则会造成钻杆和钻头脱落，掉入孔内。

（15）为保证孔口稳定，开口时必须注意，缓慢送进，如果孔口塌帮，则可加套管或加黄泥维护。

（16）严格遵守劳动纪律，禁止酒后登机操作。

（17）钻机正常作业时，辅助绞车滑轮钩子不准带钻帽作业，以免钻帽从空中掉下伤人。

（18）钻具振动严重时，应减慢送进速度，或暂停加压。

（19）钻机行走时必须将钻杆提到位。

（20）孔深大于 2.5 m 时，要求孔周围岩渣进行护孔处理，防止孔周岩渣或雨水进入孔内。

（21）坡度大于 14°时要求工程设备打出梯田状掌子面，梯田宽度为钻机宽度的 1.5 倍以上，并且要求打孔作业时两侧履带板都站在硬底上。

（22）斜面打孔时钻机纵向要与坡面走向保持 90°夹角，不得斜交方向打孔。

（23）斜孔作业时要求钻机必须具备打斜孔的功能并有专门设计及设备，并由专人监护。

(24) 两台以上（含两台）钻机在同一平盘或上下平盘同时作业时，要留有30 m以上安全距离。

(25) 对于要求特殊爆破效果（到界台阶、周围有建筑设施、要求爆破震动小等）的孔要求对孔误差小于0.1 m。

(26) 在不稳定的地方不得移动钻机；需要移动时，必须经过平整，保证安全，同时有人在旁监护。

(27) 在解冻或雨季作业中，钻机应执行调角作业。

(28) 经常检查、清理履带上的积雪和积泥。

(29) 六级以上大风天气，严禁上钻机作业。

(30) 因事故中途停风、停钻时，应立即将钻具提高到最高位置，以免卡钻或孔底有水或泥浆堵住风眼。

(31) 钻机运行中发生故障，应立即停机检查处理，并立即向上级汇报，故障未排除前不准作业。

(32) 设备发生事故时，应保护好现场，并立即向调度室汇报，等候处理，严禁破坏或伪造事故现场。

(33) 每台钻机应配备4支干粉灭火器。

2. 钻机安全规程要求

(1) 司机上下车时要详细观察地面平整情况，看有无来往车辆和其他设备，防止碰伤、刮伤及其他伤害。

(2) 钻机在走车时一律执行右侧通行，严禁占道、逆行。

(3) 设备在条件恶劣和复杂的情况下作业时，必须有专人监护，并在保证设备、人员安全的前提下进行作业。如果设备或场地不具备作业条件，禁止作业。

(4) 钻机作业位置需要爆破时，钻机司机必须服从爆破人员指挥，并按有关规定将钻机停放在安全地点。严禁在放炮警戒范围内作业，待爆破人员发出解除警戒信号方可回到原来位置作业。

(5) 在雨季作业时，要随时观察天气变化，在有大暴雨来临之前要将钻机开出低洼作业区，选择安全地点停放。保证设备不被水淹。

(6) 钻机上挂车时应由专人指挥，并应确定挂车能否承受住钻机的重量和宽度。上挂车后用钢绳捆绑牢固，并用三角木板架将钻机履带塞紧，挂车两边插上防滑铁销，方可载运钻机。挂车载运钻机时，司机、副司机均不允许在钻机操作室内。

(7) 爱护和使用好钻机配备的劳动保护用品。

(8) 横过大车道时，必须做到“一停二看三确认四通过”。

(9) 严禁擅自移动、损坏作业现场标志牌。

（10）钻机作业中不准碾压电缆、炮孔、各种标志，进入爆破警戒范围内作业时必须听从警戒人员的指挥。

（11）设备停放位置应距台阶 15 m 以外，有并段台阶时保持 40 m 以外，同时采取必要的安全措施。

（12）钻机进行钻孔作业和走行时，履带边缘与坡顶线的距离应当符合表 11-13 的要求，如图 11-12 所示。

表 11-13　钻机履带边缘与坡顶线的安全距离表

台阶高度	<4 m	4~10 m	10~15 m	≥15 m
安全距离	1~2 m	2~2.5 m	2.5~3.5 m	3.5~6 m

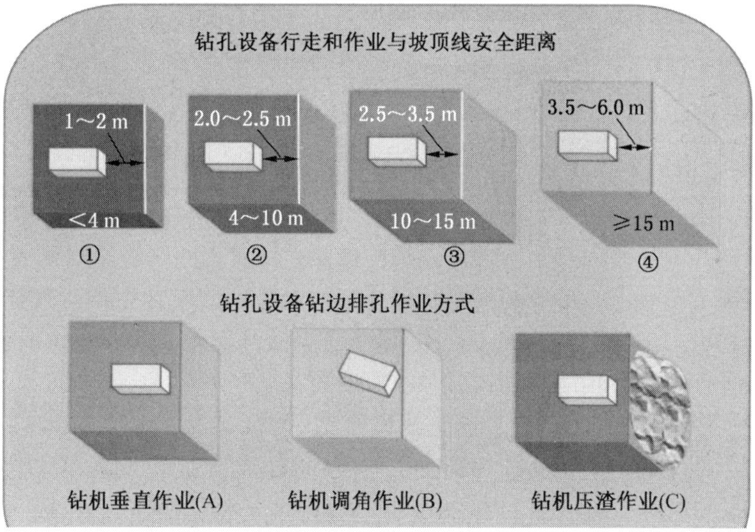

图 11-12　钻机履带边缘与坡顶线的距离及钻边排孔作业方式图

（13）钻凿边排第一排孔时，钻机应当垂直于台阶坡顶线或者调角布置（夹角应当不小于 45°）；有顺层滑坡危险区的，必须压茬钻孔；钻凿边排第一排孔时，应当有专人监护（图 11-12）。

（14）钻机在有采空区的工作面钻孔时，必须制定安全技术措施，并在专业人员指挥下进行。

（三）联合作业安全要求

（1）技术员应合理安排穿孔爆破生产，尽量避免穿孔爆破交叉作业。

（2）穿孔爆破交叉作业时，爆破作业方向必须与钻机作业方向一致，保持安全距离 20 m 以上。

（3）爆破作业区与穿孔作业区域要用警戒带隔离，交界处禁止停车、摆放雷管箱等物品，人员禁止逗留，爆破作业人员要与钻机司机做好呼唤应答，由炮组安全员负责监管。

（4）钻机司机必须与爆破作业人员提前沟通，互相交底，特殊场地（只有一条路出口的炮区）确认双方工作秩序或流程。

（5）走车移动前，钻机司机必须与爆破作业人员提前沟通确认钻机四周无人、无障碍物方可走车移动。

（6）钻机在大车道边作业与大车交叉作业时做好必要的安全界沟或安全挡墙。

（7）工程设备给钻机处理场地时做好安全距离确认。

二、露天煤矿安全生产标准化对钻机作业的规定

（一）通用要求

《煤矿安全生产标准化管理体系基本要求及评分方法（试行）》自 2020 年 7 月 1 日起实施。《管理体系》是在原“三位一体”安全生产标准化体系的基础上，借鉴一些国际通用安全管理体系经验做法，结合近年来国家煤矿安全监察局发布的新规定新要求，形成的具有我国煤炭行业特色的安全生产管理体系。《管理体系》的有效实施，对促进我国煤矿进一步提升安全管理水平，扎实推进煤矿安全治理体系和治理能力现代化具有重要意义。

《管理体系》按照 PDCA 循环的逻辑建立：

——策划（P）：提出企业的安全生产理念和目标，矿长做出安全承诺，引领体系的建设和运行工作；建立健全组织机构，健全完善安全生产责任制及安全管理制度，保障体系良好运行；强化从业人员素质，为煤矿安全生产提供人才保障。

——实施（D）：实施安全风险分级管控、事故隐患排查治理和质量控制，开展标准化生产作业。

——检查（C）：通过内部自查和外部检查，对煤矿安全生产标准化管理体系运行情况进行考核评价。

——改进（A）：依据考核评价结果，对煤矿安全生产标准化管理体系各要素进行分析调整，推动管理体系自主运行、自我完善、持续改进。运行模式如图 11-13 所示。

煤矿是安全生产的责任主体，必须建立健全煤矿安全生产标准化管理体系，通过树立安全生产理念和目标，实施安全承诺，建立健全组织机构，配备安全管

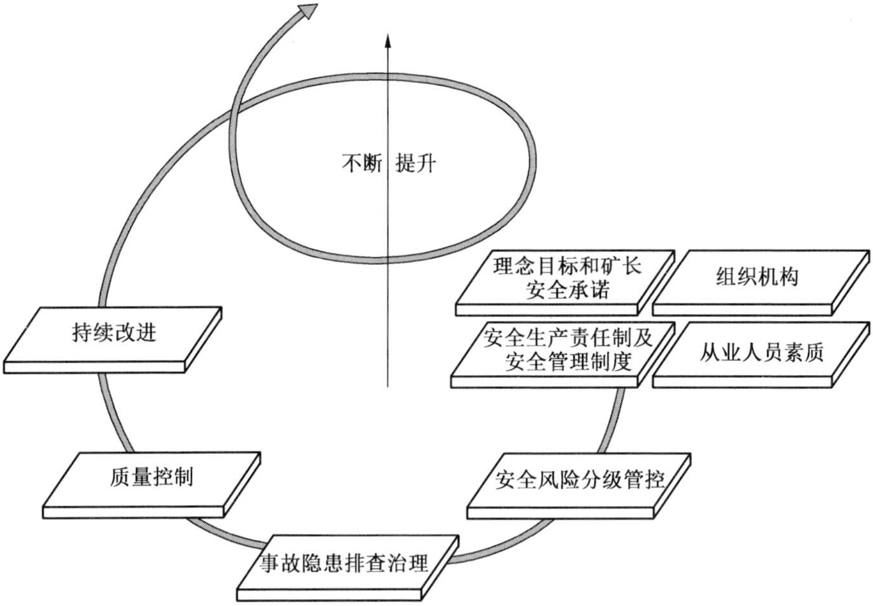

图 11-13　煤矿安全生产标准化管理体系运行模式表

理人员，建立并落实安全生产责任制和安全管理制度，提升从业人员素质，开展安全风险分级管控、事故隐患排查治理，抓好质量控制，不断规范、持续改进安全生产管理，适应煤矿安全治理体系和治理能力现代化要求，实现安全发展。露天煤矿钻孔标准化评分表见表 11-14。

表 11-14　露天煤矿钻孔标准化评分表

项目	项目内容	基本要求	标准分值	评分方法	扣分原因	得分
技术管理（19分）	设计	有钻孔设计并按设计布孔	7	查资料和现场。无钻孔设计不得分，不按设计布孔 1 处扣 1 分		
	钻孔位置及出入口	钻孔位置有明显标识，1 个钻孔区留设的出入口不多于 2 个	5	查现场。不符合要求 1 处扣 1 分		
	验收资料	有完整的钻孔验收资料	5	查资料。无验收资料不得分。资料不齐全 1 处扣 1 分		
	合格率	钻孔合格率不小于 95%	2	查资料。钻孔合格率小于 95% 不得分		

表11-14(续)

项目	项目内容		基本要求	标准分值	评分方法	扣分原因	得分
钻孔参数管理（32分）	特殊作业位置	孔深	与设计误差不超过0.5 m	4	查现场。不符合要求1处扣1分		
		孔距	与设计误差不超过0.3 m	4	查现场。不符合要求1处扣1分		
		行距	与设计误差不超过0.3 m	4	查现场。不符合要求1处扣1分		
		坡顶距	钻孔距坡顶线距离与设计误差不超0.3 m	5	查现场。不符合要求1处扣1分		
	标准作业位置	孔深	与设计误差不超过0.5 m	3	查现场。不符合要求1处扣1分		
		孔距	与设计误差不超过0.2 m	3	查现场。不符合要求1处扣1分		
		行距	与设计误差不超过0.2 m	3	查现场。不符合要求1处扣1分		
		坡顶距	钻孔距坡顶线距离与设计误差不超过0.2 m	4	查现场。不符合要求1处扣1分		
		方向、角度	符合设计	2	查现场。不符合要求1处扣1分		
钻孔操作管理（20分）	护孔		钻机在钻孔完毕后进行护孔	4	查现场。未护孔1处扣1分		
	调钻		钻机在调动时不压孔	6	查现场。压孔1处扣2分		
	预裂孔线		与设计误差不超过0.2 m	5	查现场。不符合要求1处扣1分		
	钻机		正常作业	5	查现场，发现带病作业不得分		
钻机安全管理（12分）	边孔		钻机在打边排孔时，距坡顶的距离不小于设计，要垂直于坡顶线或夹角不小于45°	4	查现场。安全距离不足、不垂直或夹角小于45°，1处扣2分		
	调平		钻孔时钻机稳固并调平后方可作业	2	查资料。无验收资料不得分，资料不齐全1处扣1分		
	除尘		钻孔时无扬尘，有扬尘时钻机配备除尘设施	4	查现场。有扬尘不得分，除尘设施不完好1处扣2分		
	行走		钻机在行走时符合《煤矿安全规程》规定	2	查现场。不符合要求不得分		

表11-14(续)

项目	项目内容	基本要求	标准分值	评分方法	扣分原因	得分
特殊作业管理（7分）	特殊条件下作业	钻机在采空区、自然发火的高温火区和水淹区等危险地段作业时，制定安全技术措施	4	查资料和现场。无安全技术措施不得分		
	补孔	在装有炸药的炮孔边补钻孔时，制定安全技术措施并严格执行，新钻孔与原装药孔的距离不小于 10 倍的炮孔直径，并保持两孔平行	3	查资料和现场。无安全技术措施及炮孔距离不足不得分		
岗位规范（5分）	专业技能及规范作业	1. 建立并执行本岗位安全生产责任制 2. 掌握本岗位操作规程、作业规程 3. 按操作规程作业，无“三违”行为 4. 作业前进行安全确认	5	查资料和现场。岗位安全生产责任制不全，每缺 1 个岗位扣 3 分，发现 1 人“三违”不得分，其他 1 处不符合要求扣 1 分		
文明生产（5分）	作业环境	1. 驾驶室干净整洁，室内各设施保持完好 2. 各类物资摆放规整 3. 各种记录规范，页面整洁	5	查现场和资料。不符合要求 1 项扣 1 分		
得分合计						

（二）钻机作业安全生产标准化要求

本内容依据相关国家标准、行业标准及集团公司有关规章制度，结合内蒙古公司实际编写。在编写过程中采用文字与图片结合的形式，对于钻机安全生产标准化建设具有较强的指导性。钻机作业安全生产标准化主要包括钻机夜视系统配备标准、钻孔作业场地标准、钻机作业标准和钻机安全标志四部分。下面详细介绍钻机安全生产标准化要求内容，仅供参考。

1. 钻机夜视系统配备标准

（1）钻机驾驶室尾部的机体护栏上安装自发光扩大号如图 11-14 所示，保证夜间可视距离不小于 50 m。

（2）钻机机体粘贴 3M 反光贴如图 11-14 所示。

图 11-14 自发光扩大号和 3M 反光贴示意图

2. 钻孔作业场地标准

（1）检查作业场地的平整度。

（2）检查作业场地有无浮货（土或煤）或淤泥。

（3）检查作业场地内有无动力电缆或着火区。

（4）检查作业场地下方有无埋设其他设施。

（5）检查作业场地的地盘平整度。

（6）检查作业场地上有无障碍物存在，台阶是否有塌陷迹象。

（7）作业场地台阶临空面一侧应有安全土挡（图 11-15）。

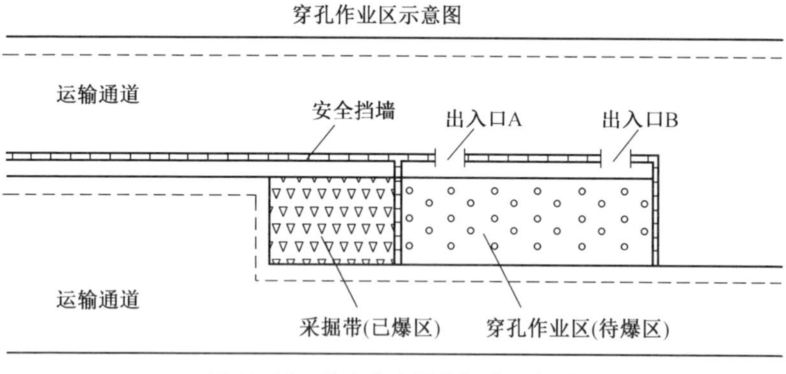

图 11-15 钻孔作业场地标准示意图

3. 钻机作业标准

1）钻机走车标准

钻机走车标准不得大于表 11-15 规定。

（1）钻机机体要保证水平作业，最大倾斜度不能超过 2°。钻架立起行走时，降坡道（司机室向下）20°，升坡度（司机室向上）20°，坡道横向坡度 14°；钻架放倒行走时，降坡道（司机室向下）20°，升坡道（司机室向上）20°，坡道横向坡度 20°。其余一概放落钻架，不可立架行走。

（2）走车时必须由副司机指挥，雨雪天气走车时必须采取防滑措施。

（3）钻机行走前，必须使钻头离开地面，履带上不得有任何物品。

（4）不允许钻机任何部位接触电线，不准紧急换向。

（5）长距离行走必须落好钻架。

表 11-15　钻机走车标准规定表

钻机型号	纵向坡度（立钻架、钻架朝上）	纵向坡度（立钻架、钻架朝下）	纵向坡度（放倒钻架）	横向坡度（立钻架）	横向坡度（放倒钻架）
DM30 DM45 DM50	20°	17°	20°	14°	20°

2）钻机布孔标准

布孔标准如图 11-16 所示。

（1）严格按照作业任务书要求开展布孔作业。

（2）钻孔孔深与设计误差不超过 0.5 m，孔距、行距和坡顶距与设计误差不超过 0.2 m。

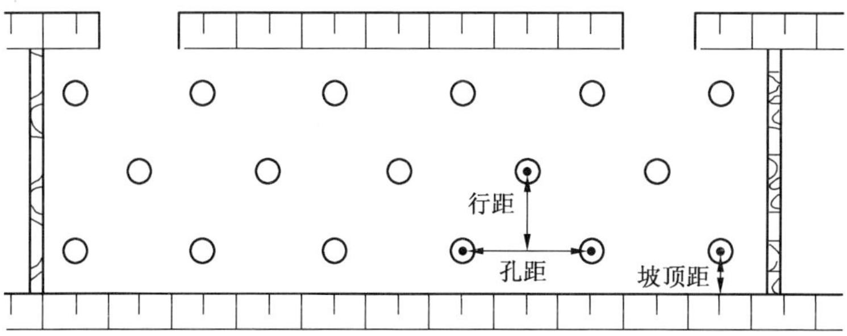

图 11-16　布孔标准示意图

3）钻机钻孔标准

钻机钻孔标准如图 11-17 所示。对孔误差不得超过 0.2 m，孔深误差不得超过 0.3 m。

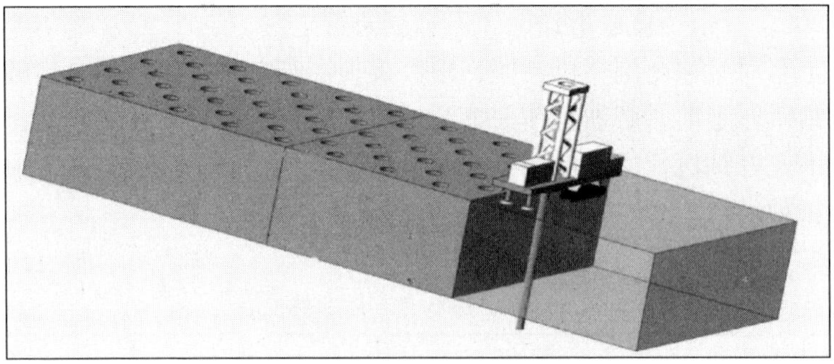

图 11-17 钻机钻孔标准示意图

4）钻机护孔标准

钻机护孔标准如图 11-18 所示。

（1）护孔目的。

由于护孔不彻底、不标准，会导致大块岩石（或岩渣）落入孔内，堵塞炮孔。同时造成炮孔深度达不到要求深度，以及雨季雨水过大淹孔出现的死孔、废孔将给爆破工作带来诸多问题，严重影响爆破质量，降低生产效率。因此按标准护孔，可以降低废孔率，防止丢失穿孔延米，并为下一步爆破打好基础，最终达到更好的爆破效果。

（2）技术要求。

DM45 钻机操作要求如下：

①炮孔周围应有距炮孔边缘至少 15 cm 环形无渣区，防止滑落。

②渣体堆放高度距地面不应超过 45 cm，便于装药。

③渣体堆放范围为以炮孔为中心 150 cm 半径范围内，便于充填。

④渣体堆放内侧角度不允许超过 45°，防止滑落。

⑤DM45 钻机钻孔平面及剖面图如图 11-18 所示。

DM30 钻机操作要求如下：

①炮孔周围应有距炮孔边缘至少 15 cm 环形无渣区，防止滑落。

②渣体堆放高度距地面不应超过 35 cm，便于装药。

③渣体堆放范围为以炮孔为中心 100 cm 半径范围内，便于充填。

④渣体堆放内侧角度不允许超过 45°，防止滑落。

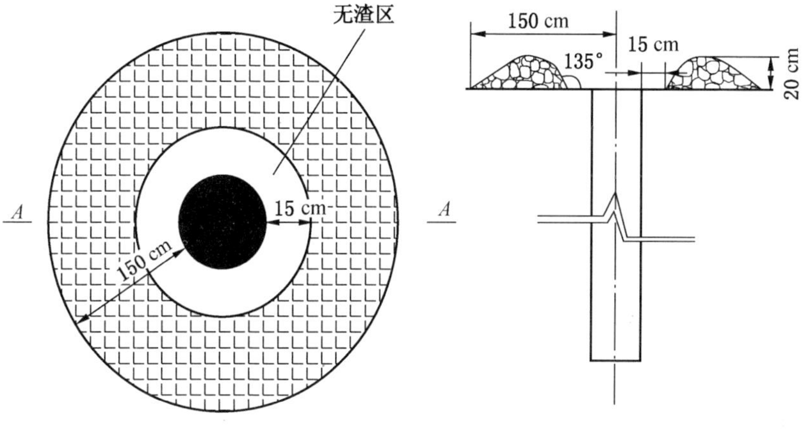

(a) 平面图　　(b) 剖面图

图 11-18　DM45 钻机钻孔平面示意图及剖面示意图

⑤DM45 钻机钻孔平面及剖面图如图 11-19 所示。

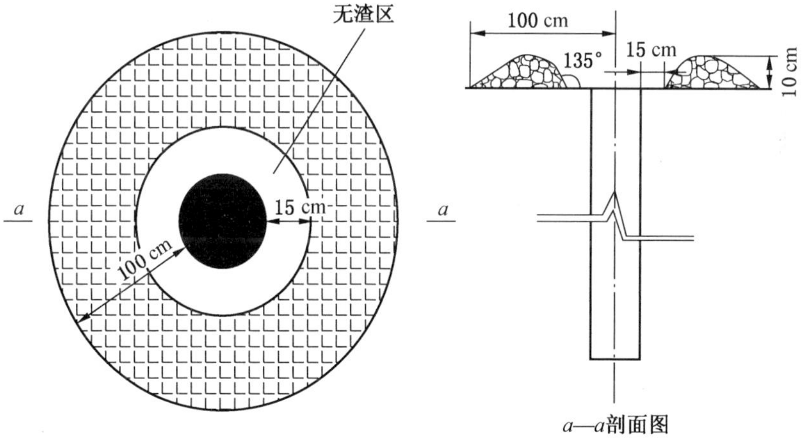

(a) 平面图　　(b) 剖面图

图 11-19　M30 钻机钻孔平面示意图及剖面示意图

5）验孔标准

验孔标准如图 11-20 所示。

4. 钻机安全标志

（1）钻机上国内露天煤矿规定配备的安全标志如图 11-21 所示。

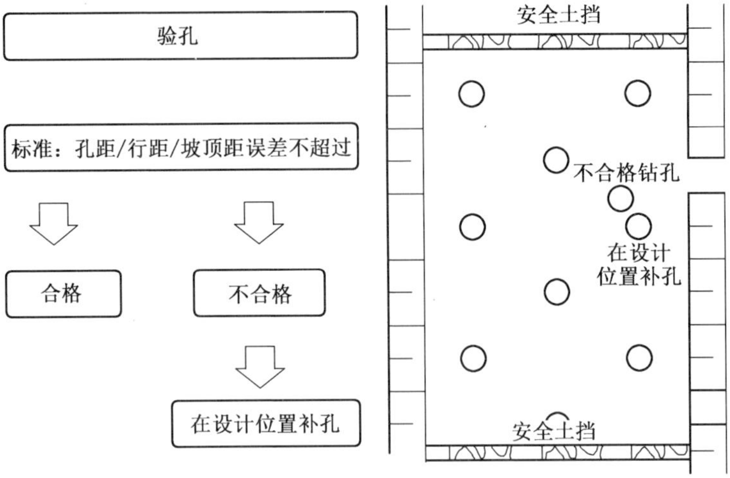

图 11-20 验孔标准图

图 11-21 国内露天煤矿规定配备的安全标志图

（2）钻机上国外制造厂家规定配备的安全标志如图 11-22 所示。

1.

印花标牌：

警告：下落钻架

可能引起人员重伤或死亡

维修(一只或数只)钻塔升高油缸以后，吹扫出管路中的空气

数量：两块

位于每只钻塔升高油缸底部

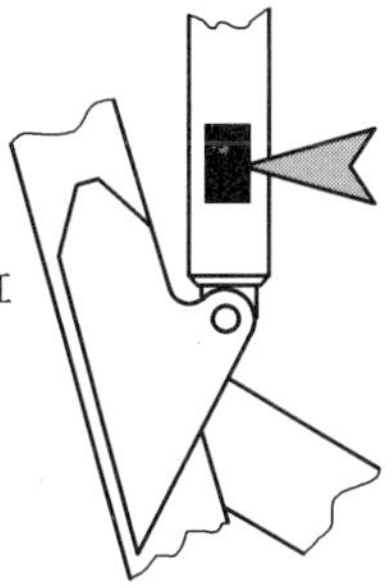

57140360

2.

印花标牌：

小心：油过多

液压油过多可能使液压油箱爆裂和引起人员受伤或财产损失

不得在油缸伸出时为液压油箱加油，缩回所有油箱和为油箱注油重新指定液位

数量：一块

位于液压油箱背面

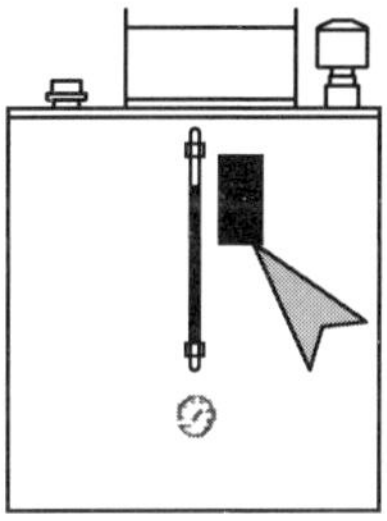

57140477

3.

印花标牌：

警告：旋转零件

旋转零件可能引起人员重伤

在取下护罩时不得运行

数量：两块

动力设备底座每侧一块

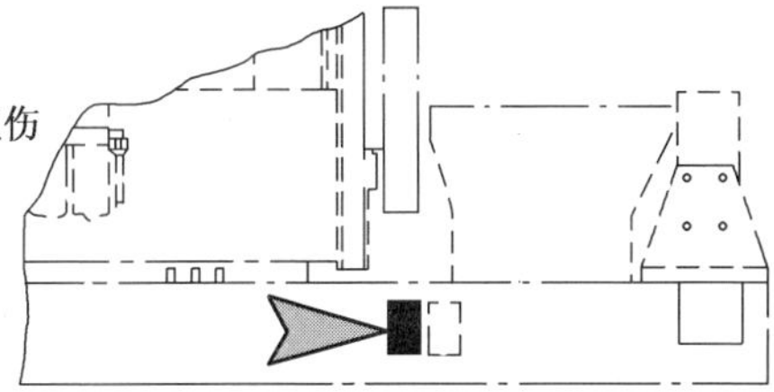

57140345

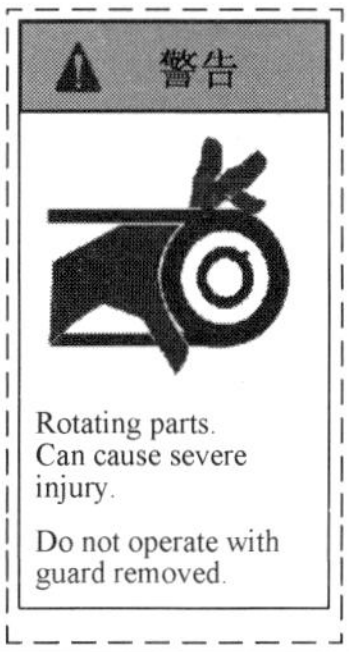

4.

印花标牌：

警告：旋转轴

旋转轴可能引起人员重伤或死亡

在取下护罩时不得运行

数量：两块

动力设备底座每侧一块

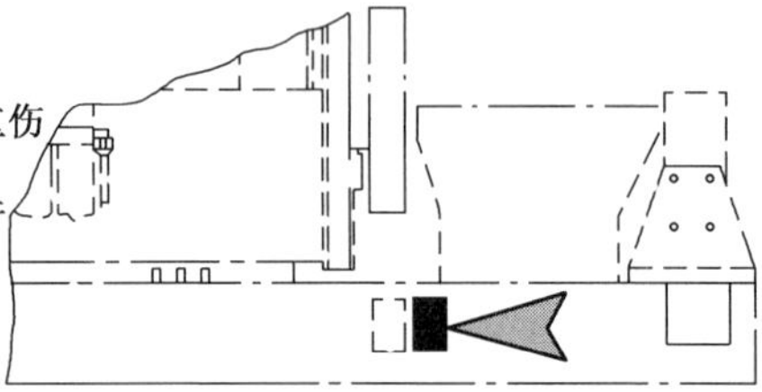

57140337

5.

印花标牌：

警告：肇转风机叶片

旋转叶片可能引起人员重伤

在取下护罩时不得运行

数量：一块

位于冷却器外壳

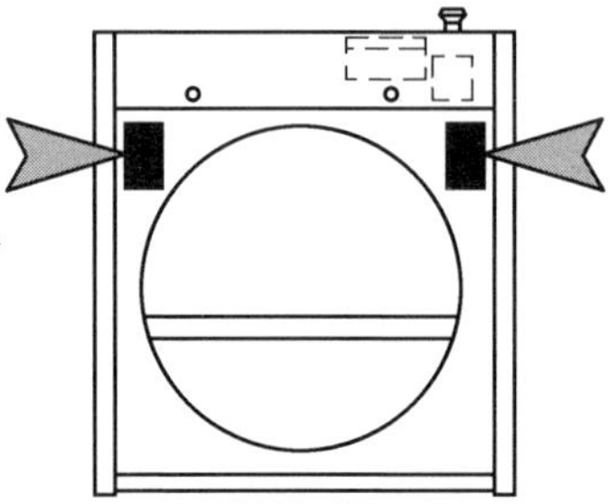

57140469

6.

印花标牌：

通告：发动机失败

冷却系统部分注液时运行可能损坏发动机

首次注液和发动机升温以后立即为发动机散热器再注液

数量：一次

位于冷却器外壳

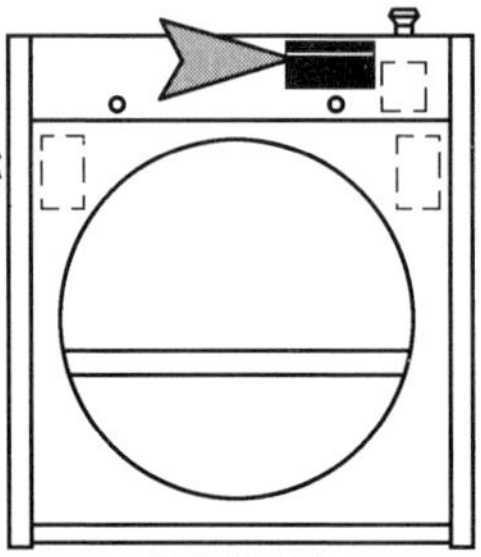

57140444

通告

Engine failure.

Operation with partially filled cooling system can damage engine

Refill engine radiator immediately after initial fill-up and engine warmup

7.

印花标牌：

警告：散热器热/压力

高温高压液体可能引起人员严重烫伤

高温时不得打开散热器

数量：一块

位于散热器外壳

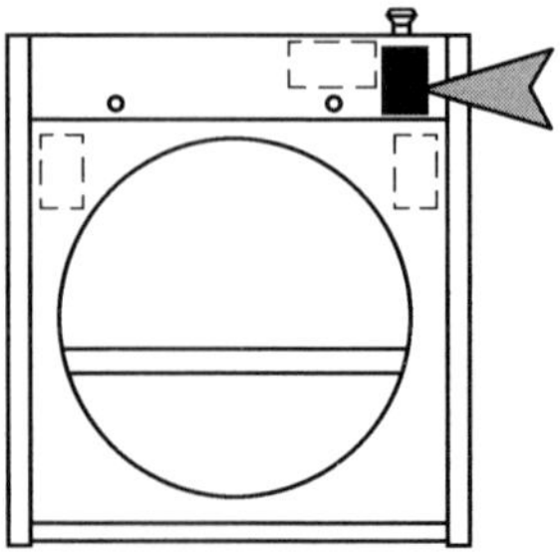

57140402

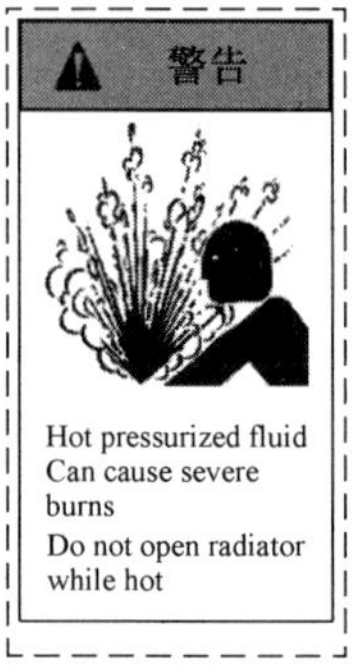

8.

印花标牌：

警告：高压

高压可能引起人员重伤或死亡
取下加油口旋塞、管件或容器
盖以前完全释放压力

数量：两块

位于立式气柜箱侧面

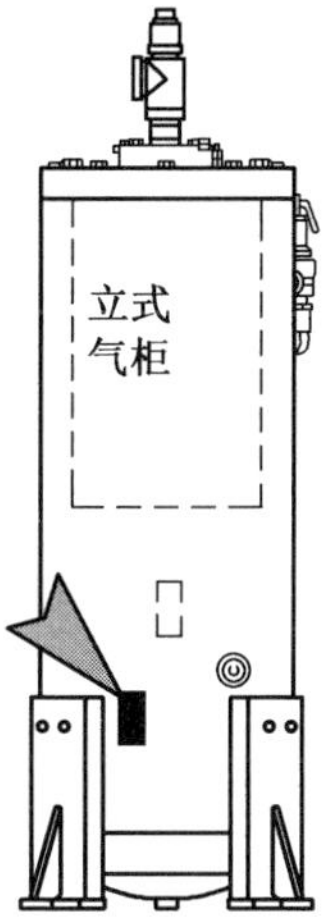

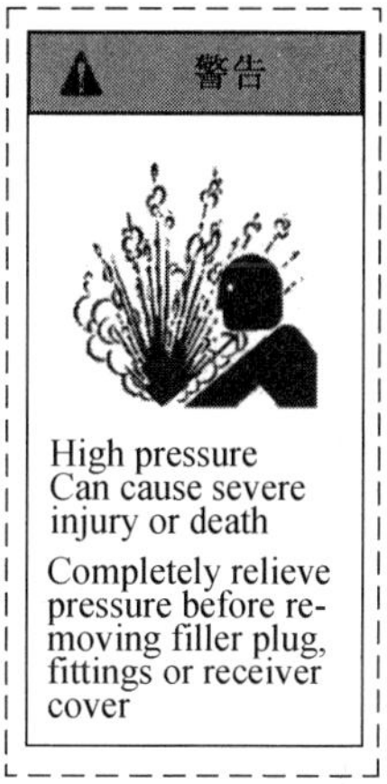

57140352

位于卧式气柜箱顶部和位于气柜箱
顶板盖

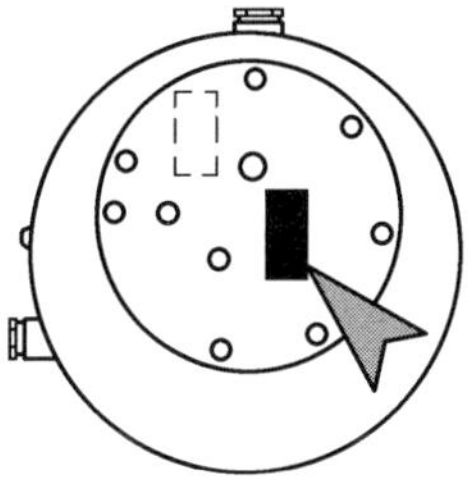

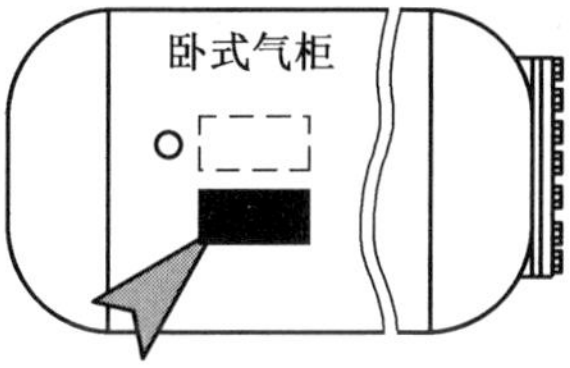

9.

印花标牌：

警告：维修工具接头

高压空气可能引起人员重伤或死亡

降低调节器压力至满足维修要求

数量：一块

位于立式气柜侧面

位于卧式气柜端板盖

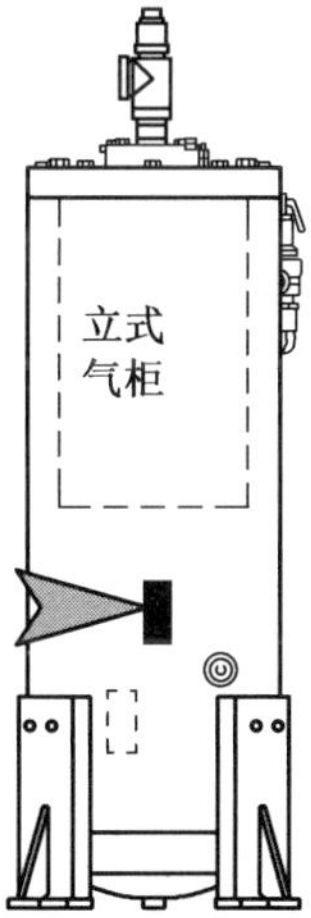

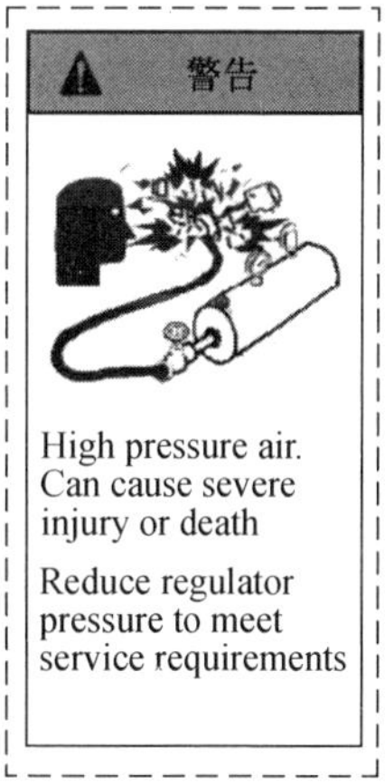

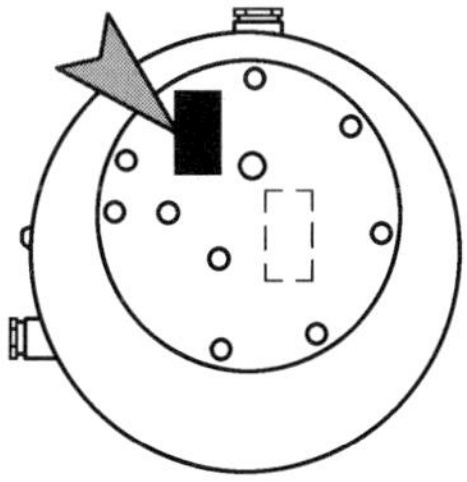

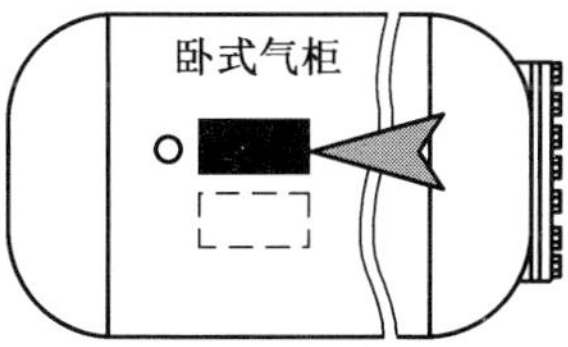

57140428

10.

印花标牌：

易燃气体

易燃气体可能引起人员严重烧伤，失明或死亡

使火花和明火远离电瓶

数量：一块

位于电瓶箱上

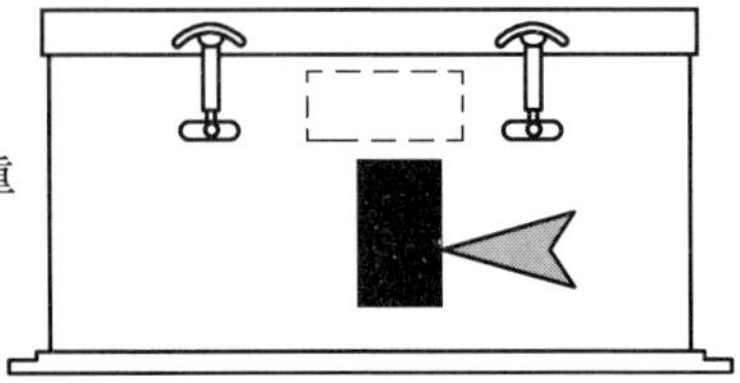

57140394

11.

印花标牌：

警告：回转头

骑在回转头上可能引起人员重伤或死亡

不得骑在回转头上。维修时完全放低钻塔

数量：一块

位于回转头表面

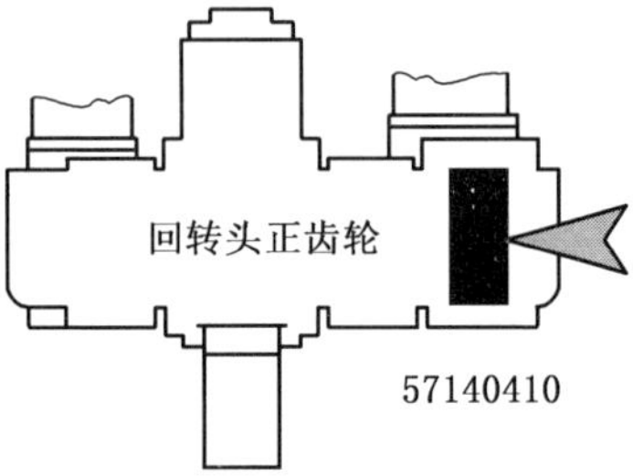

57140410

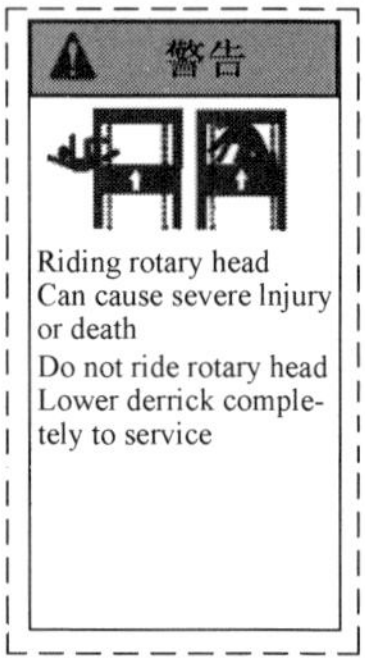

12.

印花标牌：

警告：

回转头下落

下落的回转头可能引起人员重伤或死亡

维修(一只或数只)进给油缸以后从管路中吹扫出空气

数量：两块

位于钻塔底部

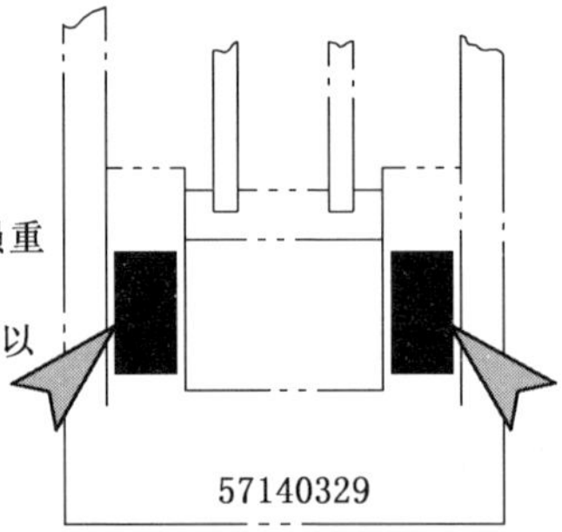

57140329

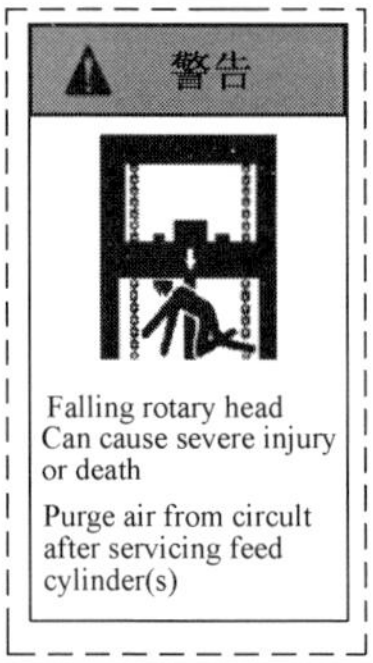

13.

印花标牌：

警告：下落储杆盘

杆储杆盘下落钻可能引起人员重伤或死亡

维修液压管路以前将储杆盘固定在打开位置，维修储杆盘管路以后从管路中吹扫出空气

数量：两块

位于调杆器回转油缸

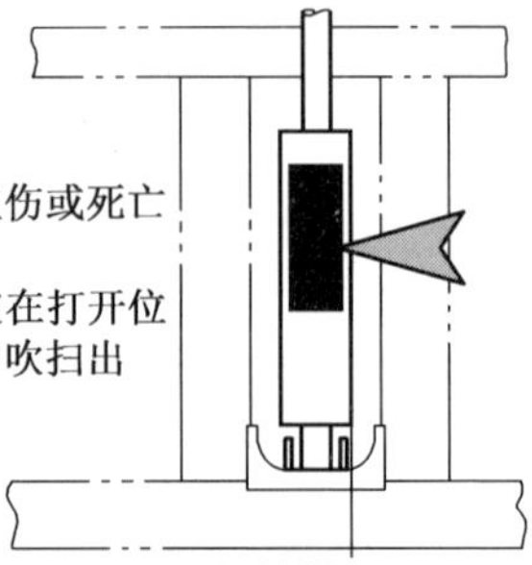

57140386

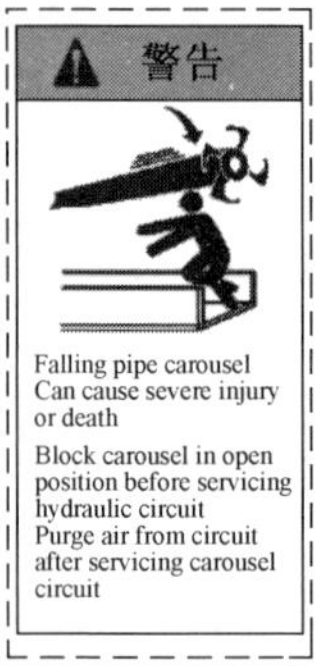

14.

印花标牌：

警告：钻杆下落

钻杆下落可能引起人员重伤

利用钻杆搬动工具夹块将钻杆锁在位

数量：一块

位于助手侧找平千斤顶

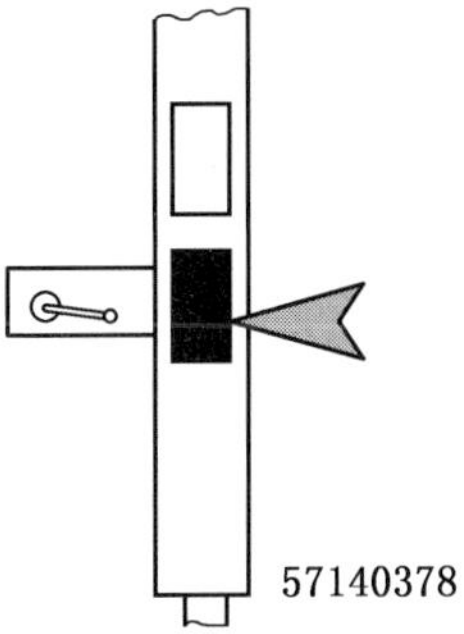

15.

印花标牌：

警告：吊机

下落物体可能引起人员重伤或死亡

不得利用该吊机提升超过其额定起重能力1250磅(586 kg)的负荷

不得使用损坏的缆绳

57297350

下落物体可能引起人员重伤或死亡

不得利用该吊机提升超过其额定起重能力2500磅(1136 kg)的负荷

不得使用损坏的缆绳

57297368

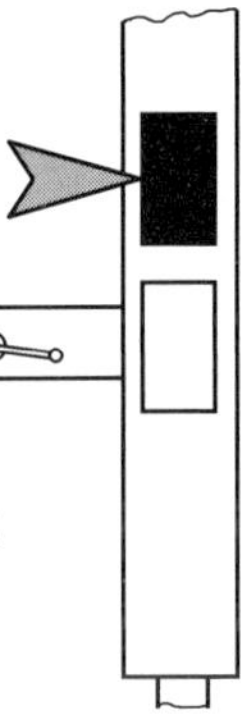

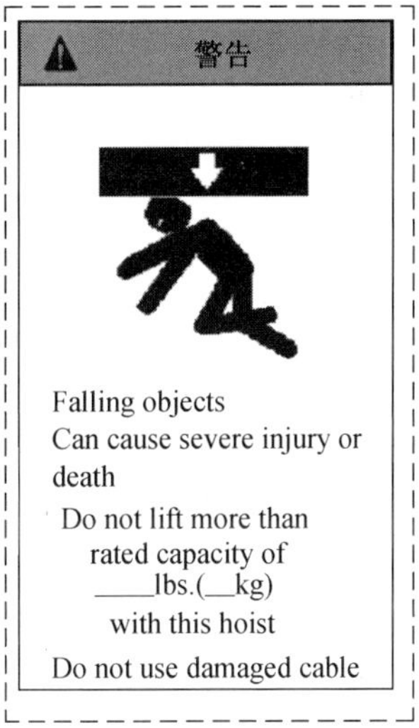

数量：一块

位于助手侧找平千斤顶

16.

印花标牌：

警告：液压系统失败

使用未经批准的液压油可能引起液压零部件失败

该液压系统使用ISO-32防磨液压油

用于这一系统的所有油均必须收入批准的油料清单

使用其他任何油料均将使液压系统零部件质量担保失效

数量：一块

位于液压油箱顶部

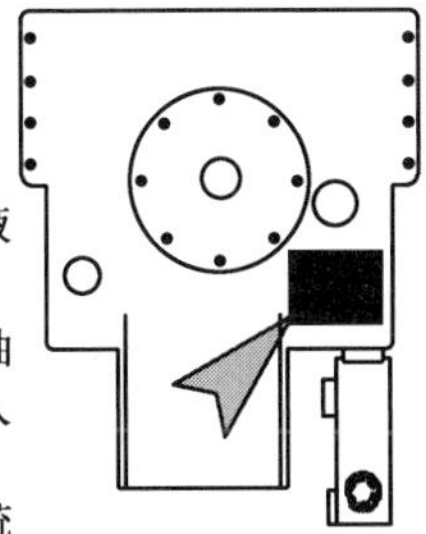

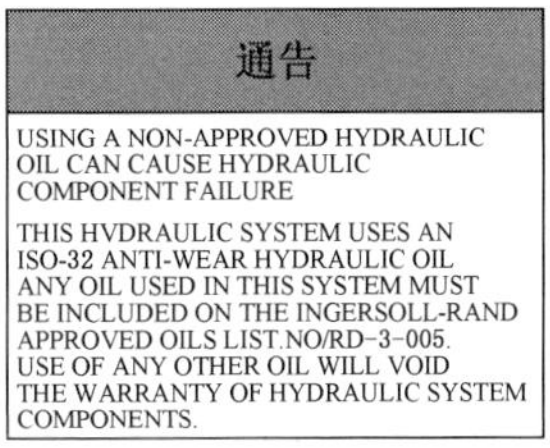

57146465

17.

印花标牌:

警告：不得修改或更改

修改或更改该机器可能引起人员重伤或死亡

无制造厂家的明确书面同意，不得更改或修改该机器

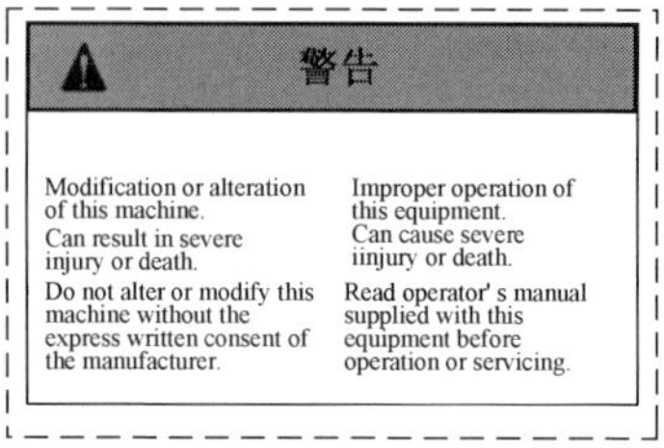

数量：一块
位于操作员控制台

这一设备操作不当可能引起人员重伤或死亡

操作或维修以前，阅读随该设备提供的操作员手册

数量：一块

位于操作员控制台

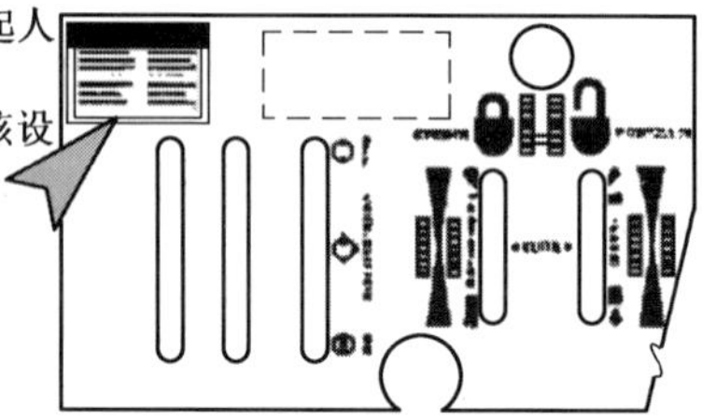

57310831

18.

印花标牌:

危险：危险电压

危险电压将引起人员重伤或死亡

升高、放低或行驶时钻塔不得接触电力线

数量：一块

位于操作员控制台

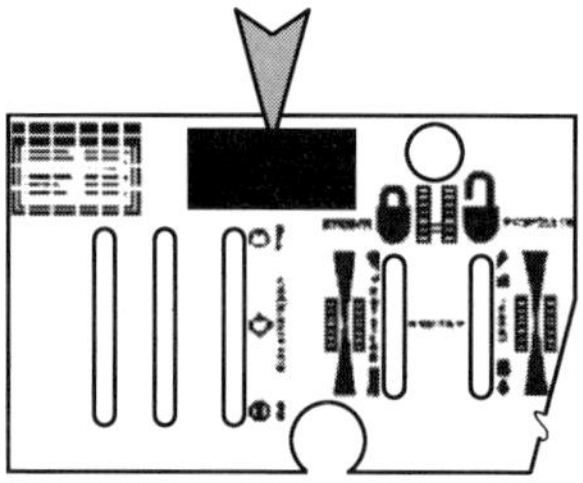

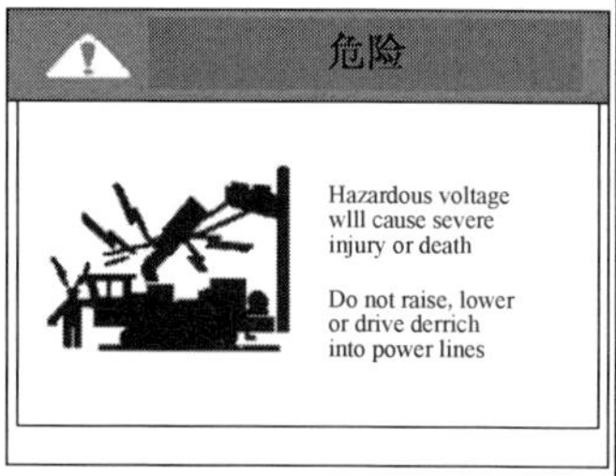

57311086

19.

印花标牌:

危险：飞出的风机叶片

飞出的风机叶片可能引起人员重伤

电动机转速不得超过4000 r/min

数量：一块

位于除尘器风机叶轮旁

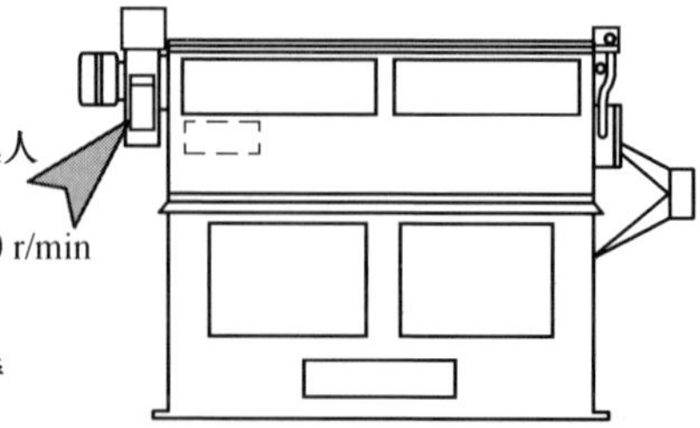

57335192

20.

印花标牌：

通告：粉尘排放

如果通过风机排出粉尘，就必须检查滤清器和排除问题

如果肮脏空气使风机叶轮损坏，就不得作质量担保索赔

数量：一块

位于除尘器正面

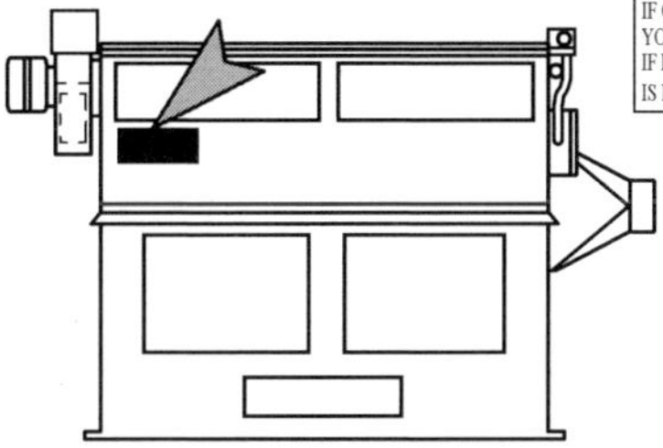

57335200

21.

印花标牌：

警告：不得攀爬

攀爬升高的钻塔可能引起人员重伤或死亡

不得攀爬升高的钻塔。维修时完全放低钻塔

数量：两块

位于钻塔一横梁背后

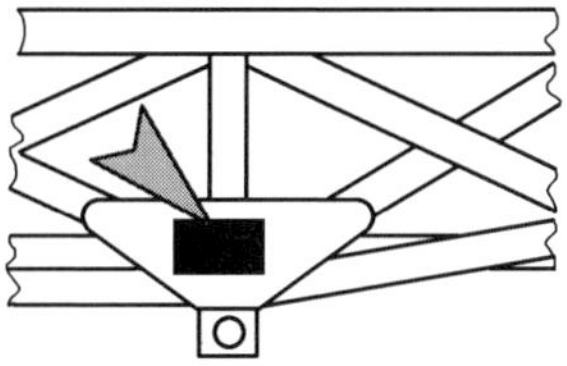

57318040

22.

印花标牌：

通告：避免电损坏

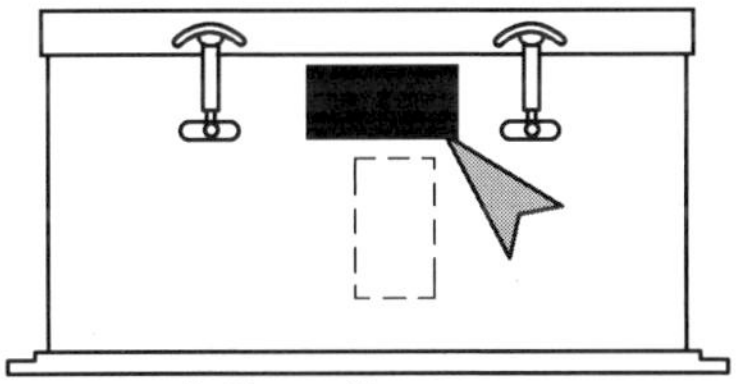

数量：一块　　57345878

位于电瓶箱正面

通告

为了避免凿岩机装置电子元器件损坏，焊接以前应同时断开电瓶的正极(+)和负极(-)

将焊接接地电缆固定在尽可能靠近待焊接零件的位置。如果必须在电子元器件附近焊接，将建议临时取下该电子元器件

图 11-22　国外制造厂家规定配备的安全标志图

第十二章　钻机钻孔作业安全操作技能

第一节　钻 机 操 作 规 程

钻机操作前的检查和准备，关系到司机当班运行过程中的安全，也关系到当班的工作任务能否顺利完成，尤其是钻机在运行过程中，司机能够对设备状况做到心中有数，做到有目的地运行和操作。因此，司机在运行和操作前的检查和准备工作至关重要。

一、操作前检查项目

（一）操作前检查对司机的具体要求

（1）按规定穿戴工作服的要求。接班后检查设备时，必须穿戴规定马甲、工作服、防砸鞋和安全帽。工作服要求设有反光标志，而且服装要干净利索，纽扣和拉链都要系好，避免在检查设备时挂住，造成不方便和危险。

（2）检查设备时，上下设备必须保持三点接触，充分利用扶手、护栏，走台设有防滑板，避免跳上跳下，防止滑倒摔伤。

（3）检查设备，通过履带时，一定要看好履带上是否有冰、雪和油污，如果有一定要事先处理掉。

（4）设备停放的地点是否安全，若有危险应立即采取有效措施，防止意外事故发生。为保证钻机在运行中的安全，司机在操作中严格遵守巡检和操作程序。

（5）启动前必须做到呼唤、应答。

（6）车载终端操作要求：①交班司机在车载终端上点击“退网申请”退出登录；②接班司机在车载终端上点击入网申请登录主副工号完成登录。

（二）司机操作前检查项目

（1）检查各操作手柄及控制开关是否灵敏有效，各部仪表显示是否正常，电气设备是否良好。

（2）检查各部油位、冷却液水位。

（3）检查、清理蓄电池。

（4）检查钢丝绳的磨损情况，遇到钢丝绳每捻断丝六根、钢丝绳直径磨损达三分之一或钢丝绳腐蚀严重时应更换。

（5）检查各注油点润滑情况及风管接头有无漏风情况。

（6）检查各部螺栓是否松动，履带及各结构件磨损情况及有无裂纹。

（7）检查工具和照明灯具、发光扩大号是否齐全良好，设备卫生状况是否符合要求。

（8）检查提升钢绳有无磨损及断丝。

（9）检查消防器材是否齐全，交接班记录是否准确无误。

（10）检查发动机散热器及空压机散热器是否良好、整洁。

（11）检查各部有无漏油。

（12）检查终端无线天线、GPS 天线、万向支架、各线缆接头的牢固情况，如发现松动或脱落时及时紧固。

二、发动机启、停机

（一）启机

（1）确认所有操纵装置在中位或关闭位置，各仪表指示为零。

（2）将启动开关拧到接通的位置（ON）。

（3）按住自动熄火旁通按钮，同时按住启动按钮启动发动机，直至发动机启动并达到怠速转速 1200 r/min，然后松开旁通按钮，恢复自动熄火功能，但必须将空压机进气蝶阀关闭。

（4）如果一次未启动成功，应间隔 2 min 后再进行第二次启动，启动马达运转时间不得超过 30 s，在进行第二次启动前，必须要检查气压表，确认压缩空气系统没有压力，如果还有压力，应打开手动排气阀排气。

（5）使发动机在怠速（1200 r/min）下预热发动机，待冷却液温度达到 80 ℃、液压油温达到 50 ℃才可以提高发动机转速。

（6）空压机应无负荷运转预热，直到空压机油温达到 65 ℃。

（7）预热完成后拉出油门手柄，将发动机转速提高到 1800 r/min。

（8）将空压机加载开关扳到 ON 位置，空压机开始工作，发动机转速低于 1800 r/min 时空压机不要加载。

（二）停机

（1）关闭空压机进气阀，将所有操纵杆放到中位或最小流量位置。

（2）关闭所有供气阀。

（3）使发动机在怠速（1200 r/min）下运转 5 min。

（4）将启动开关拧到 OFF 位置，储气罐内的压力将自动释放。

（5）检查气压表，确认压缩系统已没有压力，如果还有压力，应打开手动排气阀排气。

（三）启、停机注意事项

（1）启动马达运转时间不得超过 30 s。如果一次未启动成功，应使马达冷却 2 min 后再启动。

（2）发动机启动后，应立即观察机油压力表指示情况，判断是否有故障。

（3）除启动和预热外，钻机就位、行走和钻孔前必须将发动机转速提高到全负荷转速（1800 r/min）。

三、钻孔

（一）钻孔准备

（1）在指定穿孔地点作业，应将地表处理平整。

（2）在车载终端上选择“作业”状态；调出该作业区的电子任务书；根据终端界面显示进行对孔。

（3）落下千斤顶，但必须要先落单独的千斤顶，然后同时落下双千斤顶，并通过双千斤顶调平机身。

（4）将钻进/行走选择开关打到钻进位置。操纵回转手柄使钻杆按顺时针方向慢慢转动并达到所需的速度。

（5）搬动加压手柄使钻头接近地面 30 cm 左右时打开除尘和供风开关。

（二）开孔

（1）搬动加压手柄使钻头缓慢接地。

（2）当钻头接触地面时，在车载终端上点击“开钻”。

（3）在钻头连续钻进过程中观察风压表，读数在 20 psi（1 psi = 6.895 kPa）到 40 psi 之间时，表明已经开孔。当风压表读数达到 60 psi 时，证明钻头已经堵住。

（4）当钻头堵住以后，不要继续打钻，应及时关闭供风开关和除尘开关将钻具提出孔外清理钻头。

（5）在清理钻头时，司机应关闭供风开关，并禁止站在钻头前面清理，应站在钻头的侧面来清理，以防发生伤人事故。

（6）在钻进的过程中应根据岩石的变化合理调整轴压力。

（三）提钻杆

（1）在钻完一个孔后，在车载终端上点击“钻完”。

（2）用 20 r/min 的速度慢慢旋转，然后向上提钻杆，当钻头接近地表时，应放慢提升速度。

（3）关闭供风开关并停止回转和除尘开关。

（四）接杆

（1）当第一根钻杆打完需接杆时，应使钻杆的上端扳手平面越过钻台，然后提升钻杆，使钻杆上端扳手平面在钻台上方。

（2）停止回转，关闭压缩空气和除尘开关。

（3）用滑动卡钳卡住钻杆扳手平面。

（4）逆时针全速回转，松开钻杆连接螺纹。随着螺纹的退出，向上提起钻具，使螺纹分离。

（5）螺纹分离后提升回转头到钻架顶部。

（6）在卸下当前钻杆前，在车载终端上点击“加杆”。

（7）将储杆器中的一根钻杆摆动到回转头下方并下降回转头。

（8）缓慢顺时针回转，继续下降回转头，直到回转轴连接套与钻杆阳螺纹接触。

（9）继续回转拧紧连接螺纹，直到储杆器上的杯座转动并紧固。

（10）停止回转，从储杆器中提起钻杆并使用支杆器或抱杆器。

（11）将储杆器摆动回原位。

（12）润滑钻杆螺纹。

（13）下降钻杆，使其与回转台上的钻杆螺纹接触。

（14）缓慢回转，直至拧紧螺纹。

（15）停止进给和回转，稍微提起钻具，使之脱离滑动卡钳并收回卡钳。

（16）连接好第二根杆后在车载终端上点击“加杆完成”。

（五）卸杆

（1）提升钻具，使下面一根钻杆上的上端扳手平面与滑动卡钳对准。

（2）用滑动卡钳卡住下面钻杆上的上端扳手平面。

（3）逆时针回转，松开下面接头，同时要注意观察上面的接头，如果下面的接头未松开而上面的接头松开，应立即停止回转，防止钻杆倒下。

（4）如果上面接头先松开，顺时针回转将其拧紧，用卡钳卡在钻杆的扳手平面紧固上部接头，然后再尝试拆卸钻杆，如果上部接头仍然先松开，用链条扳手松开下面的接头并收回链条扳手。使用链条扳手时正副司机必须进入司机室，关好平台侧的司机室门。

（5）反向回转，同时提升，卸下钻杆并使用抱杆器或支杆器。

（6）提升回转头到钻架顶部，将储杆器摆动到回转头下方。

（7）将钻杆放到储杆器上，使钻杆六角形下端进入杯座，钻杆上端必须进入上储杆器槽内。

（8）逆时针回转，松开上接头，提升回转头。

（9）转动储杆器，准备装下一根钻杆。

（10）下降回转头，使回转轴接近下一根钻杆的螺纹。

（11）润滑螺纹后，下降回转头，使回转轴螺纹与钻杆螺纹接触。

（12）缓慢顺时针回转，拧紧接头，停止回转。

（13）稍微提起钻具，使其离开卡钳。

（14）退回滑动卡钳，顺时针回转，同时提升钻具，使下一根钻杆上端的扳手平面对准滑动卡钳，直到提出孔内的全部钻杆。

（15）司机在操作中必须要注意力集中，严禁误操作。

（16）用链钳子拆卸副钻杆的要求如下：

①汇报当班工长得到确认后或当班工长来到现场后方可作业。并在车载终端上点击“延误”的设备状态。

②用 20 r/min 转动（正转）副钻杆加力紧固副钻杆上接头，防止用链钳子拆卸副钻杆过程中提升副钻杆脱落下来伤人和设备。

③把马蹄形固定支撑铁板平稳放在钻架内部卡铁位置，并将马蹄形固定支撑铁板和钻杆靠牢靠紧。

④把链钳子平稳放在固定支撑铁板上，调整好尾部销轴连接孔。

⑤将钻架下部链钳子油缸完全伸出，使油缸顶部销轴连接套与链钳子尾部两端中空连接孔相接触。

⑥缓慢收缩油缸将连接销轴插入链钳子尾部两端中空连接孔和油缸连接套内，使收缩油缸与链钳子完全连接上，再将连接别销插入连接销轴下部别销孔内。

⑦把链钳子锁紧链条顺时针缠住副钻杆，并把链条梯形锁紧头和链钳子梯形锁紧孔相连接。

⑧缓慢收缩链钳子伸缩油缸，观察锁紧链条能不能锁住副钻杆。如不能锁紧住钻杆，再将油缸全部伸出后，重新调整好链钳子位置，再缓慢收缩油缸直到主副钻杆连接部位松动松开。

⑨把链钳子连接销轴别销取下，抽出连接销轴，再把别销插入连接销轴下部别销孔内，放回备件箱。

⑩把伸缩油缸完成收回并放到原来位置。

⑪把链钳子梯形锁紧头从梯形锁紧孔取出，并把链钳子放回备件箱原来位置。

⑫把马蹄形固定支撑铁板从钻架固定卡铁处取出，放回备件箱原来位置。

⑬轻提旋转头，用 20 r/min 逆时针（反转）转动副钻杆，再缓慢提升副钻

杆直至副钻杆与主钻杆完成脱离。此时，用链钳子拆卸副钻杆过程全部完成。

⑭汇报当班工长用链钳子安全拆卸副钻杆完毕，并在车载终端上点击“作业”的设备状态。

⑮在得到当班工长认可后，并在车载终端上点击“开钻”的设备状态，才能继续作业。

四、行走

（1）将钻进/行走选择阀搬到行走位置，其他各部手柄均放在零位。在行走结束或无人看管时，钻进/行走选择开关必须放在钻进位置。

（2）钻机行走前，必须使千斤顶和钻头离开地面。履带、运动部件上不得有任何物品，行走前履带前后不准站人。

（3）钻机行走时，必须要落好钻架。

（4）钻机行走时，必须要选择好路面，遇有障碍物时应清除后再移车。在不稳定的地方不得移动钻机。

（5）行走时，不允许钻机的任何部位接触电线，不准强行拐弯。

（6）当钻机的发动机或油泵损坏时，不得用其他设备强行拖动。

（7）钻机在行走时，副司机或工长负责指挥钻机的行走方向及移动路线，司机、副司机应做到呼唤应答。

五、起落钻架

（1）起落钻架时，必须调平千斤顶，操作钻架起落手柄时，其他操作手柄应在空位。

（2）在起落钻架时，应注意观察空中有无电线及其他障碍物，以防发生事故。

（3）从垂直位置上放倒钻架以前，必须将钻架锁销油缸收缩，指示灯红灯亮。

（4）当钻架立起后，应使钻架锁销油缸伸出将其锁紧锁牢，指示灯绿灯亮。

（5）上钻架工作，必须在停机后进行，同时必须佩戴好安全防护用品。

六、停车

（1）各操作手柄要搬到零位，钻孔过程中临时停车，应将钻具从孔底提到适当的位置。

（2）根据停车原因在车载终端上点击相应的设备状态如“延误”“故障”“备用”等。

当钻机因为天气原因（降雨）、加油、保养、爆破、行走、更换钻杆或钻头、司机上厕所或临时休息等原因暂时停止作业时，需要选择延误状态；

点击“菜单”按钮，在菜单界面中点击“延时申请”，然后选择具体的延误状态；

完成后主界面设备状态按钮将显示“延时”状态。

（3）如果停车时间较长，应将钻架落下，将钻机开到安全位置，详细检查设备状态，做好设备记录及设备的维护和清扫工作，以及在车载终端上点击“退网申请”退出登录。

（4）钻机正常作业时，辅助绞车滑轮钩子不准带帽子作业，以免钻帽从空中掉下伤人。

第二节　钻机岗位标准化作业流程

岗位是企业安全管理的基本单元，岗位作业流程标准化是根据不同岗位制定针对性的作业流程标准，在岗位作业过程中实现流程化管理，标准化作业是一种管理模式。岗位流程标准化是提升岗位作业质量，避免误操作、杜绝操作随意性，促进岗位作业安全行为养成的重要途径。也是提高员工个人自主保安能力，保安全生产的重要手段。为全面规范员工安全行为，固化行之有效的安全管理方法。

通过推行岗位流程标准化作业管理，加强过程控制，提高员工安全意识，进一步培养员工安全操作习惯，实现岗位员工遵章操作，杜绝违章，消除人为隐患，实现岗位操作标准化管理。

钻机岗位标准化作业流程如下：

班前会→作业前准备→组织协调→现场检查工作→标准化作业流程→收尾工作→班后会。

一、班前会

（一）内容

（1）班前点名。

（2）观察员工精神状态。

（3）当班工长安排当日工作任务。

（4）钻机司机对当日工作任务进行风险分析。

（5）当班工长进行合理补充。

（6）对上级所发的相关安全文件进行学习。

（7）进行安全“每日一问”。

（8）散会。

（二）作业标准

（1）依据考勤记录表进行逐一点名。

（2）部门安全员对每名员工的精神状态进行观察。

（3）根据作业人员的职业素养、技能水平合理安排作业内容。

（4）按“三讲一落实”对工作内容进行安全分析。

（5）部门安全员对工作负责人（钻机司机）未分析到的安全隐患进行详细补充说明。

（6）仔细解读安全文件内容，并留存音频或影像资料。

（7）对钻机司机进行安全知识提问。

（8）有序离开开会地点。

（三）危险源及存在风险

不遵守劳动纪律，私自旷工，存在发生意外事件的可能性。员工精神状态不佳，注意力不集中，可能发生意外事件，导致人身伤害或设备损坏。

（四）安全措施

严格按照规章制度对违规人员进行处罚，并进行安全教育。对精神恍惚、睡眠不足、生病人员、饮酒人员不安排生产任务，令其在班组休息。

二、作业前准备

（一）内容

（1）穿戴劳动保护用品

（2）准备备品及工具。

（二）作业标准

（1）正确佩戴劳动保护用品。

（2）备品充足，工具完好。

（三）危险源及存在风险

（1）员工未正确佩戴劳动防护用品，存在潜在风险。

（2）工具及备品准备不充分降低工作效率。

（四）安全措施

（1）工长对作业人员进行检查，对未正确佩戴劳动保护用品的员工进行纠正。

（2）部门安全员对工具、备品进行检查。

三、组织协调

（一）内容

（1）根据钻机作业位置合理安排钻机司机乘坐通勤车。

（2）安排车辆负责人，监督通勤车司机安全驾驶。

（3）联系通勤车司机，检查工作票签收情况。

（二）作业标准

（1）合理安排人员。

（2）熟悉交通规则和矿内交通规则。

（3）熟悉正确填写工作票流程及检验方法。

（三）危险源及存在风险

（1）人员未按照规定乘坐通勤车，存在潜在风险。

（2）不了解矿内交通规则，易造成矿内交通事故。

（3）不熟悉正确填写工作票流程及检验方法，存在潜在风险。

（四）安全措施

（1）监督钻机司机乘坐通勤车情况。

（2）将交通规则和矿内交通规则形成培训资料仔细解读给钻机司机。

（3）监督检查通勤车工作票的闭环情况。

四、现场检查工作

（一）内容

（1）进入作业现场对周围风险点再次进行分析。

（2）交接班检查工作。

（3）司机操作前的检查工作

（二）检查标准

（1）按照《隐患排查规定》对作业现场进行风险识别。

（2）按照《交接班岗位责任制》相关要求进行检查工作。

（3）按照《岗位安全技术操作规程》相关要求进行检查工作。

五、标准化作业流程

目前，内蒙古公司两地五矿现有两种钻机：DM30 钻机和 DM45 钻机。它们是阿特拉斯．科普柯公司设计生产的矿用回转爆破孔钻机。下面主要介绍两种钻机的标准化操作流程。

（一）DM30 回转钻机的标准化作业流程

1. 发动机的启动

1）内容

发动机的启动。

2）作业标准

（1）将钥匙门开关拧到 ON 位置。

（2）听燃油预注泵自动注油声音，直到注油泵声音消失（柴油注满了）。

（3）将空压机控制手柄扳到关闭位置并保持在关闭位置。

（4）按启动按钮。

（5）发动机启动后机油压力达到 25 psi 时，松开启动按钮。

（6）启动马达一次启动不能超过 30 s，两次启动应间隔 2~3 min。启动后怠速 3~5 min，预热发动机和液压系统。

（7）当液压油温度升到 100 ℉（38 ℃）时，发动机防冻液温度（水温）升到 100 ℉（38 ℃）时，才能调整发动机转速调整手柄。

（8）当环境温度低于-18~-30 ℃启动时要使用发动机缸体加热器；当环境温度低于-32~-45 ℃时使用启动液（乙醚）。

3）危险源及存在风险

（1）在启动之前，未观察和检查各部零件有无松动或损坏，可能造成设备损坏。

（2）未按当班维护项目维护，有漏项，可能造成设备损坏。

（3）所有控制装置、手柄未在规定位置（或零位），可能造成启动困难或启动失败。

（4）启动马达一次启动超过 30 s，两次启动应间隔小于 2~3 min 可能造成启动马达损坏。

（5）乙醚辅助启动系统在出厂前未装配乙醚贮罐或乙醚贮罐已空，可能造成冬季启动困难或发动机损坏。

4）安全措施

（1）在启动之前，先观察和检查各部零件有无松动或损坏，如有松动或损坏及时更换。

（2）按照当班维护项目维护无漏项，润滑油需在钻机所要求的标准范围内。

（3）所有控制装置在规定位置（或零位）：

①确认钻进功能手柄在中位（或零位）。

②确认钻孔/行走选择开关在钻孔位置。

③确认左行走、右行走操纵手柄在中位（或零位）。

④确认回转手柄和进给手柄在中位（或零位）。

⑤确认紧急熄火按钮拉出。

⑥确认发动机油门调整手柄在怠速位置（1200 r/min）。

（4）启动马达一次启动不能超过 30 s，两次启动应间隔 2~3 min。启动后怠速 3~5 min，预热发动机和液压系统。

（5）只有在冬天启动发动机时才喷射启动液（乙醚）。启动液喷到正在运转的发动机里将会在所有的缸里引起急剧的燃烧，一直到液体被燃耗尽为止。

（6）如果乙醚贮罐没有乙醚时，冬季来临之前配备好乙醚贮罐。

2. 钻机的调平（找平）

1）内容

发动机满负荷运转（1800 r/min），钻机来到作业现场，应调平钻机。

2）作业标准

（1）必须将钻进/行走选择开关拧在钻进（DRILL）位置，钻机功能手柄搬到主泵加载位置，但必须使下列控制手柄处在中间位置（或零位）：

①回转操作控制手柄。

②进给操作控制手柄。

③钻架升降操纵手柄。

④左前千斤顶操纵手柄。

⑤后支千斤顶操纵手柄。

⑥右前千斤顶操作手柄。

（2）向后拉左前千斤顶控制手柄慢慢到伸出油缸，然后向后拉千斤顶控制手柄和右前千斤顶操作手柄慢慢伸出油缸，当钻机升起时要保持钻机平衡。

（3）当操作千斤顶控制手柄时，要看着水平仪，一直达到钻机处于水平为止。

（4）当钻机已经水平，千斤顶控制手柄应当在中位，千斤顶缩回指示灯熄灭。

3）危险源及存在风险

（1）钻进/行走选择开关未拧在钻进（DRILL）位置，可能造成无法操作。

（2）钻机功能手柄未搬到主泵加载位置，可能造成无法操作。

（3）千斤顶未调平调牢可能造成设备损害。

4）安全措施

（1）钻进/行走选择开关拧在钻进（DRILL）位置。

（2）钻机功能手柄搬到主泵加载位置。

（3）千斤顶调平调牢，观察千斤顶缩回指示灯。

3. 起钻架（举升钻架到垂直位置）

1）内容

发动机已启动，转速为 1800 r/min，机体已调平，主泵加载。钻架应水平放倒落在机体上，起钻架到垂直位置。

2）作业标准

（1）起钻架前应注意观察空中有无高压线及其他障碍物，以防止发生事故。

（2）起钻架时，操作钻架起落手柄时，钻进/行走选择开关应在钻孔位置，其他操作手柄应在中位（或零位）。

（3）将钻架起落手柄向后推，钻架将从放倒位置向垂直位置运动。

（4）当钻架接近垂直位置时，应慢慢移动钻架起落手柄，防止产生冲击。

（5）当钻架垂直立起后，将钻架锁紧控制手柄向司机室侧搬动锁紧钻架。

3）危险源及存在风险

（1）未观察钻架上有无工具备件等，可能造成人员伤害。

（2）未观察空中有无高压线及其他障碍物，可能造成人员伤害或设备损坏。

（3）钻架锁销在锁紧位置未及时发现，可能造成设备损坏。

4）安全措施

（1）观察钻架上无有工具备件等。

（2）观察空中有无电线及其他障碍物。

（3）钻架锁销应在缩回位置。

4. 落钻架（钻架落到水平位置）

1）内容

钻孔/行走选择开关在钻孔位置，钻架在垂直位置，需将钻架放倒在水平位置。

2）作业标准

（1）从垂直位置上落下钻架以前，应注意观察空中有无高压线及其他障碍物，以防止发生事故。

（2）当从垂直位置上落下钻架前，必须将钻架锁紧油缸缩回，然后再落钻架。

（3）钻架起落手柄向前压，钻架从垂直位置落下，其余操作手柄在中位（或零位）。

3）危险源及存在风险

（1）从垂直位置上落下钻架以前，未观察空中有无高压线及其他障碍物。

（2）当从垂直位置上落下钻架前，未将钻架锁紧油缸缩回。

（3）钻架起落手柄未向前压，其余操作手柄未在中位。

4）安全措施

（1）落钻架前首先应松开锁紧油缸，向除尘器侧搬动时松开锁紧装置，钻架锁紧装置只能在钻架垂直时使用。

（2）在操作起落钻架手柄时，当钻架接近水平时慢慢移动手柄轻轻落在后千斤顶上，防止产生冲击。

（3）落钻架时，应注意观察空中有无高压线及其他障碍物，以防止发生事故。

5. 钻孔

1）内容

发动机已启动，钻机已调平，钻架在垂直位置并锁紧，主钻杆带着钻头连接在回转器上的辅助接头上，其余副钻杆储存在储杆器上，准备钻孔作业。

2）作业标准

（1）将钻进/行走选择开关拧到钻进位置。

（2）操纵回转操作手柄，使钻杆按顺时针方向慢慢转动并达到所需的速度。

（3）操纵进给操作手柄使钻头接近地面，并要及时打开除尘系统。

（4）继续操作回转控制手柄，使钻杆钻头连续回转。

（5）继续操作进给控制手柄，使钻杆带动钻头下降。

（6）继续下降，使钻头一直到距地面约 10 cm 左右供风。

（7）当风压表的压力稳定在 40 psi 时已经正常开孔。

（8）开孔以后，移动进给控制手柄；移动回转控制手柄，使钻杆达到所需的钻进速度为止。

（9）调节轴压力和旋转速度以达到钻头最大穿孔速度。以下几点能使钻进得到较好的效果：

①用回转控制手柄来控制回转速度。如果破碎的岩石不及时排出孔外，应将钻杆提出孔外（见提钻具），岩石破碎后的粉渣重新粉碎成更小的碎片，会引起钻头不必要的磨损和能量浪费。

②用进给控制手柄来控制进给速度。在软岩石中作业应减少进给速度（轴压力），使孔内岩渣吹得干净，防止堵住钻头排气口。

③观察回转压力表和进给压力表以确定回转马达的压力与进给轴压力相匹配。

（10）观察钻进风压表的读数。正常读数大约在 40 psi，若风压迅速提高到 40 psi 以上时，表明钻头可能被堵住了。如果风压稳定在 60 psi 或大于这个数，表明钻头已经给堵住了，需清理钻头。

（11）钻头如果堵塞，须停止钻进并及时清理，否则会磨损钻头和钻杆。

（12）当达到要求孔深后，将钻头从孔底提出，钻孔过程结束。

3）危险源及存在风险

（1）堵钻会造成钻头和钻杆磨损。

（2）未先停风直接清理钻头排气口泥土，可能造成人身伤害。

4）安全措施

（1）继续旋转钻头。

（2）停止操作进给控制手柄。

（3）检查钻进风压表若在正常风压 40 psi，表示钻头堵塞已经排除。

（4）假如钻头仍然堵塞风压表显示 60 psi 时或更高，在 30~40 s 以后，将空气压缩机进气开关拉到“OFF”位置。

（5）操纵进给控制手柄慢慢向后推并把钻杆提出孔外，再把操纵进给控制手柄移回到中位（或零位）。

（6）将回转控制手柄放到中位（或零位）。

（7）侧身（脸）或戴护目镜用铁丝或通条来清理钻头排气口泥土，然后恢复钻孔。

（8）回转速度和进给压力应随岩石性质变化而变化。

（9）正确的判断和丰富的经验能使司机获得钻孔的最佳效果，在钻孔过程中都要不断观察和调节回转速度和进给压力。

6. 接钻杆

1）内容

主钻杆打完，需接副钻杆，主钻杆在孔内，副钻杆在储杆器上。需接副钻杆继续钻进。

2）作业标准

（1）当主钻杆打完需接副钻杆时，钻头在孔的底部，慢慢推动进给控制手柄。应使主钻杆的上接头卡板口与气动扳手在同一水平面上。

（2）将回转控制手柄和进给控制手柄移回中位，将回转和提升停止。

（3）关闭空压机进风（开关）拉杆。

（4）向后踩卸杆气动扳手脚踏阀将气动扳手风缸伸出到接合位置，卡住主钻杆上接头卡扳口。

（5）向后推回转控制手柄逆时针反转全速回转。松开主钻杆连接螺纹，随着螺纹的退出，向后推动进给控制手柄缓慢提升旋转头，使旋转头与钻杆螺纹（丝扣）完全分离。

（6）旋转头与钻杆分离后，钻杆被悬挂在气动扳手的扳子头部上。向后推动进给控制手柄提升旋转头到钻架顶部。

（7）上推储杆盘摆手柄将储杆器中的一根钻杆摆动到旋转头下方并拉进给

控制手柄下降旋转头。

（8）拉动回转控制手柄使旋转头缓慢顺时针回转（20 r/min）。拉动进给控制手柄继续下降旋转头，直到旋转轴连接套与副钻杆上接头螺纹接触。

（9）继续回转拧紧连接螺纹，直到储杆器上的杯座转动。

（10）将回转控制手柄移回中位（或零位），停止回转，缓慢推进给控制手柄将钻杆从储杆器提出。

（11）下压储杆盘摆动手柄将储杆器摆回储杆位置。

（12）润滑钻杆螺纹。

（13）拉进给控制手柄下降钻杆，使其与气动扳手上主钻杆的钻杆螺纹接触。

（14）拉回转控制手柄缓慢回转（20 r/min）直至拧紧螺纹。

（15）将回转控制手柄、进给控制手柄移回中位，停止回转和进给（下降），推进给控制手柄稍微提起钻杆，向后踩脚踏阀使气动扳手风缸缩回与主钻杆卡扳口脱离。

3）危险源及存在风险

（1）气动卡扳手头部位卡在主钻杆上接头卡扳口的接合位置，可能造成钻杆掉入孔内易使钻杆损坏。

（2）提升时未注意听回转头轻撞钻架卡铁的声音，可能造成回转头损坏。

4）安全措施

（1）向前踩脚踏阀使气动扳手风缸伸出卡住钻杆上接头卡扳口的接合位置。

（2）观察卡扳手头部已卡在钻杆卡扳口上。

（3）提升时听到回转头轻撞钻架卡铁的声音时再将进给控制手控移回中位。

7. 卸杆

1）内容

孔已达到要求深度，主副钻杆连接在一起，并且在炮孔内需将主副钻杆卸开。

2）作业标准

（1）推进给控制手柄提升钻杆，使主钻杆上接头板口与气动扳手在同一水平面。

（2）向前踩脚踏阀使气动扳手风缸伸出卡住主钻杆上接头卡扳口的接合位置。

（3）推回转控制手柄逆时针回转（20 r/min），松开主钻杆上接头，同时要注意观察副钻杆上接头，如果主钻杆接头螺纹未松而副钻杆上接头松开，应立即停止回转，防止钻杆掉下来。

（4）如果副钻杆上接头与回转头辅助接头先松开，拉回转控制手柄顺时针回转将其拧紧。

（5）推回转控制手柄使回转反转，同时推进给控制手柄提升回转头，卸下副钻杆。

（6）继续推进给控制手柄提升回转头到钻架顶部。推储杆盘摆动手柄使储杆盘摆动到回转头下方。

（7）拉进给控制手柄降副钻杆，将钻杆放到储杆器上，使副钻杆下接头六角形进入杯座，使副钻杆上接头必须进入储杆器夹持器鸭子嘴内。

（8）推回转控制手柄，反时针回转，松开副钻杆上接头，推进给控制手柄，提升回转头。

（9）向下压储杆盘摆动手柄使储杆盘摆回储杆位置。

（10）拉进给控制手柄下降回转头，使回转头辅助接头与主钻杆上接头螺纹接近（不接触）。

（11）润滑螺纹后，拉进给控制手柄下降回转头，使回转头与主钻杆上接头螺纹（丝扣）接触。

（12）缓慢拉回转控制手柄顺时针回转，当上接头拧紧后，将回转控制手柄移回中位，停止回转。

（13）稍微拉进给控制手柄提起回转头和钻杆（此时回转头与钻杆已连接在一起了）使钻杆不压在气动扳手上，向后踩脚踏阀气动扳手风缸缩回到分离位置。

（14）拉回转控制手柄顺时针回转，同时推进给控制手柄准备将孔内主钻杆提出孔外。

3）危险源及存在风险

在接卸钻杆过程中副钻杆掉落。

4）安全措施

司机在接卸钻杆过程中必须注意力集中，严禁误操作。

8. 提钻具

1）内容

孔已打完，钻头处在孔底位置需将主钻杆提出孔外。

2）作业标准

（1）当钻孔达到规定深度后，使回转速度约 20 psi，然后向后推进给操作手柄降低轴压力。

（2）慢慢推动进给控制手柄，使钻杆向上提升。

（3）将空压机进气开关拉到“OFF”位置。

（4）当钻头提出炮孔孔口 30 cm 后，将回转控制手柄移回中位控制。

（5）将进给控制手柄移回中位（或零位）。

3）危险源及存在风险

（1）当钻头接近地面时未放慢提升速度可能造成平台损坏。

（2）钻头未提出炮孔口（地面）造成钻杆或平台损坏。

4）安全措施

（1）当钻头接近地面时放慢提升速度。

（2）当确认钻头离开地面（炮孔口）30 cm 以后，才允许收千斤顶或走车。

9. 向储杆盘装钻杆

1）内容

发动机转速在 1800 r/min；机体调平；行走/钻孔选择开关在钻孔位置；钻架在垂直位置；储杆夹持器鸭子嘴对准储杆盘顶盖的缺口；钻杆帽子在卷扬机吊钩上；钻杆在钻孔平台附近。准备向储杆盘装钻杆。

2）作业标准

（1）拉卷扬机操作手杆板下吊钩。

（2）用吊钩钩住钻杆帽扣紧吊钩保险锁。

（3）连接钻帽与钻杆，并用绳子拉住钻杆下端，防止摆动。

（4）推卷扬机操作手柄吊起钻杆，并靠近储杆盘，钻杆下端用拉绳保持稳定。

（5）拉储杆盘摆动手柄使储杆盘油缸伸出，将储杆盘摆到吊钻杆位置。

（6）调整吊钻杆高度，钻杆上接头夹持颈（环）进入储杆盘夹持器鸭子嘴内。使钻杆下端六角与杆座六角对准。

（7）拉卷扬机操作手柄将钻落入杯座中。

（8）拉钻架升降操作手柄将钻架至水平位置，从钻杆上卸下钻帽。

（9）推钻架升降操作手柄将钻架升到垂直位置。

（10）向下压储杆盘定位手柄使储杆盘顺时针转到下一个杆位。使下一个储杆夹持器鸭子嘴对准储杆盘顶盖上的缺口。

（11）下拉储杆盘摆动手柄使储杆盘油缸收缩，将储杆盘摆回储存位置。

（12）用卷扬机吊钩钩住钻帽和另一根钻杆。

（13）重复上述步骤，直至装满储杆器。

3）危险源及存在风险

（1）钻帽与钻杆连接不牢固或未锁紧，可能造成钻杆掉下会使钻杆和设备损坏。

（2）从钻杆上卸钻帽之前，未确认钻杆上下两端已可靠锁定在储杆盘上，可能造成钻杆掉下损坏钻杆和设备。

4）安全措施

（1）确认钻帽子与钻杆连接牢固或已锁紧，防止钻杆掉下。

（2）确认从钻杆上卸钻帽子之前，钻杆上下两端已可靠锁定在储杆盘上，防止钻杆掉下。

（3）司机在向储杆盘装钻杆过程中必须注意力集中，严禁误操作。

10. 移动钻机到下一个孔位（钻机行走）

1）内容

发动机已经启动（转速在额定转速 1800 r/min）。管路紧固，无漏油、水、气现象。钻杆提出孔口外，移动钻机到下一个孔位。

2）作业标准

（1）将千斤顶全部收回。假如没有收回，操作左前千斤顶（除尘侧）、右前千斤顶（司机侧的）和后找平千斤顶手柄。将千斤顶拧到收回（RETRACT）位置。当找平千斤顶缩回指示灯亮时，说明千斤顶已全部收回。

（2）钻进/行走选择开关拧到行走（TRAM）位置。

（3）操作行走操作手柄控制行走方向、速度和行走制动功能。

（4）长途走车将钻架放倒。

（5）行走时，注意观察任何方向的车辆坡度都不得超过 20°。

（6）正常停止走车时，将左右行走操作手柄移到中位。

（7）如果钻机不需要立即行走，应将钻进/行走开关拧到钻进位置，使停车制动器制动。

（8）当钻机到达钻机作业现场时，需调平钻机（见钻机的调平）。

3）危险源及存在风险

（1）钻杆未提出孔口外，走行时会拉弯钻杆造成事故。

（2）钻杆提出孔口时提得太高，可能损坏钻杆平台密封橡胶板。

（3）当钻进/行走选择开关拧到行走（TRAM）位置时，行走喇叭未通电，不鸣叫，可能造成该区域人员和设备损坏或伤亡。

4）安全措施

（1）确认钻杆已提出孔口外，如果还没提出孔口外，要将钻杆提出孔口外，防止走行时拉弯钻杆造成事故。

（2）钻杆提出孔口不要提得太高，避免损坏钻杆平台密封橡胶板。

（3）当钻进/行走选择开关拧到行走（TRAM）位置时，行走喇叭通电鸣叫，以警告该区域人员和设备。

（二）DM45 回转钻机的标准化作业流程

1. 发动机的启动

1）内容

启动发动机。

2）作业标准

（1）在启动之前，先直接观察和检查各部零件有无松动或损坏。如有损坏或松动应当紧固或更换。每班维护项目无一漏项。润滑油需在钻机所要求的标准范围内。

（2）确定所有控制装置所在位置。

①确认所有操作装置在中位或零置。

②确认钻孔/行走（推进/钻进）选择开关在“钻孔（进）”位置。

③确认左行走、右行走操纵手柄在中位或零位。

④确认回转手柄和进给手柄在中位或零位。

⑤确认紧急熄火按钮拉出。

⑥确认发动机油门调整手柄在怠速位置（1200 r/min）。

（3）将钥匙门开关拧到 ON 位置。

（4）听燃油预注泵自动注油声音，直到注油泵声音消失（柴油注满了）。

（5）将空压机控制手柄扳到关闭位置并保持在中位或零置。

（6）按启动按钮。

（7）发动机启动后机油压力达到 25 psi 时，松开启动按钮。

（8）启动马达一次启动不能超过 30 s，两次启动应间隔 2~3 min。启动后怠速 3~5 min，预热发动机和液压系统。

（9）当液压油温度升到 38 ℃时，发动机防冻液温度（水温）升到 38 ℃时，才能调整发动机转速调整手柄。

（10）当环境温度低于在-18 ℃至-30 ℃以下启动时要使用发动机缸体加热器；当环境温度低于-32~-45 ℃时使用启动液（乙醚）。

（11）只有在冬天启动发动机时才喷射启动液（乙醚）。启动液被喷到正在运转的发动机里将会在所有的缸里引起急剧的燃烧，一直到液体被燃耗尽为止。

3）危险源及存在风险

（1）在启动之前，未观察和检查各部零件有无松动或损坏，可能造成设备损坏。

（2）未按照每班维护项目进行维护，有漏项，可能造成设备损坏。

（3）未确定所有控制装置在规定位置，可能造成设备启动困难或启动失败。

（4）启动后未怠速 3~5 min，没能预热发动机和液压系统，可能造成设备损坏。

（5）冬季来临之前未配备好乙醚贮罐，可能造成设备启动困难或设备损坏。

4）安全措施

（1）在启动之前，应先观察和检查各部零件有无松动或损坏，如有损坏或松动应当紧固或更换。

（2）每班维护项目无一漏项，润滑油需在钻机所要求的标准范围内。

（3）确定所有控制装置所在位置。

①确认所有操作装置在中位或零置。

②确认钻孔/行走（推进/钻进）选择开关在“钻孔（进）”位置。

③确认左行走、右行走操纵手柄在中位或零位。

④确认回转手柄和进给手柄在中位或零位。

⑤确认紧急熄火按钮拉出。

⑥确认发动机油门调整手柄在怠速位置（1200 r/min）。

（4）启动马达一次启动不能超过 30 s，两次启动应间隔 2~3 min。

（5）启动后怠速 3~5 min，预热发动机和液压系统。

（6）乙醚辅助启动系统在出厂前已装配乙醚贮罐。如果乙醚贮罐没有乙醚时，冬季来临之前配备好乙醚贮罐。

2. 钻机的调平（找平）

1）内容

发动机满负荷运转（1800 r/min），钻机到达作业现场后，需调平钻机。

2）作业标准

（1）必须将钻进/行走选择开关拧在钻进（DRILL）位置，必须使下列控制手柄处在中间位置。

①回转操作控制手柄。

②进给操作控制手柄。

③钻架升降操纵手柄。

④左前千斤顶操纵手柄。

⑤后支千斤顶操纵手柄。

⑥右前千斤顶操作手柄。

（2）向前推左前千斤顶控制手柄慢慢伸出油缸，然后向前推后支千斤顶控制手柄和右前千斤顶操作手柄慢慢伸出油缸，当钻机升起时要保持钻机平衡。

（3）当操作千斤顶控制手柄时，要观察水平仪，一直达到钻机处于水平为止。

（4）当钻机已经水平，千斤顶控制手柄在中位，千斤顶缩回指示灯熄灭。

3）危险源及存在风险

千斤顶未调平调牢可能造成人员伤亡或设备损坏。

4）安全措施

千斤顶调平时千斤顶缩回指示灯熄灭后，才能停止操作千斤顶。

3. 举升钻架（起钻架）

1）内容

发动机已启动，转速在 1800 r/min，机体已调平。钻架应放倒落在机体上。钻架需起到垂直位置。

2）作业标准

（1）起钻架前应注意观察空中有无高压线及其他障碍物，以防止发生事故。

（2）起钻架时，操作钻架起落手柄时钻进/行走选择开关应在钻孔位置，其他操作手柄应在中位。

（3）当钻架接近垂直位置时，应慢慢移动钻架起落手柄，防止产生冲击。

（4）当钻架垂直立起后应使用钻架锁紧销将钻架锁紧，当锁紧后钻架锁紧指示灯熄灭，说明已被锁紧。

3）危险源及存在风险

（1）起钻架前未注意观察空中有无电线及其他障碍物，可能造成人员和设备事故。

（2）钻架将从放倒位置接近垂直位置时，未慢慢移动钻架起落手柄产生冲击可能造成设备损坏。

（3）当钻架垂直立起后未使用钻架锁紧销，未将钻架锁紧，可能造成钻架损坏。

4）安全措施

（1）钻架前应注意观察空中有无电线及其他障碍物，以防止发生事故。

（2）当钻架接近垂直位置时，应慢慢移动钻架起落手柄，防止产生冲击。

（3）当钻架垂直立起后应使用钻架锁紧销将钻架锁紧，当锁紧后钻架锁紧指示灯熄灭，说明已被锁紧，钻架锁紧装置只能在钻架垂直时使用。

4. 钻架落（钻架落到水平位置）

1）内容

钻架从垂直位置上落下到水平位置。

2）作业标准

（1）落钻架时，应注意观察空中有无高压线及其他障碍物，以防止发生事故。

（2）钻架从垂直位置落下时钻孔/行走选择开关应在“钻孔”位置，其余操作手柄也应在中位或零位。

（3）当从垂直位置上落下钻架前，必须将钻架锁紧油缸缩回，钻架锁紧指示灯亮以后才能落钻架。

（4）从垂直位置上落下钻架以前，必须对钻架油缸进行放气。

（5）在操作起落钻架手柄时，当钻架接近水平时慢慢移动手柄轻轻落在后千斤顶上，防止产生冲击。

3）危险源及存在风险

（1）钻架从垂直位置落下时钻孔/行走选择开关未在“钻孔”位置，其余操作手柄也未在中位，可能造成操作失败或操作困难。

（2）从垂直位置上落下钻架以前，未对钻架油缸进行放气，可能造成钻架油缸损坏。

（3）当从垂直位置上落下钻架前，未将钻架锁紧油缸缩回可能造成钻架和设备损坏。

（4）在操作起落钻架手柄时，当钻架接近水平时，未能慢慢移动手柄轻轻落在后千斤顶上，产生冲击造成钻架损坏。

（5）落钻架时，应注意观察空中有无高压线及其他障碍物，以防止发生事故。

4）安全措施

（1）钻架从垂直位置落下时钻孔/行走选择开关应在“钻孔”位置，其余操作手柄也应在中位或零位。

（2）从垂直位置上落下钻架以前，必须对钻架油缸进行放气。

（3）当从垂直位置上落下钻架前，必须将钻架锁紧油缸缩回，钻架锁紧指示灯亮以后才能落钻架。

（4）落钻架时，应注意观察空中有无高压线及其他障碍物。

（5）在操作起落钻架手柄时，当钻架接近水平时，慢慢移动手柄轻轻落在后千斤顶上，防止产生冲击。

5. 钻孔

1）内容

发动机已启动，钻机已调平，钻架在垂直位置并锁紧，主钻杆带着钻头连接在旋转头上的辅助接头上，其余副钻杆贮存在储杆器上，钻进/行走选择开关拧到“钻进”位置。

2）作业标准

（1）操纵回转操作手柄，使钻杆按顺时针方向慢慢转动并达到所需的速度。

（2）操纵进给操作手柄使钻头接近地面约 30 cm，同时打开除尘系统。

（3）继续操作回转控制手柄并顺时针调节回转扭矩限制旋钮使钻杆钻头连

续回转。

(4) 继续操作进给控制手柄并顺时针调节进给压力调节旋钮使钻杆带动钻头下降。

(5) 继续下降，使钻头一直到距地面约 10 cm 开始供风。

(6) 当风压表的压力稳定在 40 psi 时开始正常开孔。

(7) 开孔以后，移动进给（控制）手柄顺时针调节进给压力调节旋钮；移动回转操作（控制）手柄顺时针调节回转扭矩限制旋钮使钻杆达到所需的钻进速度为止。

(8) 调节轴压力和旋转速度以达到钻头最大穿孔速度，以下几点能使钻进得到较好的效果：

①用回转控制操作手柄和转扭矩限制旋钮来控制回转速度。如果破碎的岩石不及时排出孔外，应将钻杆提出孔外（见提钻具），岩石破碎后的粉渣重新粉碎成更小的碎片，会引起钻头不必要的磨损和能量浪费。

②用进给控制操作手柄和进给压力调节旋钮来控制进给速度。在软岩石中作业应减少进给速度（轴压力），使孔内岩渣吹得干净，防止堵住钻头排气口。

③观察回转压力表和进给压力表以确定回转马达的压力与进给轴压力相匹配。

注意：正确的判断和丰富的经验能使司机获得钻孔的最佳效果。在钻孔过程中都要不断观察和调节回转速度和进给压力。

(9) 若风压迅速提高到 40 psi 以上时，表明钻头可能被堵住了。如果风压稳定在 60 psi 或大于这个数值，表明钻头已经给堵住了，需清理钻头。处理好后再继续钻进。

(10) 当达到要求孔深后，将钻头从孔底提出，钻孔过程结束。

3) 危险源及存在风险

(1) 如果风压稳定在 60 psi 或大于这个数，表明钻头被堵，须停止钻进并及时清理，否则会磨损钻头和钻杆。

(2) 未先停风直接清理钻头排气口泥土，可能造成人身伤害。

4) 安全措施

(1) 继续旋转钻头。停止操作进给控制手柄。

(2) 检查钻进风压表若在正常风压 40 psi，表示钻头堵塞已经排除。

(3) 假如钻头仍然堵塞，风压表显示 60 psi 时或更高，在 30~40 s 以后，将空气压缩机进气开关拉到“OFF”位置。

(4) 操纵进给控制手柄慢慢向后推并把钻杆提出孔外，再把操纵进给控制手柄移回到中位，将回转控制手柄放到中位。

（5）司机应侧身佩戴眼镜或护目镜用铁丝或通条来清理钻头排气口泥土，然后恢复钻孔。

（6）回转速度和进给压力应随岩石性质变化而变化。

6. 接钻杆

1）内容

主钻杆打完，需接副钻杆继续钻进，此时主钻杆在孔内，副钻杆在储杆器上。

2）作业标准

（1）当主钻杆打完需接副钻杆时，钻头在孔的底部，慢慢推动进给操作手柄应使主钻杆的上接头卡板口与滑动卡钳在同一水平面上。

（2）将回转操作手柄和进给操作手柄移回中位或零位，将回转和提升停止。

（3）关闭空压机进风拉杆开关。

（4）向后推卸杆扳手操纵手柄将滑动卡钳油缸伸出到接合位置，卡住主钻杆上接头卡板口。

（5）向后推回转操作手柄逆时针反转全速回转，松开主钻杆连接螺纹，随着螺纹的退出，向后推动进给操作手柄缓慢提升旋转头，使旋转头与主钻杆螺纹（丝扣）完全分离。

（6）旋转器与钻杆分离后，主钻杆是被悬挂在滑动卡钳上。向后推动进给操作手柄提升旋转头到钻架顶部。

（7）拉储杆盘摆动手柄将储杆器中的一根钻杆摆动到回转头下方并拉进给操作手柄下降回转头。

（8）拉动回转操作手柄使回转头缓慢顺时针回转（20 r/min）。拉动进给操作手柄继续下降回转头，直到回转轴连接套与钻杆上接头螺纹接触。

（9）继续回转拧紧连接螺纹，直到储杆器上的杯座转动。

（10）将回转操作手柄移回中位或零位，停止回转，缓慢推进给操作手柄将钻杆从储杆器提出。

（11）推动储杆盘摆动手柄将储杆器摆回储杆位置。

（12）润滑钻杆螺纹。

（13）拉进给操作手柄下降钻杆，使其与平台卡钳上的钻杆螺纹接触。

（14）拉回转操作手柄缓慢回转（20 r/min）直至拧紧螺纹。

（15）将回转操作手柄进给手柄移回中位或零位，停止回转和进给（下降），轻推进给手柄稍微提起钻杆，操作卸杆扳手手柄使滑动卡钳到分离位，使钻杆脱离滑动卡钳继续钻孔。

3）危险源及存在风险

（1）卡钳油缸伸出时未卡住钻杆卡板口，没在接合位置可能造成钻杆掉落孔内。

（2）提升时，未注意听回转头轻撞钻架卡铁的声音，可能造成旋转头和钢丝绳损坏。

4）安全措施

（1）推卸杆扳手操作手柄滑动卡钳油缸伸出到接合位置卡住主钻杆上接卡板口。

（2）提升时，注意听回转头轻撞钻架卡铁的声音。

（3）司机在接钻杆过程中必须注意力集中，严禁误操作。

7. 卸钻杆

1）内容

孔已达到要求深度，主副钻杆连接在一起，并且在炮孔内，需将副钻杆卸开存放到储杆盘上。

2）作业标准

（1）推进给操作手柄提升钻杆，使主钻杆上接头板口与滑动卡钳在同一水平面。

（2）推卸杆扳手操作手柄滑动卡钳，油缸伸出到接合位置卡住主钻杆上接卡板口。

（3）推回转操作手柄逆时针回转（20 r/min），松开主钻杆上接头，同时要注意观察副钻杆上接头，如果主钻杆接头螺纹未松而副钻杆上接头松开，应立即停止回转，防止钻杆掉下来。

（4）如果副钻杆上接头与回转头辅助接头先松开，拉回转操作手柄顺时针回转将其拧紧。

（5）推回转操作手柄使回转反转，同时推进给操作手柄提升回转头，卸下副钻杆。

（6）继续推进给操作手柄提升回转头到钻架顶部，拉储杆盘摆动手柄使储杆盘摆动到回转头下方。

（7）拉进给操作手柄下降副钻杆，将副钻杆放到储杆器上，使副钻杆下接头六角形进入杯座，使副钻杆上接头必须进入储杆器夹持器鸭子嘴内。

（8）推回转操作手柄逆时针回转，松开副钻杆上接头，推进给操作手柄，提升回转头。

（9）推储杆盘摆动手柄使储杆盘摆回储杆位置。

（10）拉进给操作手柄下降回转头，使回转头辅助接头与主钻杆上接头螺纹接近（不接触）。

（11）润滑螺纹后，拉进给操作手柄下降回转头，使回转头与主钻杆上接头螺纹（丝扣）接触。

（12）缓慢拉回转操作手柄顺时针回转，当上接头拧紧后，将回转操作手柄移回中位或零位，停止回转。

（13）稍微拉进给操作手柄提起回转头和钻杆（此时回转头与钻杆已连接在一起了），使钻杆不压在滑动卡钳上，拉卸杆扳手操作手柄将滑动卡钳油缸缩回到分离位置。

（14）拉回转操作手柄顺时针回转，同时推进给操作手柄提升主钻杆，使主钻杆下接头卡板口与平台滑动卡钳在一个平面。

3）危险源及存在风险

副钻杆上接头与旋转头辅助接头连接不牢固，提升旋转头和副钻杆时副钻杆掉落可能造成人员伤害或设备损坏。

4）安全措施

司机在卸副钻杆过程中必须注意力集中，严禁误操作。

8. 提钻具

1）内容

孔已打完，钻头处在孔底位置，需将钻具提出孔外。

2）作业标准

（1）当钻孔达到规定深度后，逆时针调节回转比例开关使回转速度约20 r/min，然后向后推进给操作手柄并将进给压力调节旋钮逆时针旋转降低轴压力。

（2）慢慢推动进给操作手柄，使钻杆向上提升。

（3）当钻杆距炮孔孔口 1 m 时将空压机进气开关拉到“OFF”位置。

（4）当钻头提出炮孔孔口 35 cm 后，将回转操作手柄移回中位。

（5）将进给操作手柄移回中位或零位。

3）危险源及存在风险

（1）当钻头接近地面时未放慢提升速度，可能造成钻孔平台和钻具损坏。

（2）未确认钻头离开地面（炮孔口）以后，收千斤顶或走车可能造成钻杆和钻孔平台损坏。

4）安全措施

（1）当钻头接近地面时放慢提升速度。

（2）当确认钻头离开地面（炮孔口）以后，才允许收千斤顶或走车。

9. 向储杆盘装钻杆

1）内容

行走/钻孔选择开关在“钻孔”位置；发动机转速为1800 r/min；机体调平；钻架在垂直位置；储杆夹持器鸭子嘴对准储杆盘顶盖的缺口，将钻孔平台附近钻杆装到储杆盘上。

2）作业标准

（1）拉卷扬机操作手杆落下吊钩。

（2）用吊钩钩住钻杆帽扣紧吊钩保险锁。

（3）连接钻帽与钻杆，并用绳子拉住钻杆下端，防止摆动。

（4）推卷扬机操作手柄吊起钻杆，并靠近储杆盘，钻杆下端用拉绳保持稳定。

（5）拉储杆盘摆动手柄使储杆盘油缸伸出，将储杆盘摆到吊钻杆位置。

（6）调整吊钻杆高度，钻杆上接头夹持颈（环）进入储杆盘夹持器鸭子嘴内。使钻杆下端六角与杯座六角对准。

（7）拉卷扬机操作手柄将钻杆落入杯座中。

（8）拉钻架升降操作手柄将钻架放倒至水平位置，从钻杆上卸下钻帽。

（9）推钻架升降操作手柄将钻架升到垂直位置。

（10）向后拉储杆盘定位手柄使储杆盘顺时针转到下一个杆位。使下一个储杆夹持器鸭子嘴对准储杆盘顶盖上的缺口。

（11）推储杆盘摆动手柄使储杆盘油缸收缩，将储杆盘摆回储存位置。

（12）用卷扬机吊钩钩住钻帽和另一根钻杆。

（13）重复上述步骤，直至装满储杆器。

3）危险源及存在风险

（1）钻帽与钻杆之间连接不牢固，会使钻杆掉下可能造成事故。

（2）从钻杆卸钻帽之前，未确认好钻杆上下两端已可靠锁定在储杆盘上，使钻杆掉下可能造成事故。

4）安全措施

（1）钻帽与钻杆必须连接固定，否则钻杆掉下可能造成事故。

（2）在钻杆卸钻帽之前，确认钻杆上下两端已可靠锁定在储杆盘上，防止钻杆掉下。

10. 移动钻机到下一个孔位（钻机走车）

1）内容

发动机已经启动（转速在额定转速1800 r/min）。管路紧固，无漏油、水、气现象。钻杆提出孔口外。收千斤顶移动钻机到下一个孔位。

2）作业标准

（1）要将千斤顶全部收回。假如没有收回，操作左前千斤顶（除尘侧），右前千斤顶（司机侧的）和后找平千斤顶手柄。将千斤顶收回（RETRACT）位置。当找平千斤顶缩回指示灯亮时，说明千斤顶已全部收回。

（2）观察钻杆是否提出孔口外，如果还没提出孔口外，要将钻杆提出孔口外，防止走行时拉弯钻杆造成事故。

（3）将钻进/行走选择开关拧到“行走”（TRAM）位置。

（4）操作左右行走操作手柄控制行走方向、速度和行走制动功能。

（5）长途走车将钻架放倒（见钻架放倒）。

（6）行走时，注意观察任何方向来往的车辆，坡度都不得超过 20°。

（7）钻机不行走时，将行走操作手柄移到中位或零位。

（8）如果钻机不需要立即行走，应将钻孔/行走开关拧到“钻孔”位置，使停车制动器制动。

（9）当钻机到达钻机作业现场时，需调平钻机（见钻机的调平）。

3）危险源及存在风险

（1）钻杆提出孔口提得太高，可能损坏钻杆密封橡胶板。

（2）未观察钻杆是否提出孔口外，走行时可能拉弯钻杆造成事故。

（3）当钻进/行走选择开关拧到“行走”（TRAM）位置时，行走喇叭未通电不鸣叫，可能造成该区域人员伤害和设备损坏。

（4）行走时，未注意观察任何方向的车辆，行走坡度超过 20°时，可能造成人员和设备事故。

4）安全措施

（1）钻杆提出孔口不要提得太高，以免损坏钻杆密封橡胶板。

（2）当钻进/行走选择开关拧到“行走”（TRAM）位置时，行走喇叭通电鸣叫，以警告该区域人员。

（3）观察钻杆是否提出孔口外，如果还没提出孔口外就将钻杆提出孔口外，防止走行时拉弯钻杆造成事故。

（4）行走时，注意观察任何方向来往的车辆，行走坡度都不得超过 20°。

六、收尾工作

（一）作业内容

（1）报告当班产量、加油量、发动机小时数等设备运行信息。

（2）检查、验收钻孔质量标准。

（3）填写班组之间钻孔分界清单及验孔清单。

（4）检查设备状态。

（5）清理设备灰尘、积雪和积泥。

（6）填写交接班记录。

（二）作业标准

（1）如实准确报告。

（2）按照《岗位安全技术操作规程》和《煤矿安全生产标准化（钻孔部分）》进行检查验收。

（3）按照规定正确填写分界孔和验孔清单。

（4）确认设备油、水、电以及关键部位16项内容是否可以运行；按要求对钻机进行维护和注油。

（5）清理司机室的灰尘、设备的油污、平台和上下扶梯的积雪、履带上的积泥。

（6）认真填写交接班记录本，做到准确无误。

（三）危险源及存在风险

（1）信息传递不准确，造成设备损坏。

（2）穿孔质量标准不达标，造成爆破质量不好。

（3）班组之间孔界不清晰，造成交接问题不清。

（4）检查不详细，易造成设备损坏。

（5）上下扶梯滑倒摔伤。

（6）未按照《交接班岗位责任制》规定，易造成交接不清、职责不明确。

（四）安全措施

（1）对工作负责人及工作成员进行考核。

（2）采取定期与不定期抽查，对现场随意填写清单和记录本的当事人进行追责。

（3）对工作负责人及工作成员进行考核。

（4）增强安全意识，扶梯附近增加“小心滑倒”安全警示牌，上下扶梯站稳、扶牢。

七、班后会

（一）内容

（1）清点人数。

（2）总结当日工作内容。

（二）作业标准

（1）按照考勤记录表进行点名。

（2）由工作负责人仔细阐述当日的工作内容、遇到的问题及困难，概述钻孔过程。

（三）危险源及存在风险

（1）全员未齐。

（2）阐述当日的工作内容不完全，汇报遇到的问题及困难，概述钻孔过程不清晰或不明确。

（四）安全措施

（1）对未及时返回参加班后会的人员及时询问缘由，特殊情况应记录在册。

（2）对当日的工作内容不完全的，汇报遇到的问题及困难，概述钻孔过程不清晰或不明确的问题，要仔细梳理总结后形成文字材料汇报领导。

第三节　钻机操作注意事项

钻机在操作过程中，作为司机来说不但要熟悉钻机的操作规程，同时也要掌握钻机在操作中的注意事项。具体表现在以下几个方面。

一、发动机启动注意事项

（一）启动前的要求

（1）发动机在启动前，司机必须要检查发动机机油油位和冷却液液位，油位和液位通过油尺和观察口可以看到。当发现机油或冷却液不足时，应及时加注到规定值。严禁在油位或冷却液液位低时启动发动机，否则会造成发动机的损坏。

（2）启动发动机前，应检查钻机内、外部和下方是否有人或障碍物。

（3）在启动时，必须在司机室正常启动发动机。

（4）在启动发动机前，必须将油气分离器中的压气排放掉。

（5）检查控制台上的所有操作手柄及各开关、旋钮是否在零位，钻机/行走选择开关是否在钻进的位置，发动机油门是否在怠速位置。

（6）发动机使用的燃油质量要求较高，其中的含硫量不能过高，否则会造成发动机工作性能变坏、动力降低等，同时，会使机油受到破坏，缩短机油的使用寿命。

（7）启动钻机前必须要鸣喇叭或用语言发出信号，如果副司机不在视线范围，不得启动发动机，必须做到呼唤应答方可启动，启动后不得离开司机室。

（8）将点火钥匙开关旋至位置“ON”，按照发动机的启动方法启动发动机。

（9）启动时间一般不允许超过 30 s，如果一次启动不着，应在发动机冷却 2~3 min 后再进行第二次启动。

（10）如果在外部气温较低时，可以使用乙醚低温启动装置辅助启动。

（二）启动后注意事项

在发动机启动后运行时，司机应加强对各仪表、开关等部位的检查及操作。

（1）检查发动机机油压力表指示或显示的读数是否正常。

（2）检查发动机怠速运转时的转速是否正常。

（3）检查电流表是否正常。

（4）检查发动机水温指示是否正常。

（5）检查空压机风压表显示是否正常。

（6）检查空压机排气温度是否正常。

（7）当发动机启动后，应保证发动机怠速运转 5 min。在进行钻孔或行走时，应将发动机转速提到额定转速。

（8）发动机在运转后，司机应围绕钻机进行巡视，检查各部位有无漏油、漏水和漏气等现象，如果发现有异常应立即停机。

二、移车中注意事项

钻机在移动过程中，司机应严格按照下面的要求进行操作：

（1）钻机在钻完第一个炮孔后，应将钻头提出地面 300 mm，然后再将液压支腿收回。在收回液压支腿的过程中，应注意保持机身的平稳性，严禁在液压支腿未收回时移动钻机。在将钻机移动到下一个钻孔点前，应鸣笛示意，如果没有喇叭，应与地面工作（指挥）人员做好呼唤应答。在得不到对方应答的情况下，禁止移动钻机。

（2）钻机在行走前要检查行走装置部位是否完好，特别是制动器和履带，如若有问题存在，不得移动。

（3）钻机在作业和行走时，要注意上方的架空电线和其他障碍物，其安全距离不得小于 2 m。与架空电线平行穿孔时，钻架和动力线的距离不得小于 4 m。

（4）钻机在穿孔过程中移动时，如果地表较平坦或工作坡度较小且平缓，可以立架移动钻机。但在转弯时，应尽可能使用两条履带来配合实现转弯，不准急转弯。在对准孔位时，误差不得超过 200 mm。同时，不准在履带上放置任何物品，履带前后不准站人。钻机移动中不得上、下钻机和对钻机进行润滑。

（5）钻机在移车的过程中，发动机或电动机应以额定的转速运转，司机通过操纵手柄来控制行走马达的速度，严禁通过利用发动机或电动机的转速大小来控制行走马达的速度。

（6）钻机在进行长距离行走时，必须要将钻架放倒，放倒前要将钻杆卸下存放到储杆器中。发动机、电动机或油泵损坏时，如需移车，应将制动器解除，并用其他设备低速牵引；在没有将制动器解除时，不准用设备强行拖动。在使用电缆滚盘收放电缆时，收放速度应与钻机的行走速度相匹配。

（7）爆破时，钻机司机要听从爆破人员的指挥，把钻机开到安全区，钻机和最近孔的距离不得小于 300 m。

三、空压机的使用注意事项

空压机在运转时，主要应做好对系统的维护和对空压机的正确操作。

（1）定期检查安全阀的动作压力是否正常，油压、油温信号器是否准确。

（2）定期检查最小压力阀与自动卸荷阀动作是否正常。

（3）定期清洗或更换空气滤清器滤芯，如是湿式过滤，应定期更换油盆中的油。

（4）定期检查集尘器工作是否正常，并清理集尘器中的积尘。

（5）检查空压机机油油位是否在规定范围，如有不足应及时补加相同牌号的机油到规定值。

（6）定期更换空压机机油。

（7）定期更换油气分离器滤芯。

（8）定期检查空压机运行时电机电压、电流表的指数是否正常，防止电压低损坏电机，同时应及时检查有无异声。

（9）检查各电器元件有无松动脱落。

（10）在发动机启动前和停机后排放油气罐体中的压气。

（11）检查供风胶管是否老化和龟裂。

（12）检查供油管路有无泄漏并做出处理。

（13）在寒冷天气或湿度较大的环境中启动发动机前，应打开油气罐体排放阀排水。

（14）在发动机启动后并处于怠速运转时，不得将空压机打开；空压机只有在发动机怠速运转结束，并在额定转速下运行时，才可以开启空压机。

四、接卸钻杆注意事项

（1）检查钢丝绳有无损坏、断股，如有及时更换。

（2）吊卸钻杆时，人员不准正对钻杆，身体侧对钻杆，保证有躲闪空间，看好脚下有无障碍物，如有清理干净。在钻帽使用完毕后必须卸下，严禁钻机戴帽作业，防止出现钻帽坠落伤人。

（3）在卸杆时，注意动作的协调，防止钻杆掉入孔中而报废。

五、液压支腿的使用注意事项

（1）钻机在较为平坦的地面穿孔时，液压支腿也应落下，严禁在没有将液压支腿落下的情况下钻进。在使用液压支腿时，不允许同时放下液压支腿，司机应根据控制台上的水平仪来调整液压支腿的行程。

（2）在坡道上作业时，必须要注意液压支腿的收放动作。在操作时，应先伸出低支点的液压支腿，然后再伸出高支点的液压支腿；液压支腿的收回与上述相反，应先收高支点后收低支点，避免因误操作而发生钻机倾翻事故。当钻机上坡时，为了防止碰坏液压支腿的支撑盘，液压支腿必须全部收到最高位置。

六、钻孔时的使用注意事项

（1）钻机在钻孔过程中，司机必须要选择合理的轴压力与转速。岩石的硬度变化对钻头的轴压力有很大的影响，同时还对旋转速度有一定的影响。

（2）在选择钻头轴压力和旋转速度时，必须要考虑到钻架和钻具的安全性与经济性。在对钻头施加轴压力时，要将旋转器的质量和钻具的质量计算在内，尤其是在添加更多的钻杆时，钻头上的压力会随之增加。

（3）在质松易钻的场地钻孔时，不能使用过高的轴压力，因为钻头在这种情况下磨损会加快，从而降低钻头的使用寿命。避免这种现象出现的方法是减小轴压力，并利用增加转速的方法加以解决。在钻硬质岩层时，应用较高的轴压力来克服岩石硬度的影响，但此时转速不可过高，应选用低转速，因为转速过高会增大钻头、钻杆的磨损，而且钻架在此时也会受到冲击产生振动，对钻机的稳定性有一定的影响。目前，还没有具体的标准来对轴压和旋转速度进行规范，这需要司机根据现场的实际经验来摸索出一套适宜的操作方法。

七、钻头的使用注意事项

钻头作为钻机的钻具，在钻孔时极易发生损坏或报废。由于这种钻头的造价较高，使得钻机的穿孔成本增加，同时还会影响钻机的作业效率。因此，合理使用钻头并使它正常钻进，达到钻头的设计寿命，是每一个司机应尽的职责。达到提高钻头使用寿命的目的，司机在工作时应注意下列操作注意事项：

（1）在运输、搬动和接卸钻头时，应注意保护好螺纹和轴承风道入口，防止钻头丝扣的损坏或轴承风道入口的堵塞。在接卸钻头之前，应在钻头和钻杆的连接螺纹处涂上润滑油，避免出现非正常磨损或错扣现象，从而引起接卸困难。

（2）在开始钻孔时或使用新钻头时，应使钻头有一个走合的时间，然后再逐渐加大轴压力，使新钻头不会立刻在较高的轴压力下工作。

（3）钻头在进入炮孔前（即开孔前），司机应立即打开供风开关开始供风，在整个钻孔过程中，应始终保持足够的风量来排渣，直到将钻头提出地面才可以关闭供风开关。

（4）在下钻和提钻时，应使钻杆旋转，以防止钻头、稳杆器和钻杆的损坏。在下放钻具时，不要突然与孔底接触，以免受到冲击载荷而损坏。

（5）在有水的孔中或采用风水混合除尘时，很容易使钻头的使用寿命降低，此时应适当提高钻头处的风压降（或通过调节钻头喷嘴尺寸）来保护钻头的轴承。

（6）在钻完孔并提出钻头后，应对钻头进行检查。三个牙轮的温度应基本相同，如果有温度过高的，可能是冷却风道发生了堵塞，应及时处理。对钻头各部件的检查应仔细，发现问题及时处理，并应往钻头内注入润滑油。

（7）钻进时应根据岩性的变化和所使用钻头类型的不同，合理调整轴压力和转速。

（8）在钻孔时，不能使用弯曲的钻杆。弯曲的钻杆会使钻头承载不均匀，引起钻头的偏磨，并对旋转头密封及钻架的稳定性具有一定的影响。

（9）在安装和拆卸钻头时，应使用专用工具（钻头筐）来进行拆卸，不能使用手锤击打钻头，避免造成钻头的损伤。

（10）避免误操作，以免钻头掉入孔中，使钻头报废。

（11）当发现回转马达压力波动较大时，应立即停钻，这可能是钻头损坏了；如果回转马达的压力突然增大，则可能是由于孔内掉块、片帮、岩渣没有排出，或是钻杆弯曲、轴压力过大等原因引起的。在出现这些情况时，司机应将钻头提出孔外进行检查并处理，避免发生回转马达的损坏或卡钻。

（12）在钻机停用时，应对钻头进行清理和维护，保证牙轮的转动灵活。

（13）在钻第一个孔时，应使钻具旋转下降，在钻头接近地表的瞬间打开供风开关供风，严禁将钻头直接加压并触及地表后再旋转或供风。

（14）钻具在提升的过程中，应始终保持钻具的转动并保持供风，当提升钻头接近地面时关闭供风。

（15）在钻进的过程中司机要时刻监视各个仪表的变化，注意机械运转的声音。当发现有异声、异味和异常症状时应及时停机检查。

八、保养注意事项

（1）保养之前应将钻机擦洗干净，不得用有腐蚀性的清洗剂。

（2）清洗钻机之前应将所有加油口密封，应特别注意保护好发电机、启动马达和开关箱，避免受潮。

（3）清洗后，检查燃油箱、润滑油管和液压油管有无漏油、接头松动、摩擦和损坏。及时修复或更换损坏的零件。

（4）保养钻机之前，将车停在平整地面上，应将履带用木块塞紧。

（5）不要随意改变发动机调速器的调整量。

（6）维修液压系统、空气压缩机系统之前，应释放系统内的压力。

九、钻机季节性注意事项

（一）发动机冬季启动注意事项

（1）各种设备所使用的发动机，在冬季启动时，应认真执行规程和设备手册规定的内容。

（2）除按正常步骤外，必须使用启动预热装置进行预热 1~3 min。严禁用明火烤车。使用加温器加温时，司机和助手不得离开设备，以免发生火灾。

（3）推动乙醚按钮，每 2 s 启动一次乙醚，在低于−18 ℃时必须把开关向里推开预热启动开关进行预热，直到启动为止。

（4）冬季切忌过量使用乙醚，否则将会损坏机件或因过高压力引起爆炸。

（5）发动机启动后，冬季应怠速运转 5 min，夏天应怠速运转 3 min 后方可加速，但怠速时间不宜过长。

（二）冰雪、风雨、浓雾、暑热季节注意事项

1. 冰雪

（1）作业场地必须保持无冰雪。

（2）钻机遇有大雪天气，必须行走时，路面上的积雪应及时清除。

（3）钻机在泥泞冰雪路面行驶时，不准急转弯或急停车，以防设备横滑或倾覆。

（4）钻机在行走中，一旦发生横滑现象，不要惊慌失措，不能盲目地急停车，要辨别横滑方向，顺着横滑方向，将车调正后再行驶。

（5）未经处理的冰雪打滑路面，禁止行驶。进入冬季气温低于零度时，路面不准洒水。

（6）钻机在雨雪天作业以后，认真清理履带架上的泥土，防止凝固后拖带轮不转，增大摩擦，减少拖带轮和履带的使用寿命。

2. 风雨

钻机遇有六级以上大风或大雨情况，行车有危险时，应暂时停止作业。

3. 浓雾

钻机在浓雾天气或烟尘大的环境作业时，应做到以下几点：

（1）必须减速运行。

（2）必须连续间断鸣笛，注意行人和其他设备。

（3）雾尘的能见度小于 30 m 时，应停止作业。

4. 暑热季节

夏季酷热季节，要做好钻机司机的防暑降温工作。

（1）安装空调设备并能工作正常。

（2）没有空调的钻机，也要安装电风扇等防暑降温设备。

（3）同时备有防暑降温药品或饮料等。

十、接送检修钻机注意事项

（1）需送往检修车间的故障钻机，首先要问清故障原因，以掌握送往途中应注意的事项，工作装置和行走装置要处理清洁。

（2）接送钻机必须有专人指挥，否则不准随意启动或移动钻机。

（3）已修复的设备必须经专业人员检查验收合格后方准提出，不合格的设备拒绝提取。

十一、钻机添加燃油注意事项

（1）钻机必须停在安全、平整的场地。

（2）添加燃油时发动机必须熄火，司机下车配合加油。

（3）严禁钻机接近加油车，应由加油车靠近钻机后再加油。

（4）加燃油时严禁吸烟。

（5）加燃油时必须清洁加油箱盖上的尘土，防止灰尘混入油箱内。

（6）禁止钻机加油时不经过滤网。

（7）燃油加完后，必须将油箱盖拧紧锁好，防止丢失。

（8）加油车离开后钻机方准启动。

十二、堵钻与卡钻操作注意事项

（一）钻头堵塞

钻头堵塞一般多发生在三刃切屑钻头上，这与钻头的磨损程度、矿岩的变化及司机的操作等因素有关。钻头在钻进过程中，当遇到虚软的岩层时，如果轴压力控制得不好（轴压过大），极易发生钻头堵塞现象；如果钻头在泥岩或黏土层中钻孔时，也容易发生喷嘴堵塞现象。因此，在钻进的过程中，司机应密切注视风压表的变化。当正常开孔时，风压表会有一个具体压力数值，不同型号的钻机，其空压机的排风量也不相同，因此，在开孔时也会有不同的压力，不同的钻机应根据自身的情况来观察。当发现风压表的示数超过开孔时的压力并逐渐升高时，表明钻头有堵塞现象，风压表示数越高，表明堵塞得越严重，此时，应减小轴压力，并将钻杆反复起落，观察压力是否下降。如果显示的压力还是很高，说明钻头堵塞较严重，此时应将钻杆提出孔外进行处理。当钻杆提出孔外后，应将空压机放风阀关闭并排空油气分离器中的压气，再将钻头卸下，重新更换钻头继续钻孔。

钻头在卸下后，应及时清理堵塞的岩渣。如果是牙轮钻头，应先用清水进行清洗，然后再用煤油润滑，以备使用；对于切削钻头，可以将岩渣清理后直接使用。

需要注意的是，在卸钻头时，必须关风并排放，严禁带风操作，否则，钻具内的高压气容易对人眼部造成伤害。

（二）卡钻

卡钻又称为夹钻，这也是钻机在穿孔过程中容易出现的情况。卡钻一般与地质条件及钻头的配套等有关。当钻机在钻进的过程中遇到片帮、片滑、掉块等情况时，这些矿物将掉入孔中，并积聚在钻杆的周围。随着钻孔深度的增加，被钻头切割下来的岩渣逐渐增多，由于有先前积聚的矿岩阻挡，这些岩渣无法排出，而且这些岩渣和积聚的矿物在钻头的作用下，又形成了一段岩层。出现这种情况时，在旋转压力表或回转电动机的电流表上会有显示，压力或电流会增大，此时应及时处理，如果发现不及时，就会发生卡钻。因此，在比较复杂的地质条件下穿孔，在遇到钻孔有片帮、片滑、掉块的情况时，司机一定要精力集中，精心操作，在发现钻速有明显变化，而且排渣不好时，应立即停止钻进，并将钻杆提起检查。另外，在钻进或提升钻具的过程中，不要突然停止供气，防止由于突然停气造成岩渣或泥浆的倒灌而形成卡钻。如果钻头在更换时不注意配套，同样会发生卡钻。因此，在更换钻头时，新换的钻头直径不得大于先前使用的钻头直径。当发现钻机卡钻时，钻杆是提不起来的，此时司机要沉着处理。首先应将供风关闭，然后使旋转头慢慢反转，注意此时不能快速反转，否则容易造成钻具连接螺纹的脱扣，发生钻杆掉入孔内的现象。反转几圈后，再使旋转头正转，反复多次后，将钻杆向上提，如果能将钻具提起或提出地面，说明卡钻已经消除；如果这样还不能将钻杆提出，则应利用反转将钻杆卸下，绝不能强行提拉钻杆，这样会造成钻机其他部件的损坏。

第四节　钻机常见故障判断与处理

一、空压机常见故障判断与处理

DM30、DM45 钻机上使用的空压机为英格索兰 XL-1050、XL-950 单级螺杆式工作压力为 100~150 Psi 低压空压机。为了发挥钻机的工作效率，减少钻机的维护成本，司机应对钻机空压机的常见故障有所了解，并为此提高对钻机的维护。空压机常见故障判断与处理见表 12-1。

表 12-1　空压机常见故障判断与处理

故障问题	判断原因	处理方法
空压机油温高	空压机内的润滑油油量不足导致油温升高： 1. 压缩机的轴承油封损坏，管路紧固和密封不好而出现的渗油、漏油 2. 压缩机油气分离器滤芯损坏而导致大量润滑油的喷出或随风带走 3. 油散热器损坏	1. 更换密封或紧固 2. 更换 3. 及时修理或更换
	空压机油冷却器故障： 1. 油冷却器内部堵塞 2. 油冷却器外部污染（散热效果差） 3. 排列位置	1. 清洗 2. 清洗或更换 3. 最佳数值范围
	空压机温控阀故障： 1. 温控阀的内芯磨损 2. 温控阀的内芯卡滞	1. 更换 2. 修理外部包缠防寒保温材料
	空压机转子或轴承异常磨损： 1. 空压机转子异常磨损 2. 空压机抽承异常磨损	1. 检查更换 2. 检修更换
	冷却风扇转速低： 马达内泄	更换
	空压机机油使用时间过长或润滑油变质： 1. 机械杂质增多 2. 在高温、高压下长时间使用 3. 使用周期过长	1. 更换 2. 更换 3. 更换
	空压机机油牌号不对	更换
	回油管堵塞 1. 回油管堵塞 2. 回油管小孔堵塞	1. 清洗 2. 更换
耗油量大	1. 油气分离器滤芯损坏 2. 系统泄漏 3. 油气分离器的回油管堵塞 4. 油量过多	1. 更换 2. 查找排除 3. 清洗 4. 排出标准油量

表12-1(续)

故障问题	判断原因	处理方法
排气量低	1. 发动机转速过低 2. 油气分离器堵塞 3. 高压空气泄漏 4. 空气滤清器堵塞进气 5. 蝶阀没有全部打开或损坏 6. 最小压力阀 7. 减荷系统工作不正常或阀门卡住 8. 空压机转子磨损	1. 排除 2. 更换滤芯 3. 查找排除 4. 更换 5. 调整或更换 6. 检修或更换 7. 检修 8. 更换
油压过低	1. 油量不足 2. 油过滤器堵塞 3. 油泵工作不正常 4. 油管漏油 5. 油管堵塞 6. 油压表坏	1. 补加 2. 清洗或更换 3. 检修或更换 4. 查找紧固 5. 清洗 6. 更换
停机后油气从空气滤芯中喷出	1. 止回阀不能关闭 2. 止回阀弹簧弹力不够 3. 止回阀的密封圈坏 4. 放空阀不放风	1. 调整 2. 更换弹簧 3. 更换 4. 检修或更换膜片
作业中安全阀开启	1. 系统工作压力过高 2. 安全阀弹簧失效 3. 油气分离器堵塞	1. 调整压力；更换安全阀；钻头堵、清除 2. 更换 3. 清洗
减荷系统失灵	1. 管路堵塞 2. 减荷阀气缸内的弹簧断裂 3. 压力调节阀失灵	1. 清洗 2. 更换弹簧 3. 检修或重新调整
主机进气端面、转子、轴颈、转子外圆与机壳内表面转子型面烧损	1. 脏物进入主机 2. 转子径向轴承磨损 3. 超温超压运行 4. 润滑油路堵塞	1. 清洗滤清器或更换 2. 更换 3. 避免 4. 清洗
空压机机油冷却器漏油	1. 上、下盖密封垫老化裂隙 2. 压紧螺丝松动 3. 冷却管与管板开焊 4. 外物击穿 5. 质量问题	1. 更换密封垫 2. 紧固 3. 补焊 4. 更换或修补 5. 更换或修补

表12-1(续)

故障问题	判断原因	处理方法
油泵不工作	1. 油泵轴断 2. 十字节坏 3. 外转子坏 4. 转子面磨损 5. 油泵油封坏 6. 齿轮坏或烧损	1. 更换 2. 更换 3. 更换 4. 更换转子 5. 更换油封 6. 更换齿轮
空压机风量不足	1. 用风量超过排风量 2. 管路漏风 3. 空气滤清器堵 4. 主机排气间隙大	1. 调整 2. 处理各漏风点 3. 清理或更换 4. 调整间隙
空压机严重漏油	1. 油冷却器开焊 2. 油管破裂 3. 密封体坏 4. 螺丝松动 5. 垫板未垫平 6. 间隙过大（阴阳转子）	1. 补焊 2. 检查修补或更换 3. 更换 4. 紧固 5. 正垫板 6. 调整间隙、更换修配
空压机无油压	1. 油量不足 2. 油泵坏 3. 十字节坏油泵不泵油 4. 吸油管堵塞	1. 补加 2. 更换 3. 更换 4. 检查管道及油过滤器

二、液压系统常见故障判断与处理

液压传动系统的好坏直接影响钻机工作是否正常，它不仅是传递动力，同时还具有冷却、润滑和密封的作用。因此了解、熟悉液压系统常见故障，在工作中发生故障时，对故障的查找有很大帮助，可以缩短故障影响时间，恢复钻机作业，提高钻机的工作效率。

（一）液压系统常见故障判断与处理（表 12-2）

表 12-2　液压系统常见故障判断与处理

故障问题	判断原因	处理方法
外部漏油	1. 管接头松动 2. 元件漏油	1. 紧固 2. 更换
液压系统压力变化显著	1. 不带阻力的旁通阀 2. 阀堵塞 3. 泵压力脉动 4. 油中有空气	1. 更换有阻尼或恒压式阀 2. 清洗或更换防堵塞阀 3. 加蓄能器或更换恒定泵 4. 查找及排除

表12-2(续)

故障问题	判断原因	处理方法
系统失灵	一、系统压力正常，执行元件无动作 1. 无信号 2. 有信号但电磁阀中电磁铁故障 3. 机械故障	1. 查找及恢复 2. 查找或更换电磁铁 3. 查找及恢复
	二、系统压力正常，执行元件速度不够 1. 外部通油 2. 执行元件或管路中的阀出现故障 3. 控制阀部分堵塞 4. 泵故障或输出管堵塞 5. 油热、黏度下降，内漏增大 6. 执行元件磨损	1. 查找，紧固或更换部件 2. 更换 3. 更换或清洗 4. 查找及更换内漏元件 5. 更换 6. 更换修复
	三、系统压力低，执行元件速度不够 1. 泵故障 2. 油量（输出）不足 3. 蓄能器坏 4. 压气不足 5. 阀的调整不正确 6. 溢流阀或旁通阀故障	1. 更换 2. 查找漏油点，修理 3. 更换 4. 加大充气量 5. 调整 6. 更换
	四、不规则动作 1. 摩擦太大 2. 不对中 3. 压缩效应	1. 调整 2. 调整 3. 换标准油度
	五、卸荷时系统压力仍然很高 1. 单向阀坏 2. 卸荷阀调整不好 3. A 和 B 都有	1. 更换 2. 调整 3. 更换加调整
液压油油温过高	1. 油箱油位太低，黏度太低 2. 泵内磨损严重，间隙过大，内漏大 3. 主阀内漏严重 4. 液压马达、油缸漏损严重 5. 安全阀封闭不严，高低压相通，溢流损失过大 6. 冷却旁路溢流阀不正常打开，溢流损失过大 7. 滤油器旁路溢流阀不正常打开，溢流损失过大 8. 管路弯曲过大，截面收缩太小 9. 冷却系统性能降低	1. 加油、更换 2. 检修、更换 3. 检修 4. 检修 5. 修复、更换 6. 修复、更换 7. 修复、更换 8. 更换 9. 清除脏物；修理、更换

表12-2(续)

故障问题	判断原因	处理方法
油的泡沫太多	1. 油牌号不对或油的黏度不合适 2. 油频繁地通过安全阀 3. 安全阀磨损或损坏	1. 排除油并冲洗系统，再注入新油 2. 调整压力合适 3. 检查并更换
异常噪音	1. 油箱油位太低，油液中含水分或空气太多，油温低，黏度大 2. 泵密封失灵，吸入空气，泵内零件损坏 3. 主阀密封不严，进气 4. 吸油管进气 5. 管路进气 6. 硬管卡子不紧引起振动 7. 冷却风扇静不平衡 8. 马达内部旋转损坏 9. 马达连接松动或错位	1. 加油、换油或排气，升温后再工作 2. 修复、排气、更换 3. 修复、排气 4. 修复、排气 5. 修复、排气 6. 修复、紧固 7. 修复 8. 检修、更换 9. 检查密封，调整位置并紧固

漏油液压设备的漏油分为内漏和外漏，通常所说的漏油是指系统的外部漏油。

（二）液压泵常见故障判断与处理（表 12-3）

表 12-3　液压泵常见故障判断与处理

故障问题	判断原因	处理方法
输出压力不足	1. 液压系统油位不足 2. 液压系统油脂太脏，经滤芯过滤后供油不畅 3. 液压泵内部密封有泄漏 4. 液压泵的齿轮、叶片或柱塞磨损过限	1. 添加 2. 清洗滤芯或更换滤芯 3. 更换内部密封 4. 更换
压力太低	1. 补偿阀杆侧压力设定值不正确 2. 补偿阀杆弹簧折断 3. 泵不能加大泵油量 4. 泵旁路油压设定值太低	1. 调整 2. 更换 3. 调整或更换 4. 重新调整
液压泵压力太高	1. 补偿阀杆侧压力设定值不正确 2. 补偿阀杆不能移动 3. 泵不能减小排量	1. 调整至设定值 2. 调整或更换 3. 调整

表12-3(续)

故障问题	判断原因	处理方法
液压泵无压力	1. 液压系统缺油 2. 泵或泵的驱动装置损坏	1. 添加 2. 修复或更换
液压泵流量不足	1. 液压泵磨损严重 2. 油封损坏漏油严重 3. 液压油黏度过低或油箱油液不足 4. 管路有空气	1. 修复或更换 2. 更换 3. 更换油品或添加油量 4. 查找原因，排出空气

（三）马达、油缸和阀常见故障判断与处理（表 12-4）

表 12-4　马达、油缸和阀常见故障判断与处理

故障问题	判断原因	处理方法
液压马达旋转无力，转速迟缓	1. 液压泵输出压力和流量不足 2. 液压马达内部配合件磨损间隙过大	1. 调整或更换 2. 修复或更换
液压马达泄漏	1. 配流盘磨损或拉伤 2. 柱塞孔和柱塞磨损	1. 更换 2. 修复更换
液压马达爬行	1. 液压马达的泄漏量不稳 2. 液压马达支承轴承架损坏，轴承定位发生变化 3. 零件磨损和油品污染严重	1. 处理 2. 更换 3. 更换
液压马达转子卡死不运转	1. 柱塞和柱塞孔、转子孔和配流轴的间隙过大，油品中的磨屑随着高压油进入马达从而将马达卡死［低速大扭矩液压马达］ 2. 配流盘磨屑及系统中的杂质都可以随机进入柱塞孔而发生拉缸、咬缸、卡死现象［高速柱塞马达］ 3. 回程盘螺钉松动，导致回程盘变形，使柱塞球面不灵活，最终造成柱塞与回程盘卡死	1. 更换 2. 更换 3. 紧固或更换
液压油缸漏油	1. 密封圈损坏 2. 油缸盖不严 3. 活塞磨损或活塞杆弯	1. 更换密封圈 2. 更换活塞或活塞杆 3. 紧固螺杆
油缸行程不全或爬行	1. 油缸中有空气 2. 活塞杆弯曲 3. 油压不足	1. 排出空气 2. 更换活塞杆 3. 开动油泵、提高油压

表12-4(续)

故障问题	判断原因	处理方法
手柄处于中位，油缸仍无法定位，即作业设备停止在某一位置时油缸仍有移动	1. 油缸内密封件损坏 2. 相应主阀芯和过载阀动作不良 3. 先导阀动作不良 4. 油内泄	1. 修复、更换 2. 修复、更换 3. 修复、更换 4. 减少物料
油缸动作不良，同时感到无力	1. 油缸内密封件损坏 2. 相应主阀芯和过载阀动作不良 3. 油缸混入空气 4. 先导阀动作不良 5. 先导管路松动	1. 修理、更换 2. 修理、更换 3. 排气 4. 修理、更换 5. 紧固
油缸抖动	1. 油缸位太低 2. 活塞杆衬垫太深 3. 活塞与油缸配合太松 4. 活塞杆弯曲	1. 加油到合适 2. 调整到合适 3. 检查修复或更换 4. 拆开油缸全面检修
载荷时自动降落	1. 油缸漏油或磨损 2. 单向节流阀损坏 3. 油缸控制阀杆串通	1. 修复或更换 2. 检查或更换 3. 更换阀装置
油缸内漏	1. 缸筒发生划伤 2. 油缸的密封损坏 3. 平衡阀故障	1. 更换 2. 更换 3. 更换
液压阀漏油	1. 液压阀内“O 环”老化或磨损断裂 2. 液压阀工作时间长，磨损严重，阀与阀体之间间隙过大	1. 更换 O 环 2. 更换液压阀
执行部件工作不到位	1. 液压系统油质太脏，液压阀有堵塞现象 2. 控制油油路有问题，阀体工作不到位 3. 阀体回位弹簧断裂或失效	1. 清洗 2. 查找原因处理 3. 更换
液压系统油脂	1. 油脂质量不好 2. 油脂使用时间太长，黏度满足不了要求 3. 液压系统中的滤芯质量不好，达不到过滤标准 4. 液压系统中的保养、更换不及时，失去过滤作用 5. 液压系统在保养时，环境灰尘太大或加注油的容器不洁净	1. 尽量使用设备制造厂商提供的油脂牌号 2. 更换新油 3. 更换滤芯 4. 及时更换 5. 及时更换

三、电气系统常见故障判断与处理

钻机由于长期在露天采矿作业，经常受到雷雨和风雪的侵袭，同时还要受到爆破时冲击波的袭击。在钻孔作业时，由于产生的粉尘较多，机身的振动较大，使钻机的工作环境和工作条件十分恶劣。为了保证钻机的安全运行，提高钻机的作业效率，减少钻机的维护成本，延长钻机的使用寿命，就需要对电气系统进行正确的维护，减少故障的发生。

（一）电器元件常见故障判断与处理（表 12-5）

表 12-5　电器元件常见故障判断与处理

故障问题	判断原因	处理方法
发电机不发电或发电低	1. 发电机皮带松 2. 发电机工作时间过长，部分零件损坏	1. 调节 2. 拆检或更换
发电机过热	1. 保养不及时，发电机轴承缺润滑油干磨 2. 发电机内部线路有短路现象	1. 及时润滑 2. 检修及处理
蓄电池充电弱或不充电	1. 调节器磁场线圈断 2. 发电机磁场线圈断 3. 发电机“+”极连接线松动 4. 蓄电池极柱连接线松动 5. 发电机皮带过松	1. 及时更换 2. 检修处理 3. 及时紧固 4. 及时紧固 5. 调整到最佳位置
蓄电池充电时间过长	1. 蓄电池亏电严重，工作时观察发电机工作状况，若发电机工作不正常 2. 蓄电池极板断隔 3. 发电机（-）极接地线松动 4. 调节器工作不正常	1. 应及时检修或更换 2. 及时更换蓄电池 3. 及时紧固 4. 调整或更换
柴油机启动困难或无法启动	1. 蓄电池电量不足或损坏 2. 启动开关坏，更换启动开关 3. 蓄电池极柱氧化或松动接触不良 4. 启动机接线柱螺栓松动接触不良 5. 启动机磁力开关不吸合 6. 启动机拔叉坏 7. 启动机甩轮磨损过限	1. 及时更换 2. 更换 3. 紧固 4. 紧固 5. 检修处理 6. 检修处理 7. 检修处理

（二）电路常见故障判断与处理（表 12-6）

表 12-6 电路常见故障判断与处理

故障问题	判断原因	处理方法
全车没电	1. 电源线路有断路或主线路接头松脱 2. 保险丝因短路而烧断	1. 紧固 2. 更换
作业灯不亮	1. 灯芯或灯泡坏 2. 灯开关不好使 3. 保险丝熔断 4. 线路有断开的现象 5. 线路接头松脱	1. 更换 2. 检修或更换 3. 更换 4. 连接紧固 5. 紧固
仪表灯全部不亮	1. 仪表输入电源接线有断路现象 2. 仪表输入电源保险丝熔断	1. 连接紧固 2. 更换
个别灯、开关及仪表灯不亮	1. 首先查找个别灯、开关及仪表线路有无断开或松脱现象 2. 查找个别灯、开关及仪表线路的保险丝熔断情况 3. 查找个别灯、开关及仪表灯是否正常	1. 紧固 2. 更换 3. 更换
启动系统线路接触不良	检查启动线路是否有接触松动	紧固

四、发动机常见故障判断与处理

目前柴油发动机分为电控式和普通式两种。在使用中由于使用、维护不当或机器本身原因引起的故障很多，故障表现形式也多种多样。DM45、DM30 钻机使用的发动机为电控式柴油发动机（6 缸）。下面就列举一些普通式（非电控式）发动机的常见故障及造成故障的原因和排除方法，并通过这些知识，指导司机如何做好发动机的使用与维护（表 12-7）。

表 12-7 普通式（非电控式）发动机的常见故障原因和处理方法

故障问题	判断原因	处理方法
启动马达转动时发动机不启动	1. 燃油不足 2. 燃油系统内有空气 3. 喷油泵或喷油嘴故障 4. 启动马达启动发动机缓慢 5. 预热监控器不亮 6. 压缩故障气门间隙不正确	1. 加燃油 2. 修理吸入空气的地方，更换燃油滤清器（柴滤） 3. 更换喷油泵或喷油嘴 4. 处理电气系统 5. 处理电气系统 6. 调整气门间隙

表12-7(续)

故障问题	判断原因	处理方法
产生异常噪声（燃烧或机械）	1. 使用燃油等级低过热 2. 消声器内部损坏 3. 气门间隙过大	1. 更换成规定的燃油 2. 更换消声器 3. 调整气门间隙
排气为白色或蓝色	1. 油底壳内的机油太多 2. 燃油不适合	1. 把油调整到规定的油位 2. 换成规定的燃油
排气有时变成黑色	1. 空气滤清器滤芯堵塞 2. 喷油嘴故障 3. 压缩故障涡轮增压器故障	1. 清洁或更换；检查、清洗更换空气滤清器 2. 更换喷油嘴 3. 清洁或更换涡轮增压器
机油压力监控灯亮	1. 油底壳油位低 2. 机油滤芯堵塞 3. 油管、管接头松动，损坏部位漏油 4. 机油压力传感器故障 5. 监控器故障	1. 加油到规定的油位 2. 更换滤芯 3. 检查、修理 4. 更换传感器 5. 更换
散热器水位监控灯亮	1. 冷却液液位低，漏水 2. 风扇皮带松动 3. 冷却系统内有聚积的脏物或水垢 4. 散热片堵塞或损坏 5. 恒温器故障 6. 散热器注水口盖松动（高海拔操作） 7. 水位传感器故障 8. 监控器故障	1. 检查、加水、修理 2. 检查风扇皮带张力，调整或更换 3. 更换冷却液，冲洗冷却系统内部 4. 清洁或修理，检查和清洗散热器散热片、油冷却散热片和冷却器散热片 5. 更换恒温器 6. 拧紧散热器盖或更换密封 7. 更换传感器 8. 更换监控器

五、工作装置常见故障判断与处理

工作装置常见故障判断与处理见表12-8。

表12-8　工作装置常见故障判断与处理

故障问题	判断原因	处理方法
啃轨	1. 导向轮纵向中心线与履带架纵向中心线不重合 2. 导向轮轴两端安装销的圆孔中心线不平行，造成导向轮安装后倾斜 3. 导向轮中间台肩加工时产生轴向偏移，两边滚道直径不同，两边履带的拉紧力不同，履带局部发生侧滑 4. 支重轮固定螺栓松动，造成支重轮轴向位置变动或发生歪斜	1. 检查造成导向轮和履带架纵向中心线不重合的原因并处理，重新安装导向轮 2. 检查造成导向轮轴两端圆孔中心线不平行的原因并处理 3. 重新更换导向轮 4. 紧固支重轮固定螺栓或更换支重轮；清除导向轮与履带架之间的杂物

表12-8(续)

故障问题	判断原因	处理方法
泵齿轮箱或回转减速器在工作中发出异声	1. 齿轮箱中润滑油不足 2. 齿轮磨损超限；轴承磨损等	1. 检查齿轮箱中的油位并补加到规定的位置 2. 更换齿轮或轴承
钻机在行走时没有动作但提升或加压动作正常	1. 行走马达故障 2. 制动器故障 3. 换向阀故障 4. 行走减速器故障	1. 拆检马达进行修理或更换 2. 拆检制动器进行修理或更换 3. 清洗 4. 拆检减速器，更换
钻机在将机身支起后出现个别支腿回缩	1. 缸筒发生划伤 2. 油缸的密封损坏 3. 平衡阀故障	1. 过滤液压油或重新更换液压油 2. 更换油缸的密封 3. 更换平衡阀
传动轴发响	1. 传动轴弯曲 2. 传动轴磨损变形等造成动平衡超差 3. 花键磨损严重 4. 万向节轴承盖螺母松动 5. 万向节锁紧螺母松动 6. 十字轴润滑不好，导致滚针轴承损坏	1. 修复 2. 调整 3. 更换 4. 调整 5. 紧固 6. 更换、打油
万向节传动时有异音	1. 万向节润滑不及时，造成相互间干摩擦 2. 万向节工作时间太长，磨损超过极限，间隙过大 3. 万向节轴局部磨偏，失去动平衡 4. 万向节受外力冲击而变形	1. 打油 2. 更换 3. 更换 4. 更换
工作油缸漏油	1. 密封圈损坏 2. 油缸盖不严 3. 活塞磨损或活塞杆弯	1. 更换密封圈 2. 更换活塞或活塞杆 3. 紧固螺杆
油缸行程不全或爬行	1. 油缸中有空气 2. 活塞杆弯曲 3. 油压不足	1. 排出空气 2. 更换活塞杆 3. 开动油泵、提高油压
手柄处于中位，油缸仍无法定位，即作业设备停止在某一位置时油缸仍有移动	1. 油缸内密封件损坏 2. 相应主阀芯和过载阀动作不良 3. 先导阀动作不良 4. 油内泄	1. 修复、更换 2. 修复、更换 3. 修复、更换 4. 减少物料
某支油缸动作不良，同时感到无力	1. 油缸内密封件损坏 2. 相应主阀芯和过载阀动作不良 3. 油缸混入空气 4. 先导阀动作不良 5. 先导管路松动	1. 修理、更换 2. 修理、更换 3. 排气 4. 修理、更换 5. 紧固

表12-8(续)

故障问题	判断原因	处理方法
油缸抖动	1. 油缸油位太低 2. 活塞杆衬垫太深 3. 活塞与油缸配合太松 4. 活塞杆弯曲	1. 加油到合适 2. 调整到合适 3. 检查修复或更换 4. 拆开油缸全面检修
载荷时自动降落	1. 油缸漏油或磨损 2. 单向节流阀损坏 3. 油缸控制阀杆串通	1. 修复或更换 2. 检查或更换 3. 更换阀装置

第十三章　钻机钻孔作业典型事故案例

一、事故经过

2019年2月20日15时20分，锡林浩特锡林郭勒盟项目部2006号钻机在102电镐平盘钻孔作业，四点班正司机魏某、副司机肖某某启机作业，15时30分在作业面北侧临近挡墙位置打边排孔。副司机肖某某见走台扶梯与挡墙马上会发生刮碰，停下遥控钻机，独自将扶梯进行折叠，折叠过程中，魏某从驾驶室走出，准备站在走台上帮助肖某某把扶梯折叠到位，并告知肖某某“把手拿开”，在肖某某没有应答的情况下，魏某看到肖某某右手已经松开扶梯（此时肖某某左手不在魏某视线内），于是魏某开始将扶梯进行用力推拉锁紧扶梯，扶梯关合时，肖某某左手大拇指被夹伤。

二、事故原因

（一）直接原因

2006号钻机作业时，正副司机对安全规程和操作规程作业执行不到位，未按规定严格执行呼唤应答，没做到相互沟通，协调合作。

（二）间接原因

（1）2006号钻机作业时，空压机运行声音嘈杂，影响了肖某某听力，以至未听清魏某警示。

（2）班组对项目部安全培训和安全生产要求未落实到位，呼唤应答未落实到位。

（3）项目部管理人员缺乏对员工教育培训后的现场考察考核工作。

三、整改措施

（1）严格执行安全规程和操作规程。

（2）做到呼唤应答、协调沟通。

（3）安全生产要求落实到位。

（4）针对此次人身伤害事故，进行事故原因分析，对所有员工进行警示教育；事发后的一个星期内每天早会都要对员工进行警示教育加深印象，加强所有员工安全意识和安全技能，杜绝类似事故的再次发生。

（5）项目部管理人员针对此次事故进行讨论延伸拓展，对钻机人员的工作进行精细的分析，建立完善风险数据库并对工作人员提出具体的工作要求和风险预控措施。包括：钻机底盘检查保养、钻机在坡顶线附近作业、钻机各部位检修、钻机三大规程等。项目部在组织学习贯彻以上内容的基础上再加强现场人员执行情况的监督考核工作，加大对违章人员的处罚力度。

（6）根据此次事故，要求员工任何工作必须做到“呼唤应答”和“协调合作”，由各班组长在组内强调并要求组内所有人员在班组长工作记录本上签字，必须引起足够重视。

（7）提高对新入职员工各种素质的要求，不勉强录用新员工；新员工上岗前加强培训和考核，必须了解现场作业以及作业风险和预控措施方面的知识后方能上岗实习。

（8）机组全部人员和当事人对此次事故警示教育后写出对此次事故的认识，得到的经验教训以及今后的工作中如何能够做到安全生产。

（9）对所有员工进行类似事故的应急救援知识培训，避免人为救援不当造成事故后果的扩大化。